ALICE GUY

Emmanuelle Gaume

ALICE GUY

La primera directora de cine de la historia

Traducción: Jofre Homedes Beutnagel

CIRCE

Primera edición: Septiembre, 2025
Título original: «*ALICE GUY*».

Avda. Roma, 157
08011 - Barcelona
Tel.: 93 204 09 90

ISBN: 978-84-7765-323-3

Depósito legal: B 11263-2025
Fotocomposición gama, sl
Maria Calvet, 11
08790 Gelida, Barcelona
Impreso en España

Cubierta y diseño: Natalia Pàmies
Fotografía de cubierta: Photo by Donaldson Collection / Getty Images.
Fotografía página 2: Fotograma de *La fée aux choux*, Alice Guy (1896).

Para Régine Blaché-Bolton

«Era una directora excepcional, de rara sensibilidad, con una mirada increíblemente poética y un instinto fabuloso para elegir los mejores sitios en los que rodar. Escribió, dirigió y produjo más de mil películas, pero fue olvidada por la misma industria que había contribuido a crear.»

MARTIN SCORSESE,
discurso pronunciado en Nueva York
durante la concesión a Alice Guy del
premio Lifetime Achievement Award
del Directors Guild of America al conjunto
de su carrera, octubre de 2011

Valparaíso, octubre de 1878

La niña tenía cinco años cuando vio a su padre por primera vez. Su madre le había señalado una silueta alta y negra diluida en la bruma matinal, una forma impresionante que iba aumentando de tamaño a medida que la lancha –enlace entre el buque y el embarcadero– se acercaba al muelle. No descubrió su cara hasta que él se agachó para tomarla de los brazos de un marinero y depositarla en tierra. Después de unos pasos vacilantes para ir con su madre, la niña, mareada, se cayó. Mientras la ayudaba a levantarse, su padre dio órdenes a los empleados que traían el equipaje en un idioma desconocido para ella.

En el puerto de Valparaíso soplaba un viento gélido. La niña tiritaba del brazo de su padre. Tenía ganas de llorar. Hacía dos meses que había salido de Suiza, y desde entonces no veía nada que le resultase familiar.

–¡En marcha! –ordenó Émile Guy.

A la niña, que acababa de instalarse, le dio por subir al asiento del cochero.

–Quédate en tu sitio –le mandó su madre.

Atraída por los caballos, Alice prosiguió su ascensión.

–No le hagas caso. Toma –dijo Émile, dándole una manta a su mujer.

Marie se la puso encima de las piernas y cerró los ojos, exhausta por el viaje.

El cochero hizo un ruido curioso con la lengua, y el vehículo se puso en marcha. El gigante paterno atrapó a la niña y la apretó contra su madre.

–¿Cómo has dicho que se llama?

–Alice –aclaró Marie, que ya había previsto un reencuentro difícil con su esposo.

Émile Guy se sacó una calabaza del bolsillo y la llenó de mate.

–¿Cumplirás tus promesas? –preguntó con dureza, buscando los ojos de su mujer.

Marie no contestó. Émile cogió el hervidor de latón que tenía entre los pies y vertió lentamente el agua hirviendo en el pequeño recipiente rojo.

–No podría consentir que no respetaras nuestro acuerdo –añadió mientras se ponía en la boca una caña de plata finamente grabada.

–Me habías jurado que ya no hablaríamos del tema.

–¿O sea que tengo que ser yo el único que cumpla mis promesas?

–¿Qué es? –inquirió Alice acercando la mano al mate.

Émile observó a la niña, turbado por su extraordinario parecido con su esposa.

–¿Quieres probar? –dijo, ofreciéndole la calabaza.

Alice cogió la caña y aspiró el jugo dulzón.

–Le gusta –constató él con algo de desprecio.

–Como a ti –replicó Marie.

–¡Querrás decir «como a su padre»!

Émile Guy soltó una carcajada mientras Marie apartaba la vista.

–Pues ya ves, pequeña, soy tu padre...

–Ya lo sé. Me lo había dicho mamá –dijo Alice, asintiendo tímidamente.

–Bravo –se burló Émile Guy, girándose hacia su mujer–. Yo no sé si sabría mentir tan bien como tú.

–Ya aprenderás –murmuró ella.

Amanecía en Valparaíso. Alice miró el cielo, drogada por la potencia del mate, y en la forma de una nube vio la cara sonriente de su abuela. Presa de un ligero vértigo, cerró los ojos y se durmió, apoyada en su madre.

Cuando Alice se despertó tenía encima de ella cuatro caras perplejas, las de todos los niños de la familia Guy: Louis, de doce años y cuatro meses, Julia, próxima a los once, Henriette, a punto de cumplir los nueve, y la pequeña, Marguerite, de siete.

El primero en hablar fue el niño.

–¡Qué feúcha!

–¡No seas malo, Louis! –dijo Henriette con una vocecita sofocada por la timidez.

–¡Parad, que se asustará! –terció Julia con suavidad para templar los ánimos, intentando apartar a su hermano y sus hermanas.

–¡Tienes razón, Louis, es fea! –soltó Marguerite con una mirada fulminante.

Alice quiso incorporarse, pero se lo impidió Marguerite con un fuerte empujón que la clavó contra el sofá.

–¡Marguerite, déjala en paz!

La madre de Alice apareció a contraluz como una sombra delgada y oscura que, tras detenerse en el marco de la puerta, se acercó a la pequeña.

–¡Mamá! –dijo Alice.

–¡No es tu madre! –exclamó Marguerite.

Alice se puso a llorar de miedo.

–¡Marguerite, sal ahora mismo! –dijo Marie, enfadada.

–¡La odio! –gritó la niña mientras se iba.

–¡Marguerite, esta noche te quedas sin cena! Henriette, ve a buscar a Teresa –le pidió Marie a su segunda hija– y dile que se quede con Marguerite, que no quiero verla en todo el día. Esta niña me desquicia.

–¿Puedo marcharme? –preguntó Louis, incómodo–. Es que papá quiere que lo acompañe a Santiago para la inauguración de su nueva librería...

No estaba muy entusiasmado con la llegada de una cuarta hermana a la casa. Marie le dio permiso para irse de la habitación.

–Julia –añadió–, sé buena y llévate a Alice al jardín. Distráela para que no llore. Yo subo otra vez a mi cuarto, que no me encuentro bien.

–¡Bienvenida al manicomio! –dijo Julia en voz baja al oído de Alice mientras la cogía en brazos–. Ven, que te enseño los ponis.

La llevó a la cuadra de la finca, donde Émile Guy criaba pequeños caballos chilenos.

Alice sintió un enorme alivio al ser tomada en brazos por Julia. La franqueza del gesto le hizo bien: después de su abuela, era la primera persona que la miraba con interés.

Desde que había llegado era presa de la más absoluta desorientación. Su madre parecía siempre ausente, y apenas la había cuidado durante las siete semanas en barco, dejándola a cargo de una institutriz contratada a bordo con la excusa de unos mareos atroces. Alice se había sentido abandonada. Con lo habladora que había sido siempre con su abuela, y casi ya no abría la boca. Lo que sí había hecho era observar: la palidez de su madre, postrada en la cama, las atentas miradas de reojo de su institutriz durante los paseos por cubierta, los otros niños, ninguno de los cuales hablaba en su idioma... Ya no entendía nada del mundo que la rodeaba.

El primer contacto con su padre había sido gélido, y el reencuentro entre sus padres brutal. Marguerite la había rechazado, y Louis ignorado.

–Aquí lo tienes: ¡el paraíso de los ponis!

Julia dejó a Alice en la entrada de una cuadra con el pasillo central pavimentado.

–Ven, que te los presento. ¡Son todos amigos míos!

Julia rebosaba energía y ganas de complacerla. Por primera vez desde que había salido de Suiza, Alice se puso muy contenta, y dedicó el resto de la tarde a cuidar los ponis con su hermana.

Por la noche, Marie, que no había salido de sus habitaciones, mandó llamar a Alice. Teresa, la niñera india, acompañó a la pequeña y la dejó en la habitación de su madre. Marie estaba sentada ante el espejo de su tocador. Abrió un cajón del que sacó una pequeña joya con plumas negras y blancas, que acarició con delicadeza.

–Mañana iremos tú y yo a un lugar secreto –le dijo a Alice.

Cerró los ojos, apretándose la joya contra el corazón.

–Esto también es un secreto –añadió, enseñándosela a su hija.

–¿Qué es un secreto?

–Algo que no hay que repetirle a nadie. ¿Crees que podrás?

–No sé...

–Yo creo que sí. Siéntate allá –dijo, señalando un sillón bajo.

Estaba tan seria que a Alice le daba un poco de miedo. Marie sonrió al inclinarse hacia su hija.

–Mañana te presentaré a unas personas que están impacientes por conocerte.

Llamaron a la puerta.

–Su café, señora.

–Pasa, Rosita. Gracias –dijo Marie sin levantarse–. ¿Me ayudas a quitarme la ropa, por favor? Tengo ganas de acostarme. Ha sido un viaje horrible. ¡Siete semanas mareada! Esta es Alice. ¿Ya os habíais conocido?

–Sí, señora.

Alice, intrigada, observó a su madre, que parecía haber recuperado de golpe toda su vitalidad.

–¿Por qué pones esta cara, Rosita? –preguntó Marie al advertir junto a su rostro, en el espejo, la triste mirada de la india.

–Es por el señor, señora...

–¿Qué pasa?

–No quiere que vengamos a trabajar con nuestra ropa.

Marie, que no se había fijado en Rosita, se dio cuenta de que iba vestida como las criadas europeas.

–¡Qué horror!

–¡Así voy muy incómoda! Me da miedo tanto negro, señora.

Marie la tomó de las manos, sonriendo con dulzura.

–El señor sale para Santiago esta mañana, y estará fuera dos semanas. Cuando se haya ido, cambiaos y traedme estos uniformes tan ridículos. Me esperan mañana en el asilo. Se lo daré todo a los pobres.

Estampó un beso en la frente de su hija.

–Vete, que Rosita va a ayudarme a meterme en la cama. Ve con tus hermanas.

Recorriendo el largo pasillo que separaba las habitaciones de los padres de las de los hijos, a Alice le latía con fuerza el corazón por la mezcla de miedo y admiración que le inspiraba una madre tan extraña.

Émile Guy estaba mirando la foto de su mujer que tenía sobre el escritorio. Acababa de poner punto final a una carta que le entregaría antes de irse. La dobló y la metió en un sobre. Sus manos temblaban. Louis llamó a la puerta.

–¡Padre, ya está listo el coche!

–¿Has visto a tu madre esta mañana?

–Sí.

–¿Dónde está?

–En el salón.

–Pues llévale este mensaje. Te espero aquí, que en una hora sale nuestro tren.

Louis salió corriendo del despacho. No veía el momento de salir de viaje con su padre, alejándose del sofocante ambiente de la hacienda familiar, donde no recordaba un solo día sin alguna discusión entre sus padres. En ausencia de su madre, la casa había estado un poco más tranquila, pero la tristeza de su padre era tal que Louis había acabado rezando cada noche por su regreso. Al lanzarse por la escalera central estuvo a punto de chocar con la niñera, Teresa, que subía con Marguerite. Su hermana tenía los ojos rojos por haber llorado toda la mañana.

–¿Te persigue el diablo o qué? ¡Louis! –exclamó la niñera.

El joven continuó sin detenerse. Quedaban cinco escalones, que bajó de un salto antes de salir corriendo de la casa.

Teresa siguió hablando en español con Marguerite, inconsolable.

–Son imaginaciones tuyas. Todas las madres quieren a sus hijos.

–A mí me odia –dijo la niña entre sollozos.

–¡Pero qué dices! Estaba preocupada por tu hermana pequeña, que ha estado cinco años en Europa. ¿Te das cuenta? ¡Es mucho tiempo, para una madre, cinco años sin ver a un hijo!

–¡Pues yo quiero irme cinco años para que mamá me quiera!

Marguerite rompió otra vez a llorar. Tomándola en brazos, Teresa la llevó a su cuarto y estuvo acunándola un buen rato para consolarla.

No fue a su madre, sino a Henriette, a quien vio Louis en el salón. Estaba leyendo. Informó a su hermano de que su madre había subido a acostarse. Louis, contrariado, preguntó por Julia, la mayor, y se enteró de que estaba fuera con Alice, seguramente con los ponis. Fue corriendo a la cuadra y le entregó la carta a Julia, junto con la orden de dársela a su madre en cuanto estuviera despierta.

Julia cogió la carta sabiendo de antemano que no se la daría a su madre. En cuanto se marchó su hermano le propuso a Alice jugar al escondite, y nada más perder de vista a la pequeña abrió el sobre. Le bastó con leer unas palabras para que se le acelerase el corazón. Tras echar un vistazo a su alrededor, se guardó el sobre en el bolsillo del vestido.

–¡Julia! ¡Estoy escondida!

La voz de su hermana pequeña la sobresaltó.

–¡Ya voy! –dijo en voz alta.

Le temblaron las piernas al ir hacia el pajar. Metió las manos en la paja y sacó a Alice, menuda, contenta y despeinada. Empezó a darle besos, estrechándola con fuerza.

–¡Que me asfixias! –dijo Alice, resistiéndose–. ¡Y tengo hambre!

Julia depositó a su hermana sobre los adoquines de la cuadra.

–Ven, que te llevo a la cocina. Así Teresa te dará de comer.

–Espera, que quiero darle un beso a *Pájaro*.

Alice se acercó a un potro y pegó su mejilla a la del animal.

Marguerite estaba en la mesa grande de madera de la cocina, jugando con muñecas hechas con trapos de colores. Teresa preparaba empanadas de carne para los niños. Le habían mandado darles de almorzar en la zona del servicio. Otra criada, Chila, estaba hirviendo ropa de cama en una chimenea enorme, donde se habría podido asar todo un ternero. Rosita lavaba los platos sucios de la mañana en un fregadero de piedra. Todas conversaban entre ellas mientras Marguerite parecía absorta en sus juegos.

–La señora me ha dicho que podemos prescindir de nuestros uniformes. Me ha pedido que los empaquete porque quiere dárselos a los pobres –anunció Rosita.

–¡Pues que nos los dé a nosotros, que ricas no somos, que yo sepa! –replicó Chila.

–¡Chila!

Teresa frunció el ceño, refiriéndose por gestos a la niña.

–¡Pero si no nos entiende! –protestó Chila.

–¿Quieres ver si entiende o no? Chila, ¿quieres ir al gallinero a buscar huevos?

–¡Vengo contigo! –exclamó Marguerite, poniéndose de pie.

Teresa le hizo una mueca a Chila.

–¿Lo ves?

Chila se encogió de hombros y salió con Marguerite de la cocina.

–¿Mañana la señora verá a Tahiel? –preguntó Teresa.

–Sí... y a Tonio, que está en la ciudad –contestó Rosita en voz baja.

–Ya. Nunca renunciará.

–¿Y Alice? ¿Tú crees que lo sabe?

–Los niños lo saben todo. Fíjate en Marguerite: Tahiel intentó sacarla dos veces del vientre de su madre, y la cría nunca se ha recuperado.

–¡Pero si no se lo ha explicado nadie!

–Sabe que su madre no quería tenerla. Seguro que oyó que hablábamos del tema cuando era muy pequeña.

–¿Y el señor por qué hace volver siempre a la señora?

–Para él es una droga. ¡Como el mate!

Se echaron a reír.

–De todas formas –continuó Rosita–, todo esto acabará mal.

–¡Qué va! Tú tranquila; mientras no pueda estar sin ella no pasará nada. Ya va para cinco años que la cosa está así...

Marguerite y Chila estaban volviendo del gallinero.

–¡Mamita! ¡Mira! –exclamó Marguerite mientras corría hacia su niñera–. ¿Has visto qué huevos tan grandes? Podríamos hacerle un pastel a mamá, para que me perdone... ¿Podemos, por favor?

–Lo que haremos será el pastel de cumpleaños de tu hermana Henriette.

Julia y Alice entraron en la cocina. Marguerite frunció el ceño al ver a Alice, que torció el gesto al advertir la mirada hostil de su hermana.

–Mamita, Alice tiene hambre –dijo Julia–. ¿Puedo dejarla contigo?

–Pues claro, mi niña... ¿Tú adónde vas?

–A mi cuarto.

–Vale, pero dentro de una hora te quiero aquí para almorzar con tus hermanas, ¿vale?

Julia se fue de la cocina. Teresa observó el cruce de miradas hostiles entre las dos niñas. Fue Marguerite quien abrió fuego en español.

–¡Te odio!

–¡No entiende el español –la regañó Teresa–, pero al próximo insulto te encierro en la despensa, Marguerite!

–¿Qué estáis diciendo? –preguntó confusa Alice.

–Nada, querida, no te preocupes. Pronto lo entenderás todo, pero mientras tanto cómete esta empanada de carne.

Asustada por la idea de cruzarse con su madre en la escalera, Julia subió de puntillas y sin respirar los veintisiete peldaños que llevaban al piso de arriba. Al llegar al rellano giró la cabeza a la izquierda, hacia las habitaciones de sus padres, para comprobar que no la viera nadie. Luego se metió por el pasillo de la derecha, al que daban los cuartos de los niños. Sentía los latidos de su corazón en las sienes, como si hubiera corrido. Después de cerrar sigilosamente la puerta de su habitación, cogió su enciclopedia, se sentó en la cama y alisó la carta contra la cubierta del libro.

Marie:

Perdóname por haber sido tan estúpido ayer en el coche. Esta niña me da miedo. Intentaré creer que Alice es hija mía, como me has asegurado tú, y procuraré quererla.

Me escribiste desde Francia pidiéndome que me olvidara del día de octubre de 1872 en que desapareciste, pero ¿cómo voy a olvidarlo? Creí que me moría. Diez días de angustia, dudas y horribles sufrimientos. Sabía que te habías ido con él.

A tu regreso, cuando oí tus pasos en la escalera, pensé en cometer un acto irreparable para no sufrir nunca más, pero mi corazón daba saltos de alegría por la idea de volver a verte, así que no dije nada. Reanudé nuestra vida hasta el día en que me anunciaste tu embarazo. Comprendí enseguida que el hijo era de él, y tuve ganas de matarlo.

Si no lo hice fue porque me juraste no volver a verlo nunca, y me prometiste abandonar al bebé. Marie, cuánto me arrepiento ahora de haber permitido que vieras a esos indios... Aguanté y lo acepté todo. Escondimos tu embarazo, cogimos el barco a Francia y nos refugiamos en casa de mi hermana, en Saint-Mandé.

Cuando Alice vino al mundo, nada más verle la cara supe que me habías mentido, pero tu desesperación me resultaba tan desgarradora que reconocí a la niña. Mi hermana me había pedido que esperara un mes. «Todos los bebés nacen con los ojos rasgados», me decía. Pasamos un mes en Saint-Mandé, y luego otro... Debería haber desconfiado de tu sentimentalismo. ¡El bebé era tan inconfundible...! Cuando me rogaste que volviera a Valparaíso con ella no cedí. La niña era feliz con tu madre, en Carouge... ¿Qué sentido tenía traerla?

No podría vivir sin ti. Eres mi vida, pero si vuelves a ver a ese hombre os mataré a los dos, Marie, y luego me suicidaré.

Émile

Julia volvió a doblar la carta con el corazón en un puño y la deslizó en el sobre. Buscó a su alrededor un sitio donde esconder ese objeto que le estaba quemando los dedos. Al final lo metió debajo de la cama, en su caja de tesoros, cerrada con un pequeño candado cuya llave colgaba de su cuello. Se acostó y se tapó con un chal grande, como si tuviera fiebre. Entre temblores, náuseas y una sensación de ahogo, se acordó de la marcha de su madre, y de su interminable ausencia. Al cerrar los ojos se le apareció su padre regresando de Francia solo, demacrado y derrotado. Un ataque de angustia la hizo levantarse, tirar el chal a la cama y salir corriendo al pasillo. Necesitaba a Teresa, la única persona con quien se sentía segura.

Marie se despertó en medio de la noche. Llovía con fuerza sobre el tejado de la hacienda. Abrió la ventana para que entrasen el olor de la tierra mojada y el ruido de los truenos. El aire fresco le acarició la cara. Ya no se volvería a dormir. Se levantó, encendió una vela y cogió el pequeño recado de caoba que tenía en la mesa de noche para escribirle a su madre.

El reencuentro con sus hijos estaba siendo difícil. No le pasaba desapercibida la desconfianza de Louis, el único de todos sus hijos al que había deseado de verdad. Julia se mostraba esquiva. Henriette siempre daba la impresión de disculparse por haber nacido. Marguerite estaba enfadada con ella. La única contenta era Alice. Marie dio gracias a su madre por haber llenado de amor a su hija pequeña.

No obvió ninguno de sus problemas con Émile, ni tampoco las ganas que tenía ella de ver a Antonio, un hombre sin pertenencias ni exigencias, que le devolvía la vida cada vez que la tomaba en brazos. Cuando Émile gritaba que era suya, Marie tenía ganas de morirse.

Marie aplicó una hoja de papel secante a lo que había escrito.

Luego se levantó y, tras ponerse una bata, cogió una vela y fue a las habitaciones de los niños. La puerta de la de Louis estaba abierta. Marguerite se había metido en la cama de su hermano ausente. Cuando Marie entró en el cuarto de Henriette, esta giró durmiendo la cabeza. Se había soltado las trenzas, que ondulaban largas y morenas en la almohada, como un par de cintas. En la habitación de Alice, la cama estaba vacía. A Marie se le alborotó el corazón. Empujó con fuerza la puerta de Julia y se tranquilizó de golpe al ver a Alice durmiendo al lado de su hermana mayor. Estaban acurrucadas como dos gatitos. Marie acercó su cara a la de su hija pequeña para darle un beso en la mejilla.

Alice se despertó muy temprano, y al abrir los ojos tuvo un momento de desorientación. No sabía dónde estaba. Luego oyó la respiración de Julia y se giró a mirarla. Ya más tranquila, se levantó en silencio para ir a la ventana. Los ponis pacían en un campo, cerca de la cuadra. Salió de la habitación, y justo antes de cruzar la puerta de la casa oyó que la llamaba su madre desde la escalera, en el piso de arriba.

–¿Adónde vas, Alice?

–¡A ver a *Pájaro*!

–*¿Pájaro?*

–El bebé poni.

–Ha llovido toda la noche. ¡No puedes salir sin vestirte! Sube a verme.

Alice subió por la escalera hasta que su madre le cogió la mano.

–¿Has dormido bien?

–Sí.

–Hoy saldremos de paseo y conocerás a Tahiel, la abuela india de la que te hablé en el barco, y que es muy importante para mí.

–¿La maga?

–¡Es curandera, no maga!

–Es casi lo mismo.

–No vas del todo desencaminada.

Entraron en la habitación de Alice.

–Tendré que comprarte ropa nueva. Aquí hace mucho menos frío que donde vive la abuela.

–¿La veré pronto?

–Puede que el año que viene.

–¿Eso cuánto tiempo es?

Marie le estaba poniendo un abrigo sobre el camisón.

–Así no tendrás frío. Ya te vestirás más tarde con Teresa –dijo, abrazándola.

La acompañó a la escalera.

–No te alejes más que para ver los ponis, ¿vale? –añadió.

–¡Vale! –dijo Alice, saliendo disparada.

En ese mismo momento, Émile Guy ponía un pie en el andén de la estación de Santiago, seguido por su hijo. Se subió el cuello del abrigo. El andén estaba lleno de hombres de negocios extranjeros, todos con la misma prisa que él por salir a la calle.

–Por aquí, hijo –le dijo a Louis–, que nos espera Jean.

–¿Me dejará ir con usted a la librería? Padre... un momento... no me encuentro muy bien...

Émile se volvió justo a tiempo para sujetar entre sus brazos a su hijo, que se estaba desmayando. Vio que a Louis se le iba toda la sangre de la cara.

–¡Louis! ¡Louis! –repitió mientras obedecía al desesperado reflejo de darle golpecitos en las dos mejillas.

Varios hombres le preguntaron si necesitaba ayuda. En vista de que su hijo no volvía en sí, Émile pidió a uno de ellos que lo acompañase al coche de su cuñado, estacionado frente a la estación. En el simón, Louis recuperó la conciencia, pero seguía muy pálido, y le castañeteaban los dientes. Émile decidió llevarlo al hospital más próximo.

El médico que auscultaba a Louis tranquilizó a Émile: seguro que se había mareado por no haber pegado ojo durante el viaje nocturno en tren. Su corazón iba un poco deprisa, y le faltaba un poco el aliento, pero eso a los adolescentes les pasaba a menudo. Parecía que tuviera fiebre. Habría que vigilársela, máxime cuando estaba siendo un otoño con muchas enfermedades pulmonares. Aconsejó unos cuantos días de reposo absoluto.

–Qué mala pata –dijo Louis con tristeza debajo de una manta, tiritando al fondo del carruaje de su tío–. ¡Yo que quería ayudarle a colocar los libros...!

–El médico te ha mandado descansar. Ya haremos balance dentro de unos días –lo tranquilizó su padre.

–No te preocupes, muchacho –le aseguró Jean–, que con tu tía seguro que mejoras. ¡No te imaginas lo contenta que está de que hayas venido!

–¡Si no trabajo con vosotros me aburriré! Si estuvieran mis primos, al menos...

–Pídele a tu padre que te mande de una vez por todas a estudiar a Europa.

–Ya está previsto. Los niños se irán el verano que viene.

–¿Todos?

–No sé... Marguerite solo tiene siete años, y...

–¿Ya ha llegado la pequeña?

–Sí, hace dos días.

–Bueno... –dijo Jean, incómodo.

En Valparaíso, Marie había llevado a sus hijos al estudio del fotógrafo Félix Leblanc, situado en la calle Cruz de Reyes, a dos pasos de uno de los mejores hoteles de la ciudad, el Colón.

Alice no recordaba que le hubieran hecho nunca una foto. Su madre le recordó que sí había posado antes, al año de edad, en Ginebra, y le enseñó una foto que llevaba siempre encima.

–¡Mira qué mona estás con tu cubo en la mano, Alice!

–¡No soy yo!

–Pues claro que eres tú. Llevas tu collar de ámbar –insistió Julia.

Después de fijarse mejor, Alice se tocó el cuello.

–¡Quiero quitármelo! ¡Me aprieta demasiado!

–Está bien –cedió Marie–. Ven.

–¡También llevas los mismos pendientes! –señaló Henriette.

–No me acuerdo...

–Es normal –dijo Julia–. ¡A esa edad no se tienen recuerdos!

–¡Sí! –protestó Marguerite–. ¡Yo me acuerdo perfectamente de cuando se fue mamá, y eso que era un bebé!

Cuando Marie se disponía a intervenir apareció el fotógrafo, que las había hecho esperar en un saloncito.

–¡Buenos días, Marie! Me alegro mucho de volver a verla.

–Buenos días, Félix. Esta es mi tribu de niñas al completo. ¿Recibió las flores que encargué?

–Sí, están en el estudio. ¡Adelante! –contestó, dejándolas pasar.

Alice fue la primera en entrar en una sala grande, oscura. Al fondo había un decorado, un sotobosque en penumbra. Al acercarse tuvo la impresión de penetrar en un libro ilustrado. Las hojas secas del suelo eran de verdad, pero no el sotobosque, pintado en un gran lienzo. Sobre una rama había unos pajaritos disecados más reales que la propia realidad, como piando.

El conjunto tenía un aspecto mágico, fruto de la mezcla entre cosas reales y otras falsas. Maravillada, Alice proyectó personajes imaginarios en el fabuloso decorado: una niña extraviada hablando con un zorrito pelirrojo, una horda de minúsculas hadas montadas en pájaros de colores... Sentía el calor de las lámparas en sus mofletes, enrojecidos ya por la emoción que había despertado la atmósfera irreal del estudio.

Marie había empezado a desempaquetar unos vestidos de verano muy bonitos, comprados en París para sus hijas.

–Teresa, te dejo vestir a las niñas, y volver a peinarlas, si hace falta. ¡Julia! ¡Henriette! Venid y ayudadme a distribuir las flores.

–¿Y yo? –preguntó Marguerite.

–Vístete, que serás la primera retratada.

Alice miró cómo colgaban su madre y sus hermanas flores en las ramas secas.

–Ven, Alice, que tengo que vestirte –le dijo Teresa–. Marguerite ya está lista, señor...

–Al escenario –le dijo el fotógrafo a la niña–, y acuérdate de no moverte en varios segundos. Súbete a la piedra más grande. Exacto, la de allá. Muy bien. Atenta, que empiezo a contar...

De repente se le ensordeció la voz a causa de la tela negra que se había echado sobre la cabeza.

Al llegar su turno, Alice no se atrevía a entrar en el decorado. Su madre fue con ella, riéndose, y la ayudó a encontrar una postura cómoda. Una vez bajo las luces, sin embargo, Alice disfrutó enormemente de estar donde estaba, y de la atención con que la miraban su familia y el fotógrafo, que hizo un sinfín de tomas.

–¡Marie, a su hija le encanta que le hagan fotos!

–¿Cómo funciona? –preguntó la pequeña, señalando la cámara.

–Misterio... –contestó Félix.

–¿Qué es un misterio?

–Es cuando no se pueden explicar las cosas. ¡Venga, vete, que le toca a Julia!

Alice se quedó junto al fotógrafo, aguantando la respiración cuando le oía pedirles a las niñas que no se movieran hasta que la cámara hiciera el pequeño clic que liberaba a las modelos de su pose. La sesión se cerró con una foto de todas con su madre.

Cuando Teresa le quitó el vestido, y el fotógrafo apagó las luces, Alice se quedó muy triste. Las niñas se pusieron los abrigos sin que se les hubiera ido del todo el rubor de las mejillas, provocado por el calor de las lámparas.

Fuera, en las calles de Valparaíso, lloviznaba. Marie mandó a Teresa que volviera a casa con el coche, llevándose a las tres mayores, mientras ella se quedaba con Alice. Dio orden al cochero de que pasara a buscarlas por el hotel Colón antes del anochecer.

–¿Preparada para subir por toda una montaña de escalones? ¡Alehop! ¡Sígueme!

Se internaron por un laberinto de calles comerciales, y luego por una callejuela que subía por una de las colinas que rodeaban la ciudad baja.

–En las colinas vive la gente más humilde.

–¿Qué quiere decir humilde?

–Que tiene pocas cosas. Viven en casas pequeñas, no tienen mucho dinero y a veces hasta son muy pobres.

–¿Y por qué son pobres?

–Porque el ser humano es egoísta y no sabe compartir. Antes de que llegara la gente como nosotros, esta tierra era de los indios. Llegaron los blancos y se lo robaron todo: sus tierras, su ganado... Todo.

–¿Y por qué lo hicieron?

–Para hacerse ricos. Luego llegaron otros blancos de Europa con la esperanza de hacer fortuna, pero lo consiguieron muy pocos.

–¿Entonces también hay blancos pobres?

–Miles.

Al cabo de unos diez minutos a pie cruzaron un porche y entraron en un patio cuadrado. Seguía lloviendo, y en el suelo de tierra se formaban grandes charcos. Marie y Alice los esquivaron en zigzag y llamaron a la puerta de Tahiel.

Vivía en una sola habitación, con un fuego de leña para calentarse. Marie la abrazó un buen rato en silencio. Alice, intimidada, centró su atención en una gata tumbada delante del hogar, e igual de intrigada que la niña por el largo abrazo entre las dos mujeres. A su alrededor dormían cinco gatitos. Alice se acercó y acarició la cabeza de la gata, que ronroneó enseguida, haciéndola reír. Tahiel la miró.

–Por fin estás aquí. Has tardado mucho en venir... Te pareces a tu madre.

Marie tradujo espontáneamente las palabras de Tahiel. Alice observaba el rostro de la anciana.

–Pues tú te pareces a una bruja –declaró entre maravillada y temerosa.

–¡Alice!

Marie se dispuso a regañar a su hija, pero Tahiel la interrumpió.

–¿Qué ha dicho?

Marie se lo tradujo. Tahiel sonrió.

–Tienes razón, soy una bruja. En mi idioma se dice «machi». Puedo adivinar muchas cosas, leer los sueños y curar a la gente.

–¿O sea, que eres una bruja buena?

–Creo que sí.

–¿Y cómo se llaman las brujas malas?

–Brujas malas no hay. Lo que hay son *wekufus*.

–¿Wekufus? ¿Y eso qué es?

–Demonios.

–¿Cómo son?

–Como unos hombres muy pequeños que vuelan. A veces solo son almas, o cabezas con alas.

–¿Cabezas con alas? ¿Y qué le hacen a la gente?

–Perseguirla, sobre todo de noche. La espían, no la dejan dormir y la asustan con sus ojos que brillan en la oscuridad. A veces hacen que se ponga enferma.

–¿Y si eres buena pueden atacarte los wekufus?

–Los wekufus solo persiguen a la gente que se porta mal.

–¿A ti te ha perseguido algún wekufu?

–No, todos los wekufus obedecen a las machis, y yo soy una machi, o sea, que me obedecen.

Alice sonrió. Tahiel se giró hacia Marie.

–Soñé con su regreso. Sabía que volvería contigo.

–¿Está aquí Antonio?

–Voy a preparar mate para tu hija. Ve, que te espera. A la niña déjala, que está ocupada con los gatitos. Si pide por ti ya te la llevaré.

Marie se tapó la cabeza con su chal y salió al patio para ir a la casa de enfrente. No le hizo falta llamar a la puerta. Estaba abierta. Antonio estaba sentado delante de su escritorio, leyendo. Cuando Marie abrió la puerta, Antonio se levantó para estrecharla entre sus brazos.

–¿Has venido con Alicia?

–Sí.

–¿Está bien?

–Creo que sí.

–Me alegro de que hayáis venido.

Le dio un abrazo y le acarició la cara.

–Llegáis justo cuando las tropas de Urrutia se van del sur para combatir en Perú y Bolivia. Mi gente podrá respirar y rehacerse. Y yo también.

–¿Las noticias del sur te las ha dado el padre Lanquetin?

–Sí, en esta carta que estaba leyendo cuando has entrado.

Se la enseñó a Marie: estaba fechada en septiembre de 1878, y había tardado dos meses en llegar a Valparaíso.

–O sea, que se prepara otra guerra –dijo Marie después de un rato mientras la doblaba.

–Guerra siempre ha habido, desde que llegaron los españoles. Parece que el Gobierno ha decidido reconstruir Villarrica.

–¿Villarrica?

–La ciudad es un símbolo. Los españoles la construyeron en 1552 en pleno territorio mapuche, y en 1600 mis antepasados no dejaron piedra sobre piedra. El miserable de Urrutia sabe que desde la destrucción de Villarrica ni un solo blanco se ha atrevido a pisar este enclave mapuche. Verás cómo él lo hace.

–¡Pero si se va a luchar contra Bolivia y Perú!

–Volverá. Quiere la desaparición total de la nación mapuche. Estamos esperando a que Urrutia esté en el frente del norte para retomar las armas. Mira, Marie, he tratado de llegar a alguna solución con el Gobierno chileno, explicando que es inútil seguir añadiendo miles de víctimas a las que ya ha habido...

–¿Y a Tahiel qué le parece?

–Tahiel ha soñado que un mapuche iba a Villarrica para defender las ruinas, pero que tenía el cuerpo atrofiado y le faltaba la cabeza. Mi deber es devolverle una cabeza al pueblo mapuche.

–¡Pero si el Gobierno te había prometido un territorio!

–Lo que quieren es someternos.

–¿No os planteáis la opción de deponer las armas?

–Sometiéndonos solo lograríamos sobrevivir.

–Pero con el tiempo, al integraros, podríais recuperar lo que se os robó...

–Lo he soñado. He visto a mi pueblo recuperando las tierras que les robaron. Lo he visto hablando mapudungún en un futuro muy lejano... y me ha hecho feliz. Pero mientras tanto, Marie, no puedo quedarme cruzado de brazos viendo como los colonos matan a nuestras mujeres y nuestros niños.

De pronto se abrió la puerta y apareció Alice con un gatito en brazos.

–¡Alice! ¿Qué haces tú aquí? –dijo Marie con sorpresa, sonriendo a su hija, que los miraba en silencio–. Este es Antonio.

–Tahiel me ha regalado un gatito. ¿Puedo llevármelo a casa?

–Se te parece –le dijo Antonio a Marie.

Esta se acercó a Alice.

–Sí, puedes quedártelo. Antonio es el hijo de Tahiel.

–Ya lo sé –la interrumpió Alice sin apartar la vista de su gato.

–Ven aquí –la invitó Antonio.

–¿Hablas francés? –preguntó Alice, levantando la vista.

–Sí, lo aprendí a tu edad.

–¿Y quién te lo enseñó?

–Iba a un colegio de curas franceses, el Sagrado Corazón.

–¿Eres indio?

–Sí.

–¿Por qué tienes los ojos verdes?

–Porque mi padre era europeo.

–El mío es francés.

Antonio sonrió.

–¿Qué nombre le pondrás a este gatito? –preguntó.

–Aún no lo sé.

–¿Me lo dirás la próxima vez que nos veamos?

–Tienes un acento raro. ¿También eres mago?

–Sí, como todos los hijos de machi.

–¿Me enseñarás?

–Pídeselo a Tahiel, que sabe mucho más. Yo te enseñaré a jugar a la chueca.

–¿Qué es?

–Un juego indio de bailar. Si quieres podrás jugarlo con mis hijos.

–¿Tienes hijos?

–¡Sí, cuatro, todos mayores que tú!

–¿Y dónde están?

–En el colegio, en el Sagrado Corazón. Los verás el domingo, ¿de acuerdo?

–Me la llevo a casa. Luego nos vemos –susurró Marie tomando de la mano a Alice.

De camino a la hacienda, en el cabriolé, Alice estaba nerviosa.

Tenía ganas de hacerle preguntas a su madre, pero no sabía cómo formularlas. Estaba tan incómoda que se puso a llorar.

–¿Qué pasa, Alice?

–Quiero ver a la abuela.

–¿No estás contenta de estar con nosotros?

–Quiero ver a la abuela. Mi mamá de verdad es ella.

–No, tu mamá soy yo.

–Papá no me quiere. Marguerite me odia. Quiero volver a Carouge.

–Tranquila, cariño. Tu padre no te conoce bien, y...

–Tú tampoco lo quieres. Tengo miedo. No me encuentro bien.

La niña temblaba de la cabeza a los pies, desbordada por la emoción. Tenía la impresión de haber caído repentinamente en la trampa de unas circunstancias que la superaban.

–Alice... –dijo su madre, intentando cogerla en sus brazos.

Alice la rechazó.

–¡Tú también me das miedo! –dijo gritando–. Te he oído gritándole a papá, y siempre te encierras en tu cuarto. ¡Tengo tanto miedo que me gustaría morirme!

Marie no pudo contener el llanto de su hija. La estaba invadiendo una mezcla de rabia y tristeza. Se sentía culpable por ver así a su hija, pero no sabía qué hacer para calmarla. Después de varios rechazos ya no se atrevía a abrazarla.

Al llegar a la hacienda, el nerviosismo y el cansancio de la niña eran tan grandes que Teresa subió a acostarla. La puso entre sábanas limpias y le cantó una canción en español cuya dulzura ayudó a la pequeña a calmarse, quedándose dormida en poco tiempo.

En Santiago, Louis se vio obligado a guardar cama. Su tía, preocupada por la fiebre que no dejaba dormir bien a su sobrino, pidió a Émile que avisara a un médico, el cual confirmó que Louis sufría una inflamación pulmonar.

–Tengo que avisar a Marie –le dijo Émile a su hermana Léontine, profundamente inquieto.

–¿Qué puede hacer ella desde Valparaíso?

–Conoce a una mujer, Tahiel, que sabe curar mejor que nuestros médicos. A Louis ya le ha curado dos veces esta fiebre.

–¿Aún va con los indios? ¿Después de lo que pasó?

–No es el momento, Léontine. Louis está muy grave.

–Como quieras, pero no cuentes conmigo para recibirlos.

–Esta noche iré a Valparaíso en tren, y volveré pasado mañana.

–¿Tan preocupado estás?

–Mira, Léontine, Louis es un chico frágil; la primera vez que tuvo un problema pulmonar, el médico solo le daba unos meses de vida. Lo salvó Tahiel. No puedo dejarlo una semana más en este estado.

–Muy bien. ¿Lo has hablado con Jean?

–Sí. Durante mi ausencia se encargará él de los preparativos de la librería. Voy a subir a darle un beso a Louis.

Consumido de ansiedad, Émile fue a ver a su hijo en el piso de arriba y le dio un beso en la frente, que estaba ardiendo. Louis sonrió.

–No se preocupe –dijo–, que cuando vuelva ya estaré de pie. Podrá contar conmigo para ayudarle.

En el tren de regreso a Valparaíso, Émile Guy tuvo el mismo sueño que lo torturaba desde el nacimiento de Alice. Veía a su mujer despidiéndose de él. La seguía por las calles de Valparaíso y la veía entrar en una casita de la parte alta. Entonces se acercaba, entraba sin hacer ruido y veía a Marie haciendo el amor con el indio.

A esa misma hora, Marie estaba con Antonio, en cuyos brazos olvidaba su papel de madre y su condición de esposa. Esos momentos de fusión con su amante le daban fuerzas para soportar la vida.

–¿Tú crees que Alice lo sabe? –preguntó, pensativa.

–¿El qué?

–Que es hija tuya.

–No tiene importancia. Nuestros hijos no nos pertenecen, Marie. Espero que la nuestra solo se pertenezca a sí misma, y que sea libre como intentamos serlo nosotros.

–¿Tú te sientes libre?

–Aquí y ahora sí, soy libre de verdad.

–Yo solo me siento libre cuando estoy contigo. En cuanto me alejo de ti tengo miedo.

–¿Miedo de qué?

–De todo... De perderte.

–Hace seis años que nos queremos, Marie. No tengas miedo.

Cuando Émile volvió a la hacienda, muy temprano, encontró a su mujer en la cocina, desayunando con sus hijas.

Conmovida por la preocupación de Émile por su hijo, Marie le pidió a Teresa que fuera a buscar urgentemente a Tahiel e hizo los preparativos para viajar ese mismo día. Les explicó a sus hijas por qué tenían que salir urgentemente para Santiago, tratando de no alarmarlas inútilmente por la salud de su hermano.

Advirtió una profunda inquietud en el rostro de Julia, de costumbre la más serena de sus cuatro hijas, y las arrugas de preocupación que había visto en su frente la impulsaron a hablar a solas con ella. Se llevó a su hija mayor al piso de arriba, rogándole a Henriette que vigilara a sus hermanas.

–¿Qué te pasa, Julia? –preguntó con inquietud, cerrando la puerta de su habitación–. Te veo totalmente consternada.

–No sé, mamá; tengo miedo de que nos pase algo malo.

Julia rompió a llorar.

–¿Qué pasa, Julia? Por Louis no te preocupes, cariño, que Tahiel se encargará de todo, y ya conoces sus poderes curativos.

–Mamá, es que no te he contado algo...

–¿El qué, Julia? ¿No te parece que esta mañana ya tengo bastantes preocupaciones para que me des tú otra?

Julia estaba tan agitada que contestó casi a gritos.

–Mamá, he leído una carta que te escribió papá, y donde decía que te mataría si...

–¡Silencio, Julia! –Marie le puso una mano en la boca–. Tranquilízate, te lo ruego. Que no nos oiga tu padre. ¿A qué carta te refieres? ¿Puedes enseñármela?

Julia asintió con la cabeza, porque el llanto no la dejaba hablar.

–¿Dónde está la carta? ¿En tu habitación?

Volvió a asentir.

–Escúchame, Julia: si nos cruzamos con tu padre, o con quien sea, diré que vamos a tu cuarto para que te tranquilices sobre lo de tu hermano. Tú no digas nada, ni palabra. ¿Me lo prometes?

Marie no se inmutó al leer la carta de corrido. No era la primera vez que Émile le escribía semejantes horrores. No es que estuviera acostumbrada a ellos, pero ya no le daban miedo.

–Hazme caso, Julia: en esta carta no hay una sola verdad. Tu padre me quiere, a veces quizá hasta demasiado, hasta el punto de que se imagina cosas sobre mí. Son cosas de adultos, pero sé que puedes entenderlas. Me quiere tanto que a veces se vuelve un poco tarumba.

Las palabras de Marie lograron hacer sonreír a su hija.

–Está celoso. ¿Sabes qué son los celos? ¿Sabes lo mal que puede llegar a portarse la gente por celos? Tiene tanto miedo de perderme que se inventa cosas, como lo de este hombre con quien dice que me fui.

–Pero yo me acuerdo de que te fuiste, mamá...

–Sí, pero no con un hombre. Estaba con Tahiel.

–Y cuando dice que a Marguerite no la querías, y que Tahiel quiso ayudarte a quitártela de la barriga...

Marie respondió con calma.

–Eso es nuestro secreto, Julia. Marguerite no tiene que enterarse nunca. Te lo explicaré cuando seas mayor, pero te aseguro una cosa: la ausencia de Alice me ha hecho sufrir tanto que hoy me resulta inconcebible perderos. Os quiero a todas. A todas, ¿me oyes? Y siempre me tendréis.

–¿Quién es el hombre del que habla papá?

–Nadie, Julia, el fruto de sus imaginaciones y sus celos. Hoy lo importante es la salud de Louis. Me iré con tu padre y Tahiel y lo traeremos a casa. Julia, eres mi hija mayor. Tengo que poder confiar en ti. No le digas nada a nadie de esta carta. Júramelo.

–Te lo juro.

–¿Y cuidarás de tus hermanas mientras yo esté fuera? ¿Les leerás cuentos antes de acostaros? ¿Sabrás tranquilizarlas como acabo de tranquilizarte yo, para que no se preocupen por Louis?

–Está bien, mamá. ¿Entonces no se va a morir nadie?

–Nadie, Julia. A tu hermano lo curará Tahiel. Si tengo que quedarme un poco más con él, tu padre volverá por su cuenta lo antes posible. Aquí está Teresa. No tengas miedo de nada. Siempre he vuelto, ¿no?

–Sí, mamá.

–Ve con tus hermanas y reúnelas en el salón. Pasaremos la tarde todas juntas hasta que me vaya, ¿de acuerdo?

–De acuerdo.

Julia se marchó. Marie respiró profundamente. Con Antonio había aprendido a calmar sus altibajos anímicos: primero ralentizar, luego reflexionar, y por último, si hacía falta, actuar. Sabía que Antonio siempre estaba con ella en los momentos más difíciles de su vida.

Mientras empezaba a preparar sus cosas para el viaje, Marie pensó en Louis. Lo había traído al mundo ahí, en Valparaíso, en agosto de 1866, cuando solo llevaba unas semanas en tierras chilenas. Volvió a ver el rostro de Tahiel, convocada a su lado para frenar una hemorragia que había estado a punto de acabar con su vida. Tahiel le había hablado extensamente de su lucha como mujer mapuche, para transmitirle lo que llamaba su «fuerza vital». Si Tahiel se había sobrepuesto a mil y una adversidades que pretendían acabar con ella, o borrar dentro de ella su cultura y sus poderes curativos, seguro que Marie podría curarse de las secuelas del parto. Tahiel le había explicado que en su cultura la autoridad religiosa la encarnaban mujeres, unas chamanas que recibían el nombre de machis y tenían mucho poder. Los indios las consultaban siempre que tenían que curarse de algo o querían ponerse en contacto con sus antepasados.

Marie todavía se acordaba de la fascinación que habían ejercido las explicaciones de Tahiel en su joven espíritu de diecinueve años. Educada en un convento, y formada en la más estricta obediencia a Dios y los hombres, descubría en la machi una insumisión que había sentido muchas veces sin haberse atrevido nunca a expresarla. Siempre la habían tratado como a una persona menor de edad, y a ojos de la legislación francesa lo era, incluso casada. Esta frustración, a la que se sumaba un sentimiento de injusticia, la recomía por dentro. Ese yugo se lo fueron quitando los meses de conversación con Tahiel, la machi que curó su cuerpo y serenó su alma.

Seguro que sería capaz de curar a Louis.

Cerró su bolsa de viaje justo cuando reaparecía Teresa para anunciarle que Tahiel se encontraría con ellos esa misma noche en la estación.

Alice se estaba divirtiendo en el salón con los juguetes de sus hermanas, sin dejar de vigilar a su gatito, que dormía al fondo de un pequeño cesto. Se encontraba sola en su nueva familia. Tenía ganas de aprender a leer, como Henriette, que siempre tenía un libro en las manos. Tenía ganas de montar en poni, como los hijos de los empleados de la hacienda. Tenía ganas de ser guapa como Julia, aunque esa mañana su hermana aún tuviese los ojos hinchados. Le habría gustado mucho que Marguerite dejara de asustarla contándole cosas horribles.

–He oído decir a papá que no eres hermana nuestra –le advirtió en voz baja Marguerite.

–¡Se lo diré a mamá cuando vuelva!

–¡Como lo hagas mato a tu gato, que es igual de feo que tú!

Marguerite aprovechaba todos los momentos de proximidad entre las dos para asustar a Alice. Obnubilada por la virulencia de su hermana, Alice se batió en retirada con su gato y se arrimó a Julia, que estaba bordando a la luz de una lámpara de aceite. En ese ambiente tan oscuro, y cada vez más cargado del denso y acre olor del fuego de leña que acababan de encender los criados, le faltaba el aire.

–Gracias, Rodrigo –dijo Julia como una perfecta ama de casa–. ¿Por qué lloras? –le preguntó a Alice, interrumpiendo sus labores.

–Porque echo de menos a la abuela.

Con tal de que sobreviviera *Gatito* cualquier mentira era buena.

–Yo casi no la conozco. Pronto nos iremos a estudiar a Francia y la veremos más a menudo.

–¿Yo también?

–No, tú irás cuando sepas leer y escribir.

–¿Me quedaré aquí sola?

–También se quedará Marguerite, que vendrá con nosotras cuando cumpla los diez. Los primeros en irnos seremos Louis, Henriette y yo.

–¿Henriette, Louis y tú tenéis diez años?

–Henriette cumplió los once al llegar tú. ¿No te acuerdas de que le hicimos un pastel de cumpleaños? Louis pronto cumplirá los trece, y yo los doce. ¡Los cumpliré el último día del año!

–¿Y yo?

–Creo que cinco y medio.

–¿Por qué no vais a un colegio de aquí?

–Papá dice que en Francia es mucho mejor. Aquí en el colegio hablan todos español.

–¿Y no está bien hablar español?

–Es útil, pero papá dice que no es nuestro idioma ni nuestra cultura.

–¿A mí quién me enseñará a leer?

–Mamá y un preceptor.

–¿Qué es eso?

–Un profesor que sabe mucho de todo y viene a casa.

–¿Y por qué no lo he visto nunca?

–Porque se ha ido a Francia a ver a su familia. Lo conocerás el año que viene después de Navidades.

–¿Puedo salir a jugar?

–Sí, pero pídele tu abrigo a Teresa.

–¿Puedes vigilar a *Gatito*?

–¡Claro que sí, no te preocupes, que no se lo comerá nadie! –dijo Julia entre risas.

Alice cogió su abrigo y volvió al salón para llevarse a su gato, temerosa de que se lo comiera Marguerite. Fuera todo parecía en armonía: las nubes corriendo por el cielo, empujadas por el viento invernal, los rojos y los oros del otoño que tocaba a su fin, el olor de la naturaleza, del heno, de los caballos... Dejó su cesta al pie de un árbol. El gato salió, y Alice se quedó observando cómo descubría su nuevo territorio. Avanzaba con paso tímido, apoyando las patas con delicadeza en la alfombra de hojas frías y húmedas y lamiendo el agua de lluvia que colgaba de ellas en grandes gotas. A la mirada de la niña no se le escapaba ni un solo detalle de las aventuras del joven felino. Se había tumbado boca abajo para verlo mejor, y avanzaba a cuatro patas para seguir al animal, que saltó en persecución de un pequeño insecto. *Gatito* ignoraba su presencia. Alice se conformaba con observarlo sin decir su nombre.

Cuando casi era de noche oyó gritar su nombre en boca de Teresa y Julia. ¿Tenía que contestar? Se había convertido en el explorador *Gatito*, y la idea de volver a apoyarse en sus dos pies, de enfrentarse de nuevo a la tristeza del salón, la repelía. Se quedó callada, tratando de localizar las voces. Al levantar la cabeza se dio cuenta de que estaba en un bosque. Ahí no la encontraría nadie. La idea la satisfizo hasta que *Gatito* se puso a maullar. Tenía hambre, y la única manera de que se callase era una buena taza de leche caliente. Resignada, Alice se levantó y lo cogió en brazos para ir en silencio hacia las voces. Al salir del bosque vio las siluetas de Teresa y su hermana mayor. La puesta de sol bañaba el arenal de una luz anaranjada. Siguió yendo hacia ellas en silencio.

La primera en verla fue Julia.

–¿Dónde te habías metido?

–Estaba aquí, en el campo –mintió Alice–, jugando con mi gatito.

–Alice, no se puede desaparecer así –la regañó Teresa.

–*Gatito* tiene hambre.

–Hambre tenemos todas, Alice. ¡Llevamos una hora buscándote por todas partes!

Marie y Tahiel se habían turnado toda la noche junto a la cama de Louis. Estaban tomándose un café y descansando un poco en la cocina, de donde se había ausentado Léontine para no hablar con ella.

–Tu hijo está mal del corazón, Marie; sus problemas de pulmón vienen de ahí, pero no te preocupes, que le he aliviado la fiebre.

–De enfermedades del corazón Émile no quiere saber nada, aunque le conste que más de un varón de su familia ha muerto joven por problemas cardíacos.

–No acepta la idea de que la enfermedad venga de él. ¡En tu cultura los hombres quieren controlarlo todo, hasta lo incontrolable!

–¡Y encima su hermana se niega a hablar contigo! En vez de darte las gracias por salvarle la vida a su sobrino...

–Entre vosotros, el poder de curar solo lo tienen los hombres. ¡Yo soy una mujer médico, un auténtico tabú personificado! ¡Me considera una bruja!

–Y a mí me desprecia.

–Tú también has roto un tabú, ya lo sabes.

–¡Eso si me divorciase!

–Él no dejará que te divorcies.

–¿Cómo me dijiste que llamabais vosotros al divorcio?

–¡La separación de las mantas!

Se rieron las dos de corazón.

–¿Te das cuenta de lo sometidas que estamos? –suspiró Marie.

–¡Habla por ti! ¡Entre nosotros, antes de que vinieran los misioneros a trastocarlo todo, las mujeres eran el equivalente fértil de los hombres, no un añadido, como Eva, fabricada en la costilla de Adán! Somos diferentes pero iguales a los hombres. Nunca se nos ha considerado propiedad de ningún hombre. Yo he tenido tierras y ganado. Divorciarse era un mero formalismo. Si ya no te querías, te separabas. Si querías a otro, te casabas con él.

–¿Y los hijos?

–En muchos clanes, a los hijos varones los educan los tíos maternos, y en el caso de las niñas el papel de las tías es igual de importante. En caso de separación o muerte, los niños no se quedan abandonados. Tienen otros padres con los que contar.

–Así te viste convertida tú en la «mamá» de Antonio cuando mataron a su madre...

–Cuando la mataron por nada, porque a los indios se los mata como a los pájaros. También mataron a su padre, que era blanco, como tú. La locura humana no tiene límites. El padre de Antonio no hablaba una sola palabra de español. Lo capturaron de pequeño. Lo adoptó uno de mis tíos, y no recuerdo que nos chocara o que nos sorprendiera. Aprendió el mapudungún en pocos meses y se convirtió en uno más. Murió siendo uno de los nuestros.

–De él Antonio nunca me habla.

–¿Qué quieres que te explique? Lo que te digo pasó en 1866, cuando ya sabíamos todos que los chilenos nunca cumplirían su promesa de dejarnos en paz en nuestras tierras. Lo deportaron al sur conmigo y algunos supervivientes de la masacre. Fue donde conocimos al padre Lanquetin, que necesitaba machis para curar a los indios de Valparaíso en su dispensario del Sagrado Corazón. Me llevé a Antonio y aprendí español con él, en el colegio. Fue donde descubrí la palabra «mestizo». Antonio se convirtió en «mestizo». Es un machi, como yo, pero se niega a que lo inicien.

–¿Por qué?

–¡Entre vosotros se es médico, no machi!

Marie sonrió pensando en Alice.

–¿Y Alice...? ¿Tú crees que...?

–A Alice no la metas en esto. Ya lo hemos hablado: tiene un padre, tu marido, y está bien así.

–Pero es una mentira...

–No, es un pacto con la vida. ¿Te imaginas a tu hija descalza por las colinas de Valparaíso?

–Tus nietos no van descalzos...

–Su futuro es incierto. ¿Quién protegerá a tu hija si le pasa algo a Antonio? Aquí ser mestizo es seguir siendo indio, nunca blanco. Émile ha reconocido a Alice. Deja que la vida siga su curso.

–Le cuesta aceptarlo. No me cree cuando le digo que es hija suya.

–Dale tiempo de conocerla y la querrá.

–Tengo miedo de él, Tahiel. Todo el poder está en sus manos, incluido el de quitarme a mis hijos.

–No tienes elección, Marie; si te atan unas leyes artificiales, esquívalas y sé más fuerte que ellas, más astuta. Resiste con tus armas. Si Émile te obliga a mentir, miente. La culpa es de él, no tuya.

–Siempre me siento culpable de algo: de ser mujer, de ser mala madre, de estar con mi marido por deber, de ser infiel... ¡e impía!

–Tu sentimiento de culpa es una creación negativa de tu espíritu. Imagínatelo como la boca de un lobo: ¿qué sentido tiene meterse en ella?

–Tengo miedo de que mis decisiones provoquen desgracias a mis seres queridos.

–Ese miedo es otra creación de tu espíritu. ¿Quién va a castigarte? ¿Tu Dios?

–Mira a Louis...

–Louis está enfermo desde que nació. Ten la humildad de comprender que no tiene nada que ver con ninguna voluntad divina. En la naturaleza, los árboles y los animales nacen y viven más o menos tiempo en función de lo fuertes que son desde el principio. ¿Crees que tu Dios no tiene nada más que hacer que decidir quién será fuerte y quién débil? Mira, Marie, los españoles han intentado diezmar a mi pueblo durante tres siglos en nombre de Dios. Harías mejor en desconfiar de los hombres, no en Dios.

–Tienes razón, perdóname, soy una tonta; a veces contigo me siento como una niña. Vengo de un mundo donde los adultos solo han levantado muros de miedo, vergüenza y culpabilidad a mi alrededor. Gracias a ti, en los últimos diez años esos muros se han ido derrumbando un poco.

–No olvides a tu marido, que fue quien te trajo a nosotros, y que a pesar de sus reservas y sus celos ha aceptado mi presencia al lado de su hijo.

–¡Tahiel! Lo ha hecho porque sabe que eres la única que puede curarlo.

–Da igual, estás atada a él. Si eres astuta no te pasará nada malo, ni a tus hijos tampoco. Ven, vamos a ver cómo está Louis.

Cuando entraron en el cuarto del adolescente lo encontraron con Émile. Louis dormía, un poco menos pálido. Émile miró a las dos mujeres y le dio las gracias a Tahiel.

–Podréis llevároslo dentro de dos días –lo informó la machi–. He dado instrucciones a Marie para el resto de los cuidados. Yo vuelvo esta noche a Valparaíso.

–¿Ya? –se extrañó Marie, inquieta ante la perspectiva de quedarse sola con su marido y su cuñada.

–En dos días estarás en casa con tu hijo –la tranquilizó Tahiel–, aunque Louis tendrá que descansar. Pasaré por vuestra casa a verlo.

–Yo también vuelvo hoy, Tahiel. He acabado de organizar la librería, y quiero estar seguro de que en la hacienda va todo bien.

–De acuerdo, pues os dejo con Louis.

–Gracias, Tahiel –dijo Émile.

Tras un breve silencio, ritmado por la sonora respiración del niño enfermo, Émile habló sin mirar a Marie.

–Has vuelto a verlo, ¿verdad?

–Aquí no, por favor.

–Louis duerme.

–No, no he vuelto a verlo.

–Mientes.

–Émile, te lo ruego, que estamos con Louis...

–No vuelvas a abandonarme, Marie, que no lo soportaría –mendigó Émile con voz sorda.

Marie se levantó. Él la cogió por el brazo y se lo estiró.

–Salgamos, Émile... Por favor...

Fueron a la habitación de él.

–¿Qué quieres? –dijo Marie con rabia, soltándose.

–Que vuelvas conmigo.

–Nunca he sido tuya.

–¿Por qué eres tan dura conmigo?

–¿Y tú por qué te empecinas en querer ser mi dueño?

–Porque te quiero.

–Yo no te elegí, Émile, ya lo sabes.

–¿Por qué lo dices?

–Tenía diecisiete años, y no sabía nada de la vida. ¡Acababa de pasar diez años en el convento! Sabes perfectamente que fue una elección forzada por mi familia.

–He hecho todo lo posible por que fueras feliz.

–También me martirizaste al separarme de Alice. Me rompiste por dentro al pedirme que eligiera entre ella y los demás. ¿Sabes de alguna madre capaz de elegir entre sus hijos?

Marie se puso a llorar. Cuando Émile quiso decir algo, ella se lo impidió con un gesto y continuó.

–Dejé aquí a Marguerite cuando a duras penas tenía un año y medio para tener a Alice en Francia, como querías tú. Luego me obligaste a abandonar a Alice. ¿Y me hablas de amor? Lo que te carcome es tu amor propio, Émile. Ojalá aceptaras la idea de que ese amor del que hablas está muerto.

–Tú me quisiste... Sé que me quisiste –dijo Émile, acercándose para abrazar a su mujer.

–Es verdad, Émile: te quise como se quiere a un padre, a un hermano, a un amigo. Fui tan feliz al nacer Louis... Tú también, ¿te acuerdas? ¿Qué sentido tiene volver a hablar de todo eso? ¿De qué sirve hacerse tanto daño?

Marie lo rechazó con suavidad. Émile estaba pálido.

–Ya no... ya no me quieres...

–No empieces otra vez, Émile, te lo suplico.
–¿Por qué?
–Al nacer Henriette te dije que no quería más hijos.
–Ya habías conocido al otro.
–No, te lo juro.
–¿Pues entonces por qué?
–Porque ya no te deseaba, Émile.
–Pero yo todavía te deseo.
–Hasta que nació Marguerite seguimos guardando las apariencias. Luego conocí a...
–¡Cállate! –la interrumpió él, levantándole la mano.
–¿Por qué iba a callarme? –le espetó ella con rabia.
–Porque me da asco que te acuestes con el indio ese.
–¡Te recuerdo que a tu hijo acaba de salvarle la vida una india!
Él le dio una bofetada. Marie se cayó al suelo. Émile corrió a levantarla y la estrechó contra su cuerpo, sin que ella tratara de apartarse. Luego Marie recuperó un poco la calma.
–Devuélveme mi libertad, Émile –le dijo suavemente–. Recupera tú la tuya, sigamos siendo una pareja de cara a nuestros hijos y...
–Cállate, Marie. ¡Cállate, por favor!
La estrechó con más fuerza, acariciándole la cara como si quisiera borrar la huella de la bofetada que acababa de darle.
–Te lo ruego –le imploró ella–, no me pidas que te dé lo que ya no puedo darte.
–Te he avisado, Marie: como vuelvas a verlo...
–¿Qué? –rugió ella, zafándose otra vez–. ¿Me matarás? ¡No eres capaz!
Émile la empujó con fuerza hacia la cama, donde Marie se derrumbó entre lágrimas.
–Eres un monstruo... No tienes ninguna moral –le soltó él, retrocediendo hacia la puerta.
–¿Y a ti te parece moral haberme torturado durante años con tus amenazas? –gritó ella.
Émile estaba lívido. Marie sabía que en momentos así era capaz de lo peor, y la invadió la angustia de que le arrebatasen otra vez a sus hijas.

–Perdóname, Émile, por favor. Hazlo por nuestros hijos. Perdóname y prometo no volver a verlo nunca más.

Estaba temblando. Le hizo señas de que se acercara. Él la tumbó en la cama y, sujetándola por las muñecas, la miró de hito en hito.

–Júrame que Alice es mía. Júramelo por tu hijo.

Marie se acordó de su conversación con Tahiel.

–Te lo juro –dijo sollozando.

Émile se acostó a su lado.

–Te quiero tanto... Dime que ya no me dejarás nunca.

–Nunca te dejaré.

Aturdida por la violencia de Émile, y avasallada por el odio que inspiraba en ella, Marie se dejó desnudar y permitió que le hiciera el amor. Cerró los ojos. No sentía nada, cosa que le produjo un alivio inmenso. ¿Tan simple era? Le entró una risa nerviosa. Émile, que se había dormido contra ella, se despertó y la sorprendió vistiéndose.

–¿Adónde vas?

–Tu hermana y Jean no tardarán. ¡No querrás que nos encuentren en la cama!

Le entró otra vez la risa.

–Estás loca. Ven aquí.

Se sentó al borde de la cama.

–Abróchame el vestido, por favor.

Émile puso una mano en la nuca de su mujer. Tenía la piel muy caliente. Al levantarse y volverse hacia él, Marie lo dejó aterrado con el desprecio de su mirada.

Émile se pasó todo el viaje de regreso a Valparaíso torturándose por Marie. ¿Por qué no aceptaba que su mujer se acostara con otro, cuando él hacía años que tenía una amante en Santiago? ¿Por esa duda sobre la paternidad de Alice que le hacía perder el juicio? ¿Por amor propio? No, a quien más quería en el mundo era a esa mujer, sin cuya presencia la vida se le antojaba inconcebible. La necesitaba. No conocía a ninguna otra mujer tan bella, inteligente y deseable. Había tenido veinte veces la oportunidad de dejarla por su amante, que lo colmaba de atenciones. A su amante la había dejado veinte veces, pero a Marie nunca. Se sentía incapaz. Clara no exigía nada. Marie, en cambio, lo quería todo. Era su insumisión lo que hacía enloquecer de deseo a Émile. Mortificado aún por el desprecio que acababa de manifestarle su mujer, necesitaba dar con la manera de reconquistarla. Pensando en Alice, y en la pasión que inspiraba en su madre, decidió que no seguiría dudando. Para mitigar la rabia de Marie tenía que querer a la niña como si fuera suya.

Julia se asustó mucho al ver que su padre volvía solo a la hacienda; tanto, que aún le temblaban las piernas cuando le oyó dar buenas noticias sobre la salud de Louis y anunciar que su madre volvería en dos días. Émile mandó a Teresa que esa misma noche organizase una cena en el salón para sus hijas y él. A la pregunta de por qué no estaba Alice, las dos mayores contestaron al unísono que se pasaba la vida en la cuadra.

Émile decidió ir a verla y se la encontró conversando con un potro. Su voz sobresaltó a la niña.

–¿Te gusta?

–Mucho.

–Aún es joven para que lo montes, pero puedes montar otro. Ven.

Émile le tendió la mano. Tras un momento de vacilación, Alice la cogió, tranquilizada por la dulce mirada de su padre, que la llevó al box de un poni hembra. Al abrirse la puerta, el animal levantó la cabeza. Émile cogió un cabestro colgado en la pared y se acercó al poni, que acercó el morro dócilmente.

–Vamos a ensillarla y a salir a la pista. ¿Has montado alguna vez a caballo?

–Sí, en el del yayo Léon.

–¿Y quién es el yayo León?

–El vecino de la abuela.

–Ah... Venga, arriba.

Émile cogió a la niña en brazos y la depositó en el lomo.

–Cógete al pomo. Así. Solo tienes que dejarte llevar, siguiendo el movimiento de sus pasos.

Émile sujetaba el cabestro. Alice no decía ni mu, concentrada en las indicaciones de su padre.

–Ahora pasaremos al trote. No apartes las manos del pomo y échate un poco para atrás. ¿Quieres probar a galopar?

–¡Sí! –exclamó Alice, emocionada.

–Hay que apretar las piernas y... ¡al galope! –dijo su padre, haciendo restallar su látigo.

Alice se tronchaba de risa. A Émile sus carcajadas le sentaron como un puñetazo. Se reía igual que Marie.

–Y ahora otra vez al paso. ¡Al paso! –ordenó al poni.

–¡Otra vez! ¡Quiero volver a galopar! ¡Por favor, papá! –chilló Alice.

Oyéndose llamar «papá», Émile creyó que se volvía loco. Se imaginó que Alice se caía y moría en el acto. Ojalá Marie no lo hubiera engañado. Ojalá no existiera la niña. Sintió que se le desbocaba el corazón. Asustado por unos pensamientos tan morbosos, redujo el paso del poni.

–¿Estás bien? –le preguntó a la niña, temblando.

–¡Sí! –exclamó Alice con los mofletes muy rojos.

–Venga, pues ahora al paso, para que recupere un poco el aliento.

–¿Cómo se llama?

–No lo sé.

–*¡Estrella!* –terció Marguerite, que los observaba al borde de la pista–. ¡Es mi poni, papá!

–Es el poni de todos los niños de la casa –la corrigió Émile inexpresivamente.

–¡Quiero montar!

Marguerite se acercó a su padre, que estaba reconduciendo el poni.

–Ahora te pongo detrás de tu hermana.

–No, no quiero. Quiero montar sola.

A pesar de todo, Émile la montó detrás de Alice. Marguerite empujó con fuerza a su hermana pequeña, que se cayó en la arena. El poni, asustado, se apartó, haciéndola caer también a ella.

Émile levantó a Alice, que no se había inmutado, y se acercó a Marguerite.

–¡La odio!

–Tranquila, Marguerite, por favor –le pidió, cogiéndola en brazos.

–Lo siento mucho, papá –dijo Alice.

De repente se puso a llorar, sintiéndose culpable por la virulencia de su hermana.

–¡No es tu padre! –le escupió Marguerite, lanzándose sobre ella y arañándole la cara.

Émile la agarró por el brazo y mandó a Alice que se quedara con el poni.

Alice se tranquilizó acariciándolo. Después de un rato vio llegar a un niño al que había visto varias veces en la cuadra. Cuando estuvieron cerca, él se presentó como Pedro y le explicó que Alice tenía que darle el cabestro del poni. Alice los acompañó hasta el box de *Estrella*. Pedro cogió paja seca y la usó para cepillar al animal. Alice siguió su ejemplo. Pedro era un niño muy hablador, al que hacían mucha gracia las caras de incomprensión que provocaban sus palabras en Alice. Su vigor y su amabilidad consolaron a la pequeña, que se quedó con él toda la tarde, cuidando los caballos.

Durante la cena, Marguerite se disculpó a la fuerza con su hermana. A Alice le dio vergüenza la escenificación impuesta por su padre. Las dos sabían que su relación ya no tenía arreglo. Marguerite odiaba a Alice, la cual, a su vez, se sentía incapaz de perdonar su incomprensible desamor. Pese a las exigencias de su padre, no logró responder «te perdono» a las excusas de Marguerite.

«Bienvenida al manicomio», la había avisado Julia el día de su llegada a la hacienda. Mientras su padre seguía insistiendo, Alice no se quitaba la frasecita de la cabeza. Tuvo la impresión de que su malestar se contagiaba al resto de la mesa, incluido Émile Guy, a quien vio palidecer de ira. Finalmente, con los ojos anegados en lágrimas, consiguió decirle a Marguerite que la perdonaba con un hilo de voz casi ininteligible.

Dos días después, Marie volvió con su hijo. La cara de cansancio de Louis dejó impactadas a Julia y Henriette. Marie besó a sus hijas y, encomendando a Louis a los cuidados de Teresa, fue a encerrarse en su cuarto, del que no salió en varios días.

–¿Duermes, Julia?

Con los ojos muy abiertos, Alice iba a tientas hacia la ventana de la habitación, tratando de encontrar a toda costa algún resquicio de luz.

–¿Qué pasa, Alice?

–¿Puedo abrir la cortina?

–Sí.

–Es que a oscuras tengo demasiado miedo.

Descorrió la cortina y se acostó otra vez, acurrucándose contra su hermana.

–Julia...

–¿Qué?

–¿Por qué no se hablan papá y mamá?

–No lo sé –contestó Julia, girándose hacia ella.

–Yo creo que es por nuestra casa –dijo Alice con gravedad–. A mamá le da miedo.

–¿Por qué lo dices?

–Cuando está en la otra no para de hablar, y está siempre contenta.

–¿A qué otra casa te refieres?

–Es un secreto. ¿Sabes guardar secretos?

–Sí, claro –le prometió Julia mientras se le aceleraba el corazón.

–Es la casa de Tahiel y Antonio.

–¿Quién es Antonio?

–Un señor que quiere a mamá.

–¿Cómo lo sabes?

–Cuando la abraza, ella sonríe, mientras que cuando se le acerca papá se pone triste.

Julia se puso a llorar.

–¿Por qué lloras? –se alarmó Alice, muy preocupada por haber hecho daño a su hermana.

–No, por nada; perdona, es que estoy triste y contenta a la vez. ¿Se ven a menudo?

–Cuando papá está fuera, y vosotras con el preceptor que os da las clases que para mí serían demasiado difíciles.

–¿Y a ti te gusta?

–Sí.

–¿Cómo es?

–Indio, como Tahiel; de hecho es hijo suyo.

–Alice, ¿sabes que cuando te cuentan un secreto no hay que decírselo a nadie?

–Solo os lo he dicho a ti y a *Gatito*. ¿Por qué no se puede repetir nunca un secreto?

–Porque los secretos sirven para proteger a alguien de un peligro muy grave.

–¿Cómo?

–Suponte que alguien te quiere matar, y que yo soy la única a quien le has contado el secreto de dónde estás escondida. Si le cuento tu secreto al asesino, podrá encontrarte, y por lo tanto matarte.

Se hizo un silencio durante el que Julia se echó otra vez a llorar.

–¿Tú crees –se aventuró a decir Alice– que papá podría hacerle daño a mamá, y que por eso ella le tiene tanto miedo?

–Sí.

–Yo también tengo miedo todo el rato. Por eso no quiero dormir con las cortinas cerradas. Te juro que este secreto nunca lo sabrá nadie más que tú. Estoy segura de que nuestro secreto protegerá a mamá.

Marie llamó a la puerta del despacho de su marido.

–¡Adelante! –dijo Émile–. Siéntate, que quiero hablar de cuando se vayan los niños a Francia este verano.

Levantó la vista y la posó en el rostro triste y duro de Marie.

–He hecho lo que querías, ponerme en contacto con monseñor Merlinod, que ha contestado favorablemente a mi petición. Me ha confirmado la inscripción de Louis en el colegio secundario, y de Julia, Henriette y Marguerite en el convento de Viry a partir de septiembre. Con Marguerite he dudado mucho, pero me ha suplicado que no la separe de sus hermanas mayores. Me imagino que estarás conforme con su decisión.

Marie no reaccionaba.

–No dices nada.

–Lo que me habría gustado de verdad es que estudiaran en el Sagrado Corazón.

–Su educación será mucho mejor en Francia.

–Solo lo haces para separarme de ellos.

–También he recibido una respuesta favorable de tu madre, que ha aceptado que los niños pasen las vacaciones con ella en su casa de Carouge. Hemos acordado que le pasaré una pensión para ayudarla. Tu madre quería saber si irás este verano con los niños. Le he aclarado que me ocuparé yo de ellos. Tengo que pasar por Ginebra y París por mis negocios.

–A Alice le habría gustado volver a ver a su abuela, y a mí...

–A ti te corresponde estar aquí. Sobre eso está todo dicho.

–¿Qué satisfacción te da hacerme venir contigo solo para recordarme que dependo de ti?

–¡Basta! ¿Quieres que te prohíba ir al Sagrado Corazón?

–Como lo hagas, te juro que el nombre de mi amante se sabrá en toda la ciudad.

–¿Y qué crees que pensarían al saber que te entregas a un indígena? ¡Que estás loca!

–Tus amigos no me dan miedo, Émile. Lo que me inspiran es asco y desprecio. Si corriera la voz de que soy amante de un insurgente, las autoridades no se conformarían con ir a por mí; también irían a por ti, como no podría ser de otra manera, o sea, que procura guardar bien este secreto que te protege de que todos tus bienes sean confiscados sin juicio.

–Te prohíbo que me hables así –dijo Émile, levantándose.

–No, Émile, ya no pienso callarme. Es la única libertad que me queda. Me dejas a Alice para que me calle. ¡Ni se te ocurra tocarle un solo pelo cuando vuelvas!

Alice no vio marcharse a sus hermanos. Fue su padre quien los llevó al alba al puerto de Valparaíso. Abrumada de dolor, Marie instaló a Alice en su cuarto, donde estuvieron varios días sin salir de la cama. Fue un doloroso paréntesis para la niña, muy angustiada por la sensación de impotencia de no poder consolar a su madre.

Una mañana oyó que su gato arañaba la puerta, y se levantó para abrírsela.

–¡No salgas, Alice! ¡Quédate conmigo! Si te pasara algo me moriría de pena.

–Voy a abrir a *Gatito*.

Justo entonces entró Teresa con café y unas pastas. A pesar de las protestas de Marie, la niñera abrió las cortinas y la ventana.

–Señora, no pienso permitir que se quede otro día sin comer.

–¡Déjame! ¡Sal!

–Alice, sal fuera con *Gatito*.

–¡No! ¡Os lo prohíbo! –exclamó Marie, intentando levantarse.

–Rosita te espera en tu cuarto. Te vestirá ella. Ha venido Pedro a buscarte para que lo ayudes a cuidar los ponis. ¡Venga, sal!

Marie se quedó hecha un mar de lágrimas, sin fuerzas para levantarse.

–Vete –le dijo Teresa a Alice–, y no te preocupes, que ya me encargo yo de tu mamá.

Alice salió con su gatito en brazos. En el pasillo que llevaba a su cuarto no había nadie. Se encontraba mal. Le daba miedo esa casa tan grande y silenciosa. Viendo vacías las habitaciones de Julia, Henriette, Marguerite y Louis, rompió a llorar.

Unas semanas después, Marie decidió trasladarse del ala izquierda de la casa, la de los padres, a la derecha, reservada a los niños, donde quería instalarse con Alice. Redecoró todas las habitaciones y mandó tirar tabiques para crear dos dormitorios, una biblioteca y una sala de música, donde instaló el piano que hasta entonces había presidido el salón de la planta baja.

Movilizó a todo el personal de la hacienda para cambiar los muebles, coser nuevas cortinas y cambiar las telas de las paredes.

Alice estaba contenta de ver renacer a su madre gracias al proyecto de reforma, en el que participaba activamente. Marie se la llevaba de compras a Valparaíso, y juntas elegían telas, muebles, ropa de cama, alfombras... En cuestión de semanas se creó un enclave de alegría dentro de la austeridad del resto de la hacienda.

Marie reanudó sus viajes al asilo del Sagrado Corazón, donde ayudaba a las monjas a cuidar a los enfermos. Alice, que la acompañaba con frecuencia, volvió a ver a Tahiel, y se hizo amiga del hijo pequeño de Antonio, Ayún, escolarizado junto a sus hermanos mayores justo al lado, en la escuela secundaria del Sagrado Corazón. Ayún tenía nueve años y conocía todos los rincones del asilo, donde había nacido.

–¡Ven –le dijo el niño a Alice–, que cazaremos lagartijas!

–¿Cazar qué? –preguntó Alice, que aún no entendía la mayoría de palabras en español.

–¡Lagartijas!

Ayún la llevó al claustro, inundado por el sol de mediodía. Se acercaron a una pared con perales plantados en espaldera.

–¡Sssh! No te muevas, que no hay que asustarlas. Mira, allá hay una.

Alice vio aparecer un pequeño reptil cuya piel se confundía con la piedra beis.

–¡Tiene la barriga naranja! –exclamó maravillada justo cuando Ayún la cogió por la cola, que se le quedó en la mano.

La lagartija se escondió corriendo en un agujero, mientras Alice soltaba un alarido.

–¿Pero qué haces? ¿La has matado?

Ayún se puso a reír.

–¡No seas tonta! ¡La cola les vuelve a crecer!

Abrió una cajita de cartón en la que depositó su trofeo, todavía en movimiento.

–¡Qué asco! ¡A esto no quiero jugar!

–¿Pero no te he dicho que les vuelve a crecer? ¡Mira, otra!

Ayún se dispuso a atraparla, pero Alice pegó un grito.

–¡Escápate!

–¡Demasiado tarde! –exclamó, divertido, acercando la cola temblorosa a la nariz de Alice, que se puso a llorar.

–Bueno, vale, ya paro –dijo, tapando la caja–. ¿Qué te apetece que hagamos?

–Subir al campanario –anunció Alice después de sorberse la nariz.

–¡Qué rollo! –contestó Ayún con una mueca–. Ven, vamos a jugar a la alberca, que en esta época está llena de renacuajos. ¿Vamos a pescarlos?

–Vale, pero luego los tiramos otra vez al agua.

–Vale –dijo, encogiéndose de hombros.

Alice estaba fascinada por Ayún, que la atraía con la fuerza de un imán. Lo siguió a la alberca, donde él la salpicó con agua.

–¡Quítate los zapatos! ¡Venga, que vamos a bañarnos!

–¿Con los renacuajos? –exclamó Alice entre risas, chorreando.

Ayún se desnudó del todo y se tiró a la alberca. Alice lo miraba sin atreverse a entrar. Nunca había visto más cuerpos desnudos que el suyo, y con Ayún estaba descubriendo cómo eran los de los niños del otro sexo. Se desvistió y se metió en el agua con él.

Sus gritos de alegría llamaron la atención de Marie, que los sacó del agua y les mandó tumbarse al sol para entrar en calor. Primero los regañó por estar desnudos. Luego se rio por verlos tan contentos y con tanta vida en un lugar donde la enfermedad y la muerte eran reinas y señoras.

Se fue a por toallas.

Al volver se encontró a los dos niños concentrados en los dedos de sus pies.

–¡Mira, mamá! ¡Ayún tiene dos dedos pegados, como yo, y en el mismo pie!

–¡Papá también! –dijo Ayún–. ¡Y Pichi! ¡Tahiel dice que nos viene del padre de papá, y que es un defecto de fabricación típico de los blancos!

Se tronchaba de risa.

–Venid, que os restriego. Tienes los labios azules, Ayún –intervino Marie, fingiendo no haberse dado cuenta del descubrimiento de ambos niños.

–Es increíble, mamá. ¿Lo has visto?

–Sí, cariño, lo he visto... Pero lo que veo, sobre todo, es que si alguna de las hermanas os encuentra desnudos en su jardín os puede caer un buen castigo.

–¿Papá también tiene los dedos de los pies pegados? –preguntó Alice, muy seria.

–¡Venga, venga, a ponerte el vestido! A las hermanas no les diré nada, pero tenéis que quedaros al sol para que se os seque el pelo, porque si no adivinarán de dónde venís.

–Mamá... ¿Papá...?

–¡Basta de preguntas, Alice! –dijo Marie, frunciendo el ceño–. ¡No lo sé! ¡Poneos los zapatos, que corriendo descalzos por la hierba os puede picar una avispa!

Alice, ofendida, se dejó caer y empezó a calzarse en el suelo.

–Cuento contigo para que encuentres otros juegos más tranquilos, ¿de acuerdo, Ayún?

–Sí, señora –prometió el niño, conocedor del poder mágico de la buena educación con los adultos.

Funcionó, como siempre: Marie dio media vuelta y se fue al asilo.

–¡No lloriquees tanto –le dijo a Alice–, que tenemos que pescar renacuajos! ¡Ven!

A principios del otoño regresó a Valparaíso Émile Guy, que a las pocas horas de llegar ya había sembrado el caos en la casa. Enfurecido por las reformas de Marie, tuvo una discusión muy fuerte con ella, y si no le levantó la mano fue exclusivamente por la presencia de Alice, agarrada a las faldas de su madre. La violenta pelea atemorizó a la niña, que se acordó de su conversación con Julia y tuvo mucho miedo de que su padre matara a su madre.

Marie se encerró en sus aposentos con la niña y no salió hasta dos días después, cuando Émile, ya más sereno, le rogó que se prestase a hablar con él.

Tras una hora de conversación entre los cónyuges, Alice, que había quedado a cargo de Teresa, vio que su padre subía a su carruaje con la maleta de viaje y se iba de la hacienda.

Tras la marcha de Émile Guy, Alice retomó sus costumbres con su madre, que no volvió a decirle nunca nada sobre la discusión.

Para Alice, las mañanas estaban reservadas al estudio: lectura, escritura, cálculo y algo de historia y de geografía, todo ello impartido por Marie, que había despedido al preceptor. Las tardes las pasaba con Pedro, cuidando y montando los ponis. Ya había adquirido bastante autonomía para salir de paseo con su amigo, que le enseñó a jugar al pato, un juego de pelota a caballo. Alice pidió permiso a su madre para organizar pequeños torneos de pato en la hacienda con los niños de la zona.

Marie estaba orgullosa de ver que Alice se medía con jinetes mayores que ella, pese al miedo constante a que se hiciera daño. Admiraba la destreza de su hija, capaz de recoger del suelo a todo galope la cesta que contenía una pelota de cuero y lanzársela con precisión a sus compañeros de equipo.

–Cuando yo era joven –dijo Teresa mientras observaba a los niños desde un lado de la pista, con Marie– los hombres jugaban con un pato de verdad metido en una cesta. Al final de la partida daba pena verlo, al pobre.

–Sí, hace unos días Pedro se lo contó a Alice y ella estuvo toda la noche llorando. A esta niña le gustan los juegos de niños, y no le da miedo enfrentarse a ellos, pero odia la violencia gratuita y la injusticia.

–No sé si hace usted bien en dejar que se comporte como un niño.

–En julio cumplirá siete años. Aún le falta mucho para tener que preocuparse de esas cosas. Llevo años al margen de cualquier actividad social. Nadie puede juzgarla. Mi intuición me dice que toda esta libertad de la que goza le servirá de algo. ¡Mira lo fuerte que es!

–¿Y si llegara de improviso el señor?

–¿Qué?

–Con tantos niños en su casa... Ayún, el hijo de Antonio... Juega usted con fuego.

–Ya no tengo nada que perder.

–¿Y Alice?

–Mientras viva Antonio, jamás la tocará.

Santiago, 30 de abril de 1881

Marie:

Me han contado que te vieron con tu amante a plena luz del día. Hasta en Santiago me persiguen los rumores. ¿Qué hombre puede soportar tamaña ofensa?

No consentiré que eches por tierra todo lo que he construido en aras de una pasión vulgar que mancilla mi nombre y mi reputación. Deja a ese hombre antes de que sea demasiado tarde.

Émile

Valparaíso, 10 de junio de 1881

Muy señor mío:

Hace casi dos años que vivo en la hacienda sin otra compañía que la de Alice y el servicio. En sus escasas visitas siempre nos ha encontrado usted aquí, o junto a los enfermos del asilo.

Es de todos sabido que en Santiago frecuenta usted la compañía de la señorita Clara Montero. No se sorprenda de que sepa su nombre. Toda la comunidad francesa de Valparaíso, especialmente los varones, le envidia que pueda mantener a una actriz del talento de la señorita Montero. Dicen que es una gran amante de las letras, aunque, a juzgar por la creciente inquietud con que los banqueros de usted ven derretirse su fortuna como nieve al sol, no son las letras el único objeto de su amor. ¿Desea usted que remita sus cartas al domicilio de la señorita Montero? Para echar por tierra su fortuna se basta y sobra usted. No me acuse de sus propios errores. Seguro que le saldría mucho menos cara casándose con ella. No hay más que ver lo poco, casi nada, con que vivo yo.

No le reitero mi petición de divorcio porque su locura destructora le impide tan siquiera planteárselo.

Alice se ha formado una imagen ideal de usted como un padre que trabaja mucho para ofrecerles a sus hermanos una educación perfecta en Europa, y a ella una vida de libertad en contacto con esos caballos por los que siente la misma pasión que usted. He cumplido mi parte del contrato: Alice le quiere.

Me habla usted de un rumor. Dado el tiempo que lleva circulando, me permitirá usted que no le dé importancia alguna.

Suya,

Marie

Marie y Alice seguían el paso rápido de Antonio. El corazón de Alice latía aceleradamente. Le daba vértigo correr de esa manera por las calles atestadas de gente. Estaban subiendo hacia los barrios populares. Alice se sabía el camino de memoria. Le gustaba subir a esa colina donde su madre la dejaba jugar libremente con los niños indios, ese lugar que era un secreto entre las dos.

Antonio sabía hacer feliz a su madre, y Alice le quería. Cuando entraron en la casa, Antonio se giró con una muñeca de retales de colores en las manos.

–¡Cógela, hija mía –dijo en español–, que es para ti!

–¿Cómo se llama?

–¡Alicia, como tú!

Alice miró el juguete con una mueca, porque era de pobres.

–Habría preferido un poni.

–¡La próxima vez, hija mía! –contestó Antonio, riéndose.

–¡No le digas «hija mía»! –intervino la madre de Alice, tapándole la boca.

Antonio la cogió por la cintura y le dio un beso. Alice le tiró la muñeca. Él la cazó al vuelo, sonriendo, y le dijo que saliera con los otros niños.

Los hijos de Antonio y sus amigos, que estaban jugando a la chueca en el patio, dieron un palo a Alice y formaron dos equipos, repartidos por sexos. Alice, que quería jugar en el de Ayún, protestó, y los mayores decidieron hacer una mezcla de edades, con cinco niños por equipo. Cada uno de los dos mayores se puso en un lado del patio, entre las dos macetas que delimitaban el espacio por donde había que meter la pelota para ganar un punto.

–¡Eh, tú, la *winka*! ¡Venga, empieza tú! –gritó uno de los niños del equipo contrario, señalando a Alice.

–¿Por qué me llamas winka? ¿Qué es una winka?

–Winka es «invasor» en mapuche –respondió Ayún con una mirada de desdén.

–¡Es como llamamos a los blancos como tú! –remachó el niño de enfrente, escupiendo en el suelo.

–¡Yo no soy ninguna winka!

Alice apretó el palo y golpeó con todas sus fuerzas la pelota de madera. El niño gritó de dolor al recibir el proyectil en la tibia.

Todos se pusieron a reír. Luego empezó el partido.

Al principio Alice no reconoció a su padre. Émile Guy estaba cruzando el patio sin mirar a los niños. Entró en la casa de Antonio. Se oyó un disparo. Alice dejó caer el palo. Oía gritar a su madre, y quería ir con ella, pero no le respondían las piernas. Los niños pararon de jugar. Los hijos de Antonio se lanzaron corriendo hacia la casa. Justo entonces salió de ella Émile Guy, que se abrió paso a empujones. Al ver a Alice se acercó, la tomó por el brazo y se marchó corriendo.

Delante de la iglesia de La Matriz, la puesta de sol hacía brillar el suelo blanco de la plaza. Tahiel, vestida de chamana, levantó la cabeza, fijándose en unos gritos estridentes, y tuvo un escalofrío al ver pasar una bandada de cuervos por encima de los campanarios. Llevaba todo el día angustiada, con premoniciones de muerte. Pensó en el niño que la esperaba en el asilo. En lo alto de la escalinata se tomó un respiro y depositó su hatillo ante la iglesia. Tenía la cara tensa por el esfuerzo. Acababa de recorrer de un tirón todo el camino desde el puerto hasta La Matriz. Fijó la vista en el horizonte, por encima del mar, cuyo sordo rumor llegaba a sus oídos, y se le relajaron las facciones. Recogió el hatillo y rodeó la iglesia para llamar a la puerta del asilo.

Le abrió una monja.

–¡Tahiel! ¡Gracias por haber venido!

Sonrió y agachó la cabeza para cruzar la puerta y entrar en el claustro.

–Tenemos que enseñarte a un niño que lleva dos días delirando y con mucha fiebre.

Atravesaron el claustro por el jardín. Tahiel se fijó en los mandarinos cargados de fruta.

–¿Qué edad tiene?

–No lo sabemos. Lo han encontrado en el puerto, famélico y lleno de parásitos.

–¿Ya estaba enfermo?

–La verdad es que no. Creíamos que se recuperaría enseguida, pero ha empeorado de golpe.

Justo antes de auscultar al niño, Tahiel oyó sonar con insistencia la campana de la entrada del asilo. Lo siguiente que escuchó fue su nombre en mapuche. Los hombres que la llamaban entraron para descargar en una de las camas el cuerpo de un hombre inconsciente y con el torso ensangrentado. Tahiel reconoció enseguida a su hijo, y después a Marie, que tenía las manos manchadas de sangre.

Antonio había recibido un balazo en el hombro izquierdo. Después de sedarlo, Tahiel le practicó una incisión para sacar la bala. Al acabar se giró hacia Marie.

–Sobrevivirá –le dijo–, pero será mejor que te vayas. Tengo que esconder a mi hijo para que no lo descubran aquí. Ha sido Émile, ¿verdad?

Marie asintió con la cabeza.

–¿Está herido?

–No –contestó–, se ha escapado con Alice.

–Tienes que irte a casa, Marie. Tienes que ver a tu marido antes de que cometa otra locura. Puede que ya haya avisado a la policía.

–No me abandones, Tahiel...

–Antonio está en peligro de muerte. Si quieres protegerlo, márchate cuanto antes.

Marie bajó al puerto en busca de un cabriolé que la llevara a la hacienda. Le costaba respirar, y le latía con gran fuerza el corazón. Se notó varias veces al borde del desmayo. Viéndola tan despeinada, y oyendo el castañeteo de sus dientes, el primer cochero se negó a llevarla. Marie había dejado su bolso y su sombrero en casa de Antonio. No le alcanzaba el dinero, y tenía manchas de sangre en la ropa. Para convencer al segundo cochero le contó que se había caído por la calle, que le habían robado el bolso y que su marido la esperaba en casa, pero él se empeñó en llevarla a comisaría para que pusiera una denuncia. Marie se negó y esperó el siguiente coche.

–Sí, exacto, el señor Guy, de la librería –le dijo al tercer cochero, que al conocer el establecimiento se prestó a llevarla a casa.

Hizo el viaje en un estado constante de zozobra. ¿Y si encontraba la hacienda vacía? Pidió a gritos que fueran más deprisa, convenciendo al cochero de que estaba loca. Trató de reprimir el miedo, pero se le aparecían imágenes horribles: Émile y sus pulsiones homicidas, Antonio asesinado por la policía, Alice desaparecida sin remedio...

El coche de Émile estaba delante de la casa. Marie entró a toda prisa, llamando a su hija a gritos.

–¡Mamá!

Alice se lanzó escaleras abajo para echarse al cuello de Marie, que la estrujó en sus brazos.

–¿Estás sola?

–No, con papá.

–Perdone, señora –dijo el cochero en la puerta–, ¿espero o...?

En ese momento apareció Émile Guy y bajó hacia el cochero sin mirar ni una vez a Marie.

–La señora me ha dicho que la han atacado. Quizá haya que avisar la policía.

–Gracias –dijo Émile, pagándole–, ya me encargo yo de todo. Buenas noches.

Cerró la puerta.

–¿Dónde están las criadas? –dijo Marie, muy asustada por no ver a nadie cerca.

–Les he dicho que se fueran. Alice, sube a tu cuarto, que tengo que hablar con tu madre.

Émile estaba muy tranquilo. Su autoridad natural hizo el resto. Alice subió a su habitación.

Émile tomó del brazo a su mujer para llevarla a su despacho.

–¿Podrías darme un poco de agua? –preguntó ella mientras se sentaba en un diván.

Temblaba de miedo, intentando no llorar. Le ardía la garganta, y se sentía al borde del desmayo. Émile Guy fue al mueble bar y destapó la jarra de agua.

–Toma. Como estás tan pálida me he permitido echarle un chorro de jarabe.

–Gracias.

Marie bebió despacio, dejó el vaso y le hizo una pregunta a su marido con un hilo de voz.

–¿A Alice qué le has dicho?

–La verdad: que era un hombre peligroso, buscado por la policía de todo el país, y que yo no podía permitir que siguiera viéndose con mi esposa y mi hija, aunque su madre fuera una mujer tan respetada como Tahiel.

Marie quiso saber si le había dado la dirección de Antonio a la policía.

–¿Para qué? Me imagino que ya se habrá fugado.

Émile observaba el rostro demudado de su esposa. Tardaría poco en dormirse por los efectos del potente calmante que acababa de echarle en el vaso. La congoja y la tristeza no impedían que siguiera siendo una mujer muy guapa. Su vestido sucio y su melena despeinada la rejuvenecían. Tuvo ganas de morderle los labios, inflados por el llanto. Estuvieron un rato sin moverse ni hablar.

Marie no se atrevía a mirar a su marido, que la dominaba con su abrumadora silueta. Se sentía incapaz de plantar cara.

Émile se acercó para coger la estola del apoyabrazos del diván y depositarla suavemente en los hombros de Marie, que se sobresaltó al sentir su caricia en la cara. La mano de Émile se deslizó hasta el cuello.

–Habría sido mucho más fácil que me quisieras –dijo, rodeándolo con sus dedos–. Mírame, Marie.

Marie levantó la vista. Le temblaba otra vez todo el cuerpo. El rostro de Émile se disolvió en las lágrimas que ya no podía contener. Cuando él la besó en la boca, Marie notó que se le llenaba con el agua salada de su llanto. Émile la hizo caer en el diván mientras seguía hablándole. Marie ya no oía sus palabras. Se estaba ahogando en su pena y su dolor, sin fuerzas para resistirse.

Cuando la despertó Émile Guy de madrugada, Alice estaba en el salón de la hacienda, fuertemente abrazada a su muñeca india. Émile la hizo vestir por Teresa, que no paraba de darle besos entre lágrimas por todo el cuerpo.

–¡Para de llorar! –ordenó Émile Guy a la niñera–. Despertarás a Marie.

Preparada ya Alice, su padre la cogió y salió de la casa para subir a su simón, que se puso enseguida en movimiento. La sensación de estar en una pesadilla se acentuó cuando Alice vio irrumpir a su madre en el umbral de la hacienda con un camisón blanco y el pelo revuelto.

Marie echó a correr descalza en pos del coche, hasta que su silueta desapareció en la oscuridad nocturna y Alice sintió como si se le hiciera pedazos el cuerpo. Miró a su padre, entre pesadilla y realidad.

–¿Adónde vamos, papá? –preguntó.

Él la tomó en brazos y le acarició la cara, diciéndole que no se preocupara. Era la primera vez que se mostraba tierno de verdad con ella. Embargada por el vértigo y la pena, Alice cerró los ojos y se dejó acunar.

Marie se despertó en su dormitorio, donde velaba Teresa por ella.

–¿Dónde está Alice? –preguntó sin fuerzas.

–Aquí al lado, señora.
–¿Y el señor Guy?
–En sus habitaciones. Me ha dicho que se quedará hasta que usted se encuentre mejor. Bébase esto, que le sentará bien.
–Estoy como perdida. ¿Qué ha pasado? –inquirió Marie, cogiendo el vaso que le daba Teresa.
–El señor la ha metido en la cama desmayada, y ha dormido todo el día –contestó la niñera, rompiendo a llorar.
–No llores, Teresa, que ya se arreglará todo. Al final siempre se arregla. ¿Sabes algo de Antonio? –preguntó, dejando el vaso vacío.
–Tahiel lo hizo salir de la ciudad hace dos días.
–Ve a descansar y no te preocupes más por mí –dijo Marie, levantándose.
–¿Adónde va?
–Quiero ver a Alice. Teresa, ¿me has dicho que Antonio se escapó de la ciudad... hace... dos días? ¿No era ayer?
Teresa se tapó la cara con las manos, sollozando.
–¡Perdóneme, señora! Perdóneme...
–¡Alice! –gritó Marie–. ¡Alice!
–¡No, señora, no! –gimió Teresa, tratando de impedir que saliera de la habitación.
–¡Déjame pasar! ¡Alice!
Marie empujó con fuerza a la niñera y corrió al cuarto de su hija. La cama estaba hecha, y los armarios vacíos. Se acordó bruscamente del simón de Émile Guy llevándose a su hija en plena noche. Casi no se aguantaba en pie. Luego nada.

El padre de Alice estaba intranquilo. Habían zarpado del puerto de Valparaíso hacía una semana, y cuanto más lejos estaba Émile de su mujer más atormentado se sentía, debatido entre el odio y un sentimiento de culpa que lo corroía.

Alice se había sentado a leer en el diván del pequeño salón que separaba los dos dormitorios.

Su padre la tenía preocupada. Estaba cada vez más triste, y no contestaba a sus preguntas.

Émile se levantó para ir a buscar algo en su bolsa de viaje. Sacó un bote de hierba mate con la que llenó su calabaza roja. Sobre la mesa baja, entre una cantidad inverosímil de libros, había un recipiente de agua muy caliente. Lo cogió para verterla en pequeñas cantidades encima de la hierba. Luego se llevó la caña de plata a la boca. El olor del mate llegó hasta Alice, que levantó la cara.

Dejó el libro y se acercó a su padre en silencio. Miró sus grandes manos, que temblaban.

–Te tiemblan las manos, papá.

Su padre contestó sin mirarla.

–Déjame. Vete a dar un paseo por cubierta.

–¿Puedo ir a ver los animales?

Alice buscaba algún punto de contacto. Émile cerró los ojos y sorbió el jugo del mate.

–Sí, ve –fue lo único que dijo.

Alice salió del camarote para dirigirse a la popa. Iba a ver a Olivier, un joven cuidador que tenía a su cargo varios animales exóticos destinados a los zoos de Marsella y Lyon.

–¡Anda, pero si eres tú! Llegas en el momento justo. Iba a dar de comer a los cóndores. ¿Me acompañas? –propuso el muchacho.

–¿Luego podré acariciar a las crías de puma?

–Depende, ya veremos. ¿Me has hecho el dibujo que te pedí?

–Sí. ¿Quieres verlo?

Cogió el papel que le tendía Alice.

–¡Madre mía! ¡No tienes talento tú ni nada! ¡Me has dejado impresionado! ¡Está claro que llegarás a ser una pintadora de primera! ¿Dónde has aprendido?

Pese a la risa que le dio la palabra «pintadora», Alice estaba orgullosa por el elogio.

–No sé... La verdad es que no me ha enseñado nadie. ¿A los cóndores qué se les da de comer?

–Animales muertos. ¡Por eso los llaman carroñeros!

–¿En el barco hay animales muertos?

–Sí, tengo guardados un montón de conejos muertos.

–¡Qué asco!

–¡En la jaula de los pumas solo entran los que tienen la valentía de dar conejos muertos a los cóndores!

Olivier levantó el trapo que tapaba una cesta de mimbre, dejando ver dos conejos muertos de gran tamaño. El olor excitó a los cóndores, que empezaron a moverse y hacer ruido en sus jaulas. Alice se quedó mirando los conejos, blancos, con los ojos vidriosos y restos de sangre en el hocico.

–Coge uno por las orejas –le dijo el cuidador–. ¿Cuál eliges?

–Este –dijo Alice, señalando el más grande y cogiéndolo por las orejas.

–Vale, pues ahora voy a abrir la jaula, y en cuanto la abra tiras el conejo, ¿vale?

El joven entreabrió la jaula de los cóndores. Alice tiró un conejo, y luego otro. Fue todo muy rápido. Los cóndores, chillando de hambre, se lanzaron sobre los cadáveres y, tras arrancarles la piel con sus potentes picos, fueron descuartizando trozos de carne que se tragaban de golpe.

El espectáculo, brutal y sangriento, fascinó a Alice, que observaba a los cóndores con atención, pegando la cara a los barrotes. En un minuto no quedó nada de los conejos. De repente uno de los cóndores se arrojó contra la jaula, y Alice se cayó de espaldas, gritando. El cóndor le había arañado la cara. Olivier corrió a su lado.

–¡Déjame ver! ¡Estás sangrando! De los animales salvajes nunca hay que fiarse. El que te ha atacado era el macho. Bueno, es poca cosa. Ven, que te lo limpio con un poco de alcohol.

–¡Me habías dicho que los cóndores no atacan presas vivas!

–Es que estabas demasiado cerca, y se ha pensado que querías robarle la comida.

Mientras Olivier impregnaba un paño con alcohol, Alice, que ya no se acordaba del susto, le hizo una pregunta.

–¿Conoces la leyenda de los cóndores?

El joven contestó que no.

–Los indios dicen que pueden llevarse las almas al cielo, y que por eso vuelan tan alto.

–¿Quién te ha contado eso?

Alice siguió sin haber escuchado la pregunta.

–Los indios creen que si matas un cóndor tú también te morirás.

Olivier le sonrió.

–Tranquila, que tus cóndores están en buenas manos. ¿Sabes cuántos años viven?

Alice hizo señas de que no con la cabeza.

–¡Cincuenta años! ¿Te das cuenta? ¡Casi tanto como las personas!

–Olivier, ¿sabes qué día es hoy?

–Sí, el uno de julio. ¿Por qué?

–Hoy cumplo ocho años, y papá se ha olvidado de felicitarme.

–¡Caramba! ¡Pues sí que debe de tener preocupaciones, tu padre, para que se le haya olvidado algo tan importante!

–Estoy segura de que mamá se habría acordado –añadió Alice con los ojos llorosos.

–¡Eh, de eso nada! –dijo Olivier, estampando un pie en el suelo–. Hicimos un pacto: no pensar nunca en nada triste cuando estamos con los animales. Se deprimen. ¡Y yo también! Bueno –concluyó, dando un beso en la mejilla de Alice, muy caliente–, ¿vamos a ver los pumas?

–¡Sí, sí, por favor!

–¡Mira, te estaban esperando! ¡Venga! ¿Entras?

Alice entró en la jaula de las crías de puma y empezó a jugar con ellas. Le encantaba que la empujaran y la mordisqueasen. Eran momentos de ligereza que le hacían olvidar la violencia con que acababa de ser arrancada de su madre por segunda vez en su corta vida.

Al volver al camarote supo por la criada encargada de bañarla, darle de cenar y acostarla que su padre estaba invitado a la mesa del capitán.

De noche, a Alice la despertaron unas risas. Se levantó y cruzó sin hacer ruido el pequeño salón. Por la puerta entreabierta vio a su padre abrazando a una mujer medio desnuda. Émile la tumbó en la cama. Alice vio marcas de besos en el cuello blanco de la mujer. Émile le levantó el vestido y se echó sobre ella. Alice oyó acelerarse sus respiraciones, mientras la mujer gritaba suavemente, y luego su padre gemía. Émile se levantó, se abrochó el pantalón y se sentó en la butaca donde le gustaba tomar mate. Alice tuvo la impresión de que la miraba a los ojos. Era una mirada vacía y oscura. Retrocedió otra vez hacia su habitación, cerrando la puerta con cuidado.

Por la mañana la mujer ya no estaba. Alice siguió oyendo sus risas y gritos casi cada noche durante las siete semanas de viaje.

Habían pasado pocos días desde su llegada a Burdeos, y Alice y su padre estaban en París, en el número 50 de la Rue Jacob, donde vivía la abuela paterna de Alice. El contraste con Chile era horroroso. Todo era falso, aburrido. Lo que más miedo daba era la propia abuela, glacial como los icebergs que habían visto al cruzar el estrecho de Magallanes.

Acababan de mandarla al jardín con la excusa de que la conversación entre su padre y su abuela no era de su incumbencia, pero Alice sabía que era para hablar de ella. Desde hacía dos días, madre e hijo no tenían otro tema de conversación.

Se acercó a una de las ventanas del salón y se subió al banquito que había justo debajo. La madre de Émile hacía muchos aspavientos, levantando los brazos, apretándose el pecho con las manos, asintiendo con desesperación y dejándose caer en la butaca con cara de falso abatimiento. El espectáculo, que a Alice empezaba a parecerle cómico, lo fue del todo cuando entró la criada en el salón para servir el té: saltando de la butaca como si la hubiera picado una avispa, la abuela, con su enésimo y grotesco manoteo, estampó el brazo derecho en la cara de la sirvienta, que se cayó de culo. La bandeja salió disparada, y la tetera se rompió. El padre de Alice suspiró con tal fatiga que a Alice le dio un ataque de risa.

Le rodaban gruesas lágrimas por las mejillas. Se sentó en el banco a retomar aliento. Mientras se secaba la cara con los bajos del vestido, la ventana que tenía sobre su cabeza se abrió, dejando oír la voz de su abuela.

–¡Me ahogo! Es la última vez que te lo pregunto, Émile: ¿qué piensas hacer? Yo no quiero reconocerla. Eso no me lo pidas. A los cuatro mayores los veo como si fueran mis hijos, pero esta para mí no cuenta. ¿Me explico?

–No, si lo entiendo, pero...

Émile fue interrumpido secamente por su madre.

–Pues no estoy muy segura de que lo entiendas del todo. ¡Esta niña es una bastarda! ¿Me has oído? ¡Una bastarda!

El padre de Alice bajó la cabeza como si hubiera abdicado definitivamente. La señora Guy aprovechó para asestarle el golpe de gracia.

–Tu mujer se ha pasado de la raya. ¿Qué esperaba, que yo reconociese a esta negrita? ¡Pues ni la reconocí cuando nació, ni pienso hacerlo ahora!

Se quedó un momento callada antes de hacer otra pregunta con mal disimulada curiosidad.

–¿Del hombre, del indio, has sabido algo?

–Sí –contestó Émile–; está herido, pero según mi abogado podría haberlo matado sin que me pidieran cuentas. Estaba en mi derecho. ¡Había abusado de mi mujer!

–¡Ahórrame los detalles, te lo ruego! Te avisé, Émile. Te dije que era una locura dejar que tu mujer se rodeara de salvajes. ¡Qué vergüenza! La niña no puede quedarse en París; aquí se sabe todo, y me niego a cargar con semejante bochorno. Llévatela a Suiza, a casa de tu suegra. De hecho, no debería haberse ido nunca.

Lo de «bastarda» Alice no lo entendía. ¿Qué quería decir? No daba crédito a la ferocidad de su abuela. ¡Acababa de tratarla de negrita! Alice sabía lo que eran los negritos. Los había visto hacía tres semanas en la ensenada de San Vicente, tirándose al agua para recoger las monedas de plata lanzadas por los pasajeros durante su escala en las Bahamas. Enfadadísima por la maldad de lo que estaba oyendo, volvió a su puesto de observación.

–¡Eres muy mala! –gritó en español por la ventana–. ¡Te odio!

La última palabra la tuvo su abuela.

–¿Qué ha dicho? No deberías permitir que hable ese idioma de salvajes, Émile. ¿Qué pasa, que no sabe francés?

–¡No corras tanto, Alice, que te torcerás un tobillo!

A sus sesenta y cinco años, Catherine Aubert saboreaba la felicidad de haber recuperado a su nieta. Alice correteaba con un perrito por un sendero sembrado de grandes guijarros junto al Arve, el río que cruzaba la pequeña localidad de Carouge. En esa época del año bajaban por el Arve, alimentado por las impetuosas aguas de los torrentes de montaña, magníficos trozos de madera que a Alice le divertía pescar y devolver al agua para perseguirlos. Volvió y cogió a su abuela de la mano.

–Abuela –preguntó tras un corto silencio–, ¿si Antonio está muerto es por mi culpa? ¿Y papá, también se va a morir?

–Ya te he dicho que no se ha muerto nadie, corazón. Tu padre ha vuelto a Chile para estar con tu madre y ocuparse de sus librerías. Tú a principios de octubre entrarás en el convento, ¡y serás tan buena alumna que te convertirás en una gran señora!

–¿Y mamá? ¿Crees que volveré a verla?

–¡Pues claro que sí! Tu madre siempre vuelve. Acuérdate de que cuando tenías cuatro años vino a buscarte y se te llevó a Chile.

–¡Vuelve a contármelo, abuela! ¡Cuéntame otra vez cómo nací!

Su abuela la estrechó entre sus brazos.

–Naciste dentro de una col, Alice –le dijo con tono travieso.

–¿Qué? ¡Las niñas nacen dentro de las rosas, no de las coles!

–¡Ya, pero es que tú eras un bebé excepcional! Y los bebés excepcionales nacen en las coles. Tenías unos ojos muy bonitos en forma de almendra, y una mata de pelo negro en la cabeza como la de tu perrito.

Se rieron mirando la hirsuta cabeza del cachorro que jadeaba acostado a los pies de Alice.

–¡Te quiero, abuela! Me da mucha pena que no estemos siempre juntas. No quiero ir al convento. Te quiero demasiado. ¡Quiero quedarme contigo!

–¡Eso ni lo pienses! Lo que quiero yo es que te instruyas. Así podrás elegir la profesión que más te guste. Ya nos veremos durante las vacaciones. ¡Además, en el convento volverás a ver a tus hermanas!

–¿Mis hermanas? Ni me acuerdo de ellas. ¡No quiero ir al convento!

La última frase la dijo Alice en español.

–¡Alice, que el chino no lo entiendo!

–¡Que no es chino, abuela! ¡Que es chileno!

–A mí me suena igual.

–Abuela, ¿quieres que te enseñe palabras en chileno?

–¡Vale!

Alice señaló el cielo.

–¡El cielo!

–¡Cielo! –repitió la abuela.

Alice señaló el suelo.

–¡La tierra!

–¡Tierre!

–¡No –dijo–, tierra!

–¡Tierra!

Luego señaló un caballo cuyo dueño lo había llevado a la orilla del Arve para abrevarlo.

–¡Caballo!

–No, eso ya es demasiado difícil –dijo la abuela, que aun así probó–: Ca... ba... cho.

Lo había pronunciado tan mal que Alice se tronchó de risa. El caballo, sorprendido, levantó la cabeza hacia ella.

–¿Sabes qué, abuela? Que Teresa, mi niñera, me enseñó una canción sobre una niña que quiere que su caballo blanco la lleve al lugar donde nació. ¿Quieres que te la cante?

–¡Yo encantada, cielito!

–Caballito blanco –cantó Alice en español–, llévame de aquí, llévame a mi pueblo, donde yo nací...

Su abuela aplaudió.

–¡Qué bonito!

Contenta de que la admirasen, Alice respondió con gran lirismo.

–¡Te prometo que de mayor seré una gran señora! Pero al convento no, te lo suplico...

Se retorcía delante de su abuela con las manos juntas bajo la barbilla. La anciana se rio.

–Venga, cariño, vámonos a casa. ¿Me cantas otra vez la canción esa tan bonita?

En el convento, Alice no soportaba bien la disciplina. Siempre se estaba peleando con Marguerite, y habría preferido mil veces vivir con su abuela. También estaba preocupaba por su madre. No solo sufría por su ausencia, sino que creía que estaba enferma, como le había dicho su padre. En realidad, Émile seguía resistiéndose al divorcio, e impidiendo que su mujer volviera a Francia con sus hijos.

Destrozada por volver a estar lejos de Alice, obsesionada por la imagen del simón llevándose de noche a su hija y atormentada por los remordimientos y la culpa, Marie había acabado refugiándose en el Sagrado Corazón, donde oficialmente estaba internada por una larga enfermedad.

En 1884, tres años después de la partida de Alice, había atentado contra su propia vida. Después de haber perdido a sus hijos, no soportaba la ausencia de Tahiel y Antonio, detenidos y deportados a Perú. Al cuidado de las monjas del Sagrado Corazón iba recuperando poco a poco sus fuerzas, mientras suplicaba a su marido que la repatriase a Francia.

Por su parte, Émile Guy contó a sus hijos que un fuerte terremoto había causado grandes estragos en Santiago y Valparaíso, donde estaban sus principales librerías, una de ellas, les explicó, incendiada, y la otra saqueada durante los tumultos posteriores al seísmo. Declarándose arruinado, anunció su decisión de volver a Francia para montar un negocio en la Rue du Bac de París. Marie se quedaría en la hacienda con el personal. Al haber tantos heridos, el asilo del Sagrado Corazón la necesitaba más que nunca.

Esta burda mentira ocultaba un varapalo de índole más personal. Émile Guy acababa de verse rechazado por su amante, que había preferido a otro hombre más rico, dejándolo casi arruinado por el tren de vida que le había procurado durante casi diez años. Marie lo supo por su cuñada Léontine, que se presentó en el asilo para mendigar el pago de una deuda dejada por su hermano al irse del país. La falta de reacción de Marie la sorprendió.

–No dices nada.

–Lo sé todo, Léontine, y ya se lo perdoné.

–Creía que estarías en la hacienda.

–Vivo aquí desde hace tres años.

–Es lo que me ha dicho Teresa. He encontrado la casa totalmente vacía. ¿Qué pasó?

–Tuve que venderlo todo para sobrevivir.

–¿Émile no te dejó nada?

–No.

–¿Y qué harás con la casa?

–No puedo venderla sin su firma, pero Émile y yo no nos hemos visto desde que se fue Alice.

–Yo le presté mucho dinero.

–Yo no tengo firma. Lo siento, pero no puedo hacer nada.

–Con qué calma e indiferencia te lo tomas todo... –dijo Léontine, un poco molesta.

–No es indiferencia, Léontine; lo que estoy es resignada. He convertido mi odio y rabia en perdón. He vuelto a poner mi vida en manos de Dios. Émile te ha dejado las bibliotecas en concepto de pago. Lo sé por mi madre, a quien se lo dijo nuestro notario de París. ¡Y eso que Émile tuvo la desfachatez de escribirle a mamá que volvía arruinado a París por culpa de un terremoto!

–No sabes cuánto lo siento, Marie –se disculpó Léontine, impresionada por el valor de su cuñada.

–Ya sé que no me tienes mucho cariño, Léontine. No me mires con tanta compasión, que no me lo merezco.

–¿Cómo puedo ayudarte?

–Quien necesita que lo ayudes es tu hermano, Léontine, no yo.

–No te entiendo.

–Al perder a quienes eran la razón de mi vida en esta tierra he encontrado la fe y el inquebrantable apoyo de la Virgen María. Sé que algún día me reuniré con mis hijos; el camino será largo, pero voy hacia ellos en paz. Émile ha decidido destruirme, y cada golpe que me asesta destruye un poco más su humanidad. Tarde o temprano, su odio se volverá contra él. Hay que rezar por su alma. Yo rezo por él cada día.

–Intentaré hablar con él. No puede dejarte así –dijo Léontine, entre impresionada y asustada por la fuerza con que Marie proclamaba su fe.

A principios de 1885, Émile Guy se instaló en París, adonde hizo venir a su hijo Louis, de diecinueve años, y sus dos hijas mayores: Julia, de dieciocho, y Henriette, de dieciséis. A las dos pequeñas, Marguerite, de catorce, y Alice, de doce, las escolarizó en Ferney, cerca de Ginebra, en una institución religiosa menos cara que la de Viry. Ocupaba el antiguo castillo del pueblo, propiedad de Voltaire hasta 1778.

Para Alice, que llevaba cuatro años lejos de su madre, fue doloroso separarse de Julia y Henriette, a las que arrancó la promesa de que intentarían convencer a su padre de que hiciera volver a su madre a Francia. Con el paso de los años, su abuela cada vez encontraba menos argumentos para consolar a la niña, que iba perdiendo confianza conforme se hacía mayor.

Alice conocía desde hacía tiempo la existencia de un drama entre sus padres, pero ni su padre ni su abuela se mostraban dispuestos a hablar de él. Émile Guy montaba de inmediato en cólera, y la exhortaba a seguir estudiando. Su abuela rompía a llorar, asegurando que a ella no le contaban nada.

En Ferney, privada de verdades acerca de su propia historia y la de su madre, Alice se refugiaba en su imaginación. Escribía fábulas y se las enviaba a su hermana mayor, Julia, que las leía con voracidad, embelesada. También se inventaba muchas historias que compartía con su mejor amiga del internado, Régine, otra niña con una imaginación sin límites. A menudo acababan por no saber distinguir qué era verdad y qué no en lo que se contaban. Las noches eran momentos privilegiados para dar rienda suelta a su inventiva.

Entre las camas de Alice y Régine, una vela sobre un taburete alumbraba sus rosadas caras de adolescentes. Alice, que estaba leyendo, dejó el libro.

–Régine –le preguntó a su amiga tras un breve silencio–, ¿has visto alguna vez un muerto?

–No, nunca. ¿Y tú?

–Sí, cuando vivía en Chile.

Sabedora de la afición de Alice a las historias extrañas, Régine continuó con prudencia.

–Y... ¿quién era el muerto?

El tono de la respuesta estuvo lleno de misterio.

–Un indio muy guapo, con el pelo largo y negro y los ojos rasgados. Estaba besando a una mujer.

–¿Una india?

–No –dijo Alice, bajando cada vez más la voz–, una mujer blanca. El asesino también era blanco. Entró de repente en casa del indio y le disparó. La mujer se puso a gritar. La bala había atravesado el pecho del indio, y en su camisa había una gran mancha roja de sangre. La mujer intentaba tapar el agujero con las manos.

–¿Y tú qué hacías? –quiso saber Régine, bruscamente asustada por la idea de que su amiga pudiera haber presenciado un crimen.

–Gritar «¡papá, papá!».

Se quedó tan perpleja que levantó un poco demasiado la voz.

–¿Pero quién era tu padre?

–¡Ssh, habla más bajo! Los dos hombres, el indio y el blanco.

–Es imposible tener dos padres. Estás diciendo tonterías, Alice, y encima me has dado miedo con lo de la sangre.

–Ya, ya lo sé –dijo Alice con toda la seriedad del mundo–; es imposible, pero la cuestión es que es verdad.

Una monja irrumpió en el dormitorio.

–Ya es la hora, señoritas. Buenas noches a todas, y que no se os olvide: ¡la felicidad es tener a Jesús dentro del corazón!

Las muchachas repitieron la frase al unísono. Alice, que odiaba las efusiones colectivas, suspiró. Apagados los últimos susurros, se soplaron las velas y cayó el silencio.

–Aquí la vida es demasiado triste –murmuró Alice al cabo de un rato–; las misas son lúgubres, y vamos todas de negro. ¿Sabes qué hay en Chile durante la misa? Cestas llenas de bollos bendecidos. ¡Qué bien huelen! ¡Y las mujeres llevan ropa de muchos colores! ¿Y sabes qué se hace después de misa?

–No –dijo Régine, que se iba durmiendo suavemente con su mano en la de Alice.

–¡Una fiesta! ¡Cantar y bailar descalzos! Y comer empanadas de carne con pimentón y pasas. No te imaginas las ganas que tengo de volver.

–¿A tu madre la echas de menos?

Era la pregunta que le hacía a su amiga cada noche, un ritual impuesto por Alice, que quería dormirse con la imagen del rostro de Marie.

–Sí.

Se durmió con el alivio de ver aparecer la cara de su madre en sus párpados cerrados.

La madre superiora del internado de Ferney esperaba la visita de Émile Guy. Oyendo frenar una calesa en la grava de la entrada, se levantó y fue al acceso principal del castillo. El padre de Alice había venido con sus dos hijas mayores, Julia y Henriette, ambas de luto.

La madre superiora los saludó.

–Buenos días, señor Guy; buenos días, señoritas. Mi más sentido pésame. Habría preferido volver a verlos en otras circunstancias. Pobre Louis... ¿Qué edad tenía?

–Acababa de cumplir los veinte –contestó Émile Guy, tan canoso que a la madre superiora le costó reconocerlo.

–¿Qué pasó?

–Tenía una enfermedad cardíaca de nacimiento. Murió mientras dormía.

–Pasen, que nos reuniremos con Alice y Marguerite en mi despacho.

Tras subir unos cuantos peldaños, y recorrer un pequeño pasillo a la derecha de la escalera central, llegaron a un despacho grande con vistas al jardín interior. La madre superiora pidió café para todos y dio noticias sobre las dos internas, a las que mandó llamar. Sus siguientes palabras fueron dirigidas a Julia y Henriette.

–Vuestras hermanas están bien. Nos hemos esforzado al máximo por ayudarlas en este duro trance. Han rezado mucho por su hermano.

Miró a Émile Guy.

–Alice sigue planteando algunas dificultades. La verdad es que nunca ha llevado bien que la obliguen a nada, pero tiene tanta vida, y es tan generosa...

Émile Guy no reaccionó. Parecía ausente. La madre superiora no insistió y volvió a dirigirse a Julia y Henriette.

–¿De vuestra madre sabéis algo?

Émile Guy miró a Julia, que fue quien tomó la palabra.

–Se ha puesto enferma por la muerte de Louis, y no ha podido venir al entierro.

Alice y Marguerite entraron con timidez en el despacho, interrumpiéndolas.

–Adelante, señoritas. Los dejo a todos en familia. No tengan prisa. Volveré dentro de un rato –dijo la madre superiora, despidiéndose de la familia Guy.

Alice y Marguerite besaron en silencio a su padre y sus hermanas. Luego se sentaron juntas en un sofá pequeño, enfrente de los tres.

El corazón de Alice palpitaba con fuerza. La agitación nerviosa de sus piernas delataba el miedo que sentía. «Qué familia tan rara», se dijo: cinco desconocidos, o casi. Tras no haberlas visto en casi dos años, a duras penas reconocía a sus dos hermanas mayores. De Julia, que llevaba un velo negro, la impresionó el parecido con su madre: tez clara, pómulos altos, pelo azabache y ese aire de estar siempre en otro sitio, acentuado por el azul casi deslavazado de sus ojos. Henriette ya no tenía su cara de lozana adolescente; su pelo rojizo había perdido algo de brillo, y no parecía que tuviera tantas pecas como antes, ni los ojos tan verdes. Aun así, seguía siendo increíblemente guapa. Alice sabía que estaba prometida con un suizo cuyo nombre ignoraba.

Miró a su padre. Se le había puesto todo el pelo blanco, pero por lo demás estaba igual, con sus aires de cabeza de familia autoritario. Su voz ronca, aún más rota que antes, la pilló distraída.

–He venido a deciros que mi establecimiento en París es definitivo. No volveré a vivir en Chile.

–¿O sea, que traerás a mamá? –preguntó con brusquedad Alice, que pese a los años de aprendizaje en el convento seguía sin poder contener sus emociones.

A su padre no lo sorprendieron ni la interrupción ni el tono. Alice había heredado la impertinencia de su madre. La miró de hito en hito para dejar muy claro que no tenía miedo de enfrentarse con ella.

–No, ha preferido quedarse en Valparaíso.

Era lo que odiaba de él Alice, su suficiencia de jefe. Tuvo ganas de gritar que era mentira, que su madre nunca había decidido nada, y que era él quien le imponía el exilio chileno.

–Yo contaba con trabajar en París con vuestro hermano, pero... al final será Julia quien me eche una mano. Henriette, como sabéis, se ha prometido, y hasta que se case vivirá en casa de vuestra abuela.

–Y supongo que nosotras nos quedaremos aquí, pudriéndonos –soltó Alice de malos modos.

La cortó Julia, la mayor.

–¡Alice, por favor! Papá trabaja mucho para pagaros los estudios.

Lo hizo con la esperanza de evitar que Alice cargara las tintas, porque quería mucho a su hermana pequeña, y temía las iras de su padre. Julia admiraba a Alice, que era la única de la familia con un don, y que cada semana le escribía relatos llenos de imaginación, que Julia hacía circular con orgullo por toda la familia. Sin embargo, su tentativa de hacer callar a su hermana pequeña solo sirvió para exacerbar la rabia de Alice, que explotó.

–Ya, pero yo lo que quiero es volver a Chile. ¡Quiero volver a ver a mamá! ¡Esto es triste y feo! ¡Estoy más que harta!

Su padre ya no podía más.

–¡Alice, ya basta! Tu vida está aquí. ¡Soy tu padre, y decido yo! ¡Lo de Chile se acabó! ¿Me entiendes? ¡Se acabó!

Se puso a temblar, hasta que de repente se vino abajo con la cabeza entre las manos. Estaba llorando. Alice tuvo la sensación de que ya había vivido ese momento. Se acercó a su padre, desolada.

–Papá... Papá...

Julia se levantó el velo y la cogió por el brazo.

–Déjalo, Alice –le aconsejó–, y ve a sentarte.

Alice insistió con suavidad.

–Pues entonces llévame a París contigo, papá...

Se abrazó a su padre, apoyando la mejilla en su hombro. Él hizo un movimiento de rechazo. Alice se apartó, mortificada y con los ojos llorosos.

–Deja tranquilo a papá –la exhortó suavemente Henriette–, que está agotado. Venga, sé buena.

Alice volvió a sentarse al lado de Marguerite.

–¡Es todo culpa tuya, Alice! –le dijo esta última en voz baja–. ¡Eres mala!

Alice se levantó y, tras dirigirle una mirada llena de desprecio, le escupió a la cara y salió corriendo del despacho.

Nada más salir se arrepintió, pero se quedó en el pasillo por miedo a las iras de su padre. Julia fue a buscarla y se la encontró llorando a mares.

–Alice, tengo una buena noticia. Mírame –anunció, poniéndole la mano en la barbilla–: papá ha aceptado que mamá venga en verano. Se instalará con vosotras en Carouge, en casa de la abuela.

–¿En serio? –dijo Alice entre sollozos, con un hilo de voz.

–Sí. Ven a mis brazos, que estoy muy contenta de volver a verte.

Entre abrazos consoladores, su hermana la instó a volver al despacho de la madre superiora y pedirles perdón a su padre y su hermana. Alice le hizo caso.

El 1 de julio de 1887 se respiraban aires de fiesta en Carouge. Alice y sus hermanas se reían contentas en el jardín de su abuela. Alice sabía que en cuestión de semanas, o a lo sumo meses, tendrían a Marie de regreso. Su padre, finalmente, había dado su brazo a torcer. Ese 1 de julio, por añadidura, Alice cumplía catorce años, y Julia le había traído un regalo precioso: la colección encuadernada de todos los cuentos recibidos de ella durante sus años en el internado. Alice estaba emocionada por el gesto. Marguerite, que le había prometido a su abuela no provocar a Alice en ese día de celebración, dejó su regalo encima de la mesa y se fue a seguir leyendo en un rincón. Era un pañuelito blanco bordado. Nada más verlo, Alice reconoció la mano de su abuela, pero como ella también había jurado portarse bien obsequió a Marguerite con un bonito elogio a sus nuevas dotes de bordadora. También estaba Henriette, hermosa y dulce, con una silueta y un porte tan nobles que Alice tuvo ganas de hacerle un retrato.

El regalo más bonito fue el que le hizo su abuela: una larga carta escrita por Marie donde daba detalles sobre los preparativos para su regreso y manifestaba su alegría por ver de nuevo a sus hijas y estar con su madre, a quien llevaba mucho tiempo sin ver. Todo le inspiraba sentimientos encontrados: la dicha de volver a ver a su familia y el dolor por el paso del tiempo, tal vez irremediable. Era mucho para Alice, que entró corriendo en casa y se encerró a llorar en su cuarto de niña, escondiendo la cara en la muñeca de trapo que le había regalado Antonio.

En febrero de 1888 regresó Marie. Estaba más delgada, y con los ojos llenos de una tristeza resignada, lo cual no le impidió besar con sincera alegría a sus hijas, ni mostrarse tan tierna con ellas que hasta Marguerite se emocionó. Se instaló en Carouge, en casa de su madre. Se la veía serena; triste, pero serena. Irradiaba una tranquilidad infinita, como si de tanto sufrir hubiera acabado por formarse una sabiduría inalterable. Había desechado todos sus rencores, y quería volver a ver a Émile, consciente de la insondable pena que se había apoderado de su esposo tras la muerte de Louis. Tenía ganas de cogerle la mano y decirle que iba siendo hora de que se perdonasen, se miraran sin odio y aceptaran su común destino.

En 1889, Alice y Marguerite se instalaron con su hermana mayor y su padre en París, para ayudarlos con la librería. Émile Guy llevaba varios meses enfermo. Los médicos le habían prescrito reposo absoluto, y solo pasaba una o dos horas al día en su establecimiento, a cuyo cargo había dejado a Julia.

Alice corría por la Rue du Bac. Con una mano se apretaba una carta contra el cuerpo, y con la otra llevaba un pequeño paquete de libros que su padre le había encargado leer para recomendárselos a sus clientes. Se giró hacia su hermana, ya un poco rezagada.

–¡Date prisa! –exclamó.

–¡No corras tanto, Alice! ¡Espérame!

Alice entró en tromba en la librería, haciendo tintinear alegremente la campanilla de encima de la puerta.

–¡Papá! ¡Mira! Me ha escrito mamá. El siete de julio cogió el tren, y dice que esperará tu permiso para venir a verte. Le preocupa saber que estás enfermo. Se ha instalado en Saint-Mandé, en casa de la tía Albertine.

Alice vio que la cara de su padre se crispaba.

–¡No te enfades, papá! Hace mucho que no os veis. ¡Mira, te he traído los libros con mis comentarios, como te había prometido!

Justo cuando entraba Marguerite, Émile Guy se desplomó detrás del mostrador. Alice pidió ayuda a gritos a su hermana mayor.

–¿Alice? –dijo Julia, apareciendo–. ¿Qué ha pasado? ¡Dios mío! –exclamó al ver a su padre en el suelo–. ¡Marguerite, ve a buscar al doctor Humbert, deprisa! ¡Alice, ven a ayudarme!

Marguerite salió a toda prisa de la librería, haciendo chocar la puerta con el marco y llenando de nuevo el establecimiento con las notas de la campanilla. Arrodillada al lado de su padre, Alice ya no oía la voz de su hermana hablando con el inconsciente anciano.

El lecho de muerte de Émile Guy estaba rodeado por sus cuatro hijas, todas de luto. El cura bendijo el cadáver y dejó solas a las cuatro jóvenes para que se recogieran en torno a los despojos de su padre. Alice lloraba a moco tendido.

–Es culpa mía...

Marguerite, que también lloraba, le ordenó callarse. Julia, en cambio, probó a tranquilizarla.

–Papá estaba mal del corazón desde hacía tiempo. El médico era consciente de que tarde o temprano acabaría así.

–Ya sabes –añadió Henriette– que papá y Louis tenían la misma enfermedad del corazón.

Alice lanzó miradas suplicantes a sus tres hermanas.

Julia se levantó para abrazarla. Henriette le sonrió con dulzura. Marguerite bajó la cabeza y se puso a rezar en voz baja.

Marie no había vuelto a ver a Émile. En vez de instalarse en el apartamento comprado por su esposo en la plaza de Saint-Sulpice, en un primer momento prefirió vivir sola en la Rue Richepanse, en una vivienda prestada por su tío materno Louis Pujo, el mismo que había concertado su boda con Émile Guy en 1865.

Al entrar en el pequeño apartamento se acordó de su primer encuentro con el padre de sus hijos, y se le apareció la imagen de su anciano tío presentándole a su futuro esposo. Militar de carrera, Émile había emigrado a Chile en 1847 para dar clases de francés. Los dos hombres le habían explicado a Marie que se habían hecho amigos en Valparaíso, en la librería de Émile, de la que Louis era asiduo visitante. Marie se acordaba perfectamente del agrado con que la había mirado Émile desde el primer momento. Ella, por su parte, no había dado ningún paso para facilitar el matrimonio, pero su tío y sus padres no le habían dejado elección. A sus dieciocho años recién cumplidos, su experiencia se limitaba a la vida en el convento. Y así, de un día para otro, se había encontrado en la otra punta del mundo, casada poco menos que con un desconocido.

Enfrascada en esos pensamientos, trató de devolver algo de vida al viejo apartamento, donde hacía años que no vivía nadie. Aun siendo viuda, y habiendo sufrido muchísimo, sabía que tendría fuerzas para embarcarse en una nueva vida. Al mismo tiempo, sin embargo, le daba un miedo atroz la perspectiva de tener que reconstruirlo todo a los cuarenta y dos años en una ciudad que ya no conocía.

Tras varios años de vida en común con las monjas del Sagrado Corazón, Marie había pasado unos meses con su madre en Suiza, donde había podido reanudar los vínculos con sus hijas. De pronto le dio miedo el apartamento vacío, donde solo se oía el eco de sus pasos. Llevada por una sensación de asfixia, abrió todas las ventanas de par en par. Su cuarto daba a un pequeño jardín interior con una fuente en la que se acodaba una flautista de mármol blanco. Le pareció recibir un poco de frescor del agua que corría con un fresco y alegre tintineo. Observando el rostro esculpido de la flautista, sus hombros delicados y su flexible moño, sonrió. Para ella el arte, en todas sus formas, era una fuente de gozo y sosiego.

Se infundió valor pensando en sus hijas. ¡Cuánto habían cambiado!

De la que más cerca se sentía era de Julia, que a sus veintidós años sacaba toda su pujanza y su felicidad de la pasión por los libros. Gran lectora de Balzac, había devorado *La mujer de treinta años*, leída por su madre en 1867, el año de su nacimiento, y se había jurado no caer en la trampa del matrimonio y su destructora alienación. Su único objetivo era continuar la labor como editor y librero de su padre, proyecto en el que Marie la apoyaba.

La más pragmática era Henriette, muy madura ya para sus veinte años. Se había casado en Ginebra justo antes del verano, y esperaba un niño que nacería a principios del año siguiente. Pese a no conocer aún al joven esposo de su hija, Alexandre Giontini, Marie tenía la impresión de que se había casado con él más por razón que por pasión. La posición social de Alexandre era excelente, y Henriette siempre había estado preocupada por que no le faltase de nada.

Marguerite, de dieciocho años, se había mostrado tan reservada como siempre durante el reencuentro, aunque Marie había percibido cierta calidez en su manera de abrazarla. Afectada por la muerte de su hermano Louis y el brusco fallecimiento de su padre, sufría constantes malestares. A Marie la sorprendió sentirse preocupada por una niña tan difícil de querer, y a la que Émile había adorado.

La más cambiada era Alice, que a sus dieciséis años recién cumplidos se había convertido en toda una mujer. De cuántas separaciones dolorosas estaba hecha su historia en común... Cuántas cosas no dichas, y cuánta pasión y amor por esa última hija, tan y tan especial... Alice era la demostración viviente del triunfo del amor sobre los prejuicios, las prohibiciones y a veces incluso las leyes. Era una joven llena de vida, talento, impaciencia e intransigencia, que provocaba sentimientos tan contradictorios como la admiración y la exasperación. ¿Qué haría con todo ese ímpetu fuera de lo común? Marie decidió velar por ella.

Alice se paseaba por la Allée des Acacias del Bois de Boulogne, montada a sentadillas en un bonito bayo castaño de raza francesa. Dio un golpe de talón para adelantar al joven jinete que la acompañaba.

–¡Espérame, Alice!

Se giró y le contestó riendo.

–¡Atrápame si puedes!

Galopó todavía más deprisa.

Era el mes de julio de 1891, y acababa de cumplir dieciocho años. Montaba a caballo dos mañanas por semana con su primo Lucien Slanka, el hijo mayor de Albertine, hermana de Émile Guy. Alice había pasado sus primeros meses de vida en la casa de la familia, en Saint-Mandé.

Al llegar al final de la pista de galope bajó al trote, y luego al paso. Lucien le dio rápidamente alcance.

–¡Alice –le dijo con tono de reproche–, montas como un hombre!

–¡Lo dices porque te he adelantado!

–¡A esta velocidad pones tu vida en riesgo!

–No me riñas tanto, que a ti también te ha encantado la carrera. ¿A que sí? ¿Repetimos?

Alice ya estaba cruzando el terraplén que separaba la pista de la derecha de la de la izquierda. Lucien trató de detenerla, pero fue inútil. No tuvo más remedio que seguirla.

–¡Alice, que te has despeinado del todo! ¡Cuando te vea así tu hermana me echará un sermón!

–¡La pista de galope está libre, Lucien! ¿Vamos?

–¡Arréglate un poco el pelo, al menos, que pareces una salvaje de las Américas!

Alice se rio.

–¡Venga, Lucien –le dijo–, da tú la salida!

Al llegar a la granja del Pré Catelan dejó la brida del caballo en manos de un empleado y, tras acariciar enérgicamente el cuello del animal, se acercó a la mesa donde estaba Julia con un vaso de leche fresca. Vio que también estaba su madre.

–¡Buenos días, mamá! ¡Qué bien que hayas venido!

–¡Menuda facha, hija mía! ¿Te has visto?

Alice se echó a reír.

–¡Estos paseos a caballo con mi primo son lo mejor que me ha pasado en lustros! ¿Puedo beberme yo también un vaso de leche? ¡Camarero!

Su hermana mayor la regañó.

–No tan alto, Alice, que pareces un mozo de cuadra.

–¡Qué curioso! No hace ni cinco minutos que nuestro primo me ha llamado salvaje de las Américas. Ah, míralo. ¡Aquí, Lucien!

Lucien se acercó y saludó con deferencia a su tía.

–¡Señora, Alice monta a caballo como un príncipe!

–Cuando vivíamos en Chile ya era una amazona de primera –comentó Marie.

–¿Conoces los caballos chilenos, Lucien? ¡Son magníficos! Los nuestros eran gris ceniza, con una raya negra en el lomo. Son unos caballos pequeños y muy ágiles y manejables. ¡Nada que ver con vuestros sillas franceses, que parecen jirafas!

Julia le hizo señas de que se le había quedado un bigote de leche encima de la boca. Alice se la limpió con el dorso de la mano. Su madre puso los ojos en blanco. Lucien cogió tiernamente la mano de su prima Julia para darle un beso.

–¡Pero qué bonito es el amor, Dios mío! –se burló Alice–. Guarda un poco para después.

Alice y Marguerite estaban solas en casa, mirando las fotos del bebé de su hermana Henriette, la pequeña Émilienne, de cinco meses. Henriette había metido en el sobre, procedente de Suiza, fotos de su boda con Alexandre Giontini. Las dos jóvenes estaban descubriendo con curiosidad la cara de su cuñado, y aprovechaban la ausencia de su madre para hacer comentarios sobre él sin cortapisas.

–A mí me parece muy guapo –dijo Marguerite–. Mira qué boca tan fina, y qué ojos tan azules...

Alice se rio.

–¿Cómo puedes saber que son azules?

Marguerite se encogió de hombros.

–¡Igual la próxima eres tú!

–¡Lo veo difícil!

–¿Por qué? –replicó Marguerite, a sabiendas de que hablar de matrimonio era provocar a su hermana.

–Porque yo quiero trabajar, ganar dinero y ser libre.

–¡Ser libre! Pobre, lees demasiado. ¡Se te suben los libros a la cabeza!

–Casarse os lo dejo a las chicas como tú, que fantaseáis con los ojos azules del primero que aparece.

–¿Ves? ¡Tú los ojos de Alexandre también te los imaginas azules! Oye –dijo Marguerite–, ¿tú crees que Julia va a casarse con Lucien?

–No, no está enamorada.

–¿Pues entonces qué va a hacer, ahora que la librería ha quebrado?

–Julia quiere trabajar. Mamá le ha escrito a su amigo de Ginebra, monseñor Merlinod, que le ha ofrecido un puesto de profesora de francés en el convento de las ursulinas de Friburgo.

–¿Y ella ha aceptado?

–Sí.

–Pues a mí Lucien sí que me gusta. ¡Si por mí fuera, me casaría con él mañana mismo!

–Viniendo de ti no me extraña, pero antes tendrías que gustarle tú.

–¿Lo dudas? –se indignó Marguerite, levantándose con una mirada de desprecio.

–¡Lo que dudo es que se interese por una cabeza tan hueca como la tuya!

–Sí, ¿eh? Puede que tenga la cabeza hueca, como dices, pero tengo un corazón hecho para amar y ser amada por un hombre. De hecho, papá me quería... ¡cosa que no puede decirse de ti!

–¡Mala! ¡Te voy a matar! –chilló Alice, levantándose.

Marguerite, sin embargo, ya corría a encerrarse en su cuarto. Alice dio unos golpes en la puerta, soltando a pleno pulmón unos insultos a los que su hermana respondía con grandes carcajadas cínicas. Alice, fuera de sí, dio una fuerte patada en la puerta y se hizo mucho daño. Recuperada la cordura por efecto del dolor, se batió en retirada y se encerró en su cuarto, donde estuvo un buen rato llorando con la cabeza debajo de la almohada. Estaba harta de esa ronda infernal de seres que aparecían y desaparecían a su alrededor. Dentro de poco, encima, se iría Julia. Tuvo otro ataque de llanto solo de pensarlo. Apretando con fuerza la vieja muñeca de trapo que era el único recuerdo de su infancia en Valparaíso, le pidió valor para sobreponerse a su tristeza.

El tren echaba humo, y la locomotora chorros de vapor como eructos. Los andenes parecían aulas a la vuelta de las vacaciones. Los viajeros buscaban frenéticamente sus vagones como si temieran ser reñidos por el revisor. Julia llevaba dos maletas grandes, que un mozo subió al compartimento. Alice estaba triste. De pronto Friburgo le parecía tan lejos como Valparaíso. ¿Era ese su destino, ser separada una y otra vez de sus seres queridos? Dio un largo abrazo a su hermana.

–¿Volverás por Navidad? Tus alumnos estarán de vacaciones.

–Puede ser. Dependerá del reglamento del colegio. Creo que siempre tiene que haber profesores de guardia.

–¿Pero me escribirás? Te mandaré cuentos.

–Así podré encuadernarlos. ¿Aún tienes el libro que te regalé?

–Sí, lo he guardado. Hasta pusiste una cita de Lewis Carroll: «Sé lo que te gustaría parecer.» En su momento no la entendí, pero ahora lo veo más claro. Eso también tengo que agradecértelo a ti.

–Mamá está cansada. La veo ausente, como si estuviera un poco en otro sitio. Procura cuidarla y no ponerla demasiado nerviosa con tus preguntas sobre el pasado.

–Sí, sí, tienes razón, tendré cuidado.

–Y no te olvides de Marguerite. Cuídala, aunque vuestra relación no sea siempre fácil. Es mucho más frágil de lo que parece. No se ha recuperado de la muerte de papá.

Alice no hizo ningún comentario. El revisor tocó el silbato con todas sus fuerzas. El conductor y el maquinista estaban en la puerta de la locomotora, por cuya puesta en marcha velaban varios empleados. Empezó a moverse muy despacio, con un estruendo de bielas y de válvulas. Julia, asomada a la ventana del compartimento, apretó la mano de Alice. Luego sus dedos se separaron. Al salir de la estación, a Alice la inundaron las lágrimas.

Justo después de que Julia saliera para Friburgo, Marguerite anunció su compromiso con su primo Lucien. Alice estaba fuera de sí. ¿Cómo se atrevía?

–Cálmate, Alice –le dijo su madre–, que Julia había roto el compromiso.

–¡Ya, mamá, pero es que eso no se hace!

–No tiene nada de raro pretender a una mujer y acabar casándose con su hermana. Lucien ha pasado mucho tiempo con nosotras. Ha aprendido a conoceros a todas, y...

–Ya, pero Marguerite... ¡está en las antípodas de Julia! ¡Es interesada, mentirosa y mala!

–Basta, Alice. Nada de lo que dices sobre Marguerite es verdad. Además, se te olvida algo: que la ha elegido Lucien.

–¡Fue ella quien se le echó al cuello en cuanto Julia le dijo que no!

–Vamos a ver, Alice... ¿no estarás celosa? ¿No será que lamentas que Lucien haya elegido a tu hermana... y no a ti?

Alice se quedó atónita. Su madre la miraba a los ojos, esperando una respuesta. Por el rostro descompuesto de la joven rodaron grandes lágrimas, deslizándose por sus mejillas. Marie se acercó para rodearla con sus brazos.

–Perdona, Alice, no me había dado cuenta. Lo siento mucho, muchísimo.

Tras la boda de Marguerite, Alice se quedó sola con su madre. Se mudaron al norte de París por falta de dinero, y Alice finalizó sus estudios en una escuela de la Rue Cardinet. Las deudas de Émile habían dejado a Marie en una situación económica difícil. Abusando de su frágil situación de mujer sola, los acreedores no le dejaron más remedio que vender tanto la librería como el piso de la plaza Saint-Sulpice para mantenerse a flote.

Pese a sus veinticinco años en Chile, Marie había conservado relaciones sólidas en Francia. Siguiendo el consejo de la fundadora del convento de Viry, donde se habían educado sus cuatro hijas, fue a ver a un sobrino de la religiosa, Paul Brehm, secretario general del sindicato de los oficios textiles, que le ofreció dirigir la mutua maternal, una asociación creada por su sindicato para ayudar a las trabajadoras del sector que acababan de tener un hijo. Marie obtuvo el puesto gracias a su larga experiencia en los asilos chilenos.

Paul Brehm se encariñó de Alice y de su madre. Viudo, como Marie, y con dos hijas a su cargo, empezó a invitarlas cada jueves a cenar en su casa, y no tardó en considerar como una hija más a Alice, a la que aconsejó que se formase en una nueva profesión muy de moda, la estenografía, patrimonio hasta entonces de una élite culta que la practicaba para su uso personal. Las primeras escuelas de estenografía habían surgido en 1890, y en ellas solo había hombres. El periodismo, la política y el mundo judicial, principales proveedores de estenógrafos, eran mundos completamente cerrados a las mujeres. Solo en los ámbitos industrial y comercial empezaba a abrirse poco a poco a ellas el oficio.

La idea de iniciarse en el arte de escribir a la velocidad de la palabra fue muy del agrado de la joven Alice. Desde sus veinte años, y con su firme formación intelectual, no albergaba dudas sobre su capacidad de aprender un oficio, por muy nuevo que fuera. Empezó su formación en septiembre de 1893 y, habilidosa como era, aprendió deprisa.

Alice se disponía a cruzar París para su primera entrevista con un prestigioso estenógrafo, un tal Henri Plantier, amigo de Paul Brehm, que ejercía en varios tribunales, además de en la Cámara de los Diputados, y era profesor en la Sorbona. Alice esperaba mucho del encuentro. Su madre le estaba dando los últimos consejos.

–No te olvides de recordarle que vas de parte de Paul Brehm. Llevas el sombrero al revés –añadió Marie, reajustando la pequeña toca–. ¡Ahora sí que estás espléndida! ¿Qué haces con un libro en la mano?

Alice se lo apretó contra el pecho.

–Es para leer en el ómnibus.

Fue hacia la puerta de la casa.

–Hasta luego, mamá –le dijo a su madre sin girarse–. ¡No te preocupes, por favor!

Su madre le hizo un gesto. Quería decirle algo más, pero Alice ya estaba cruzando el umbral.

–¡Alice...!

Se oyó un portazo.

–...no des un portazo. Gracias, cariño.

Suspiró. Le estaba costando convencer a Alice de que a su edad era hora de hacer un esfuerzo para canalizar su desbordante energía, no fuera a ser que la confundiesen con descaro, o con mala educación, que para Marie era aún peor.

Ya en el ómnibus que iba hacia la ópera, Alice encontró sitio, se sentó, abrió su libro por el punto de lectura y se enfrascó en *Nana*, de Zola. Un minuto después fue interpelada por una señora.

–Oiga, señorita, ¿no es un poco joven para lo que está leyendo?

–No, ¿por qué?

–¡Pues porque la Nana del título era una buscona!

–Ya, ¿y qué?

–¡Pues que sus padres no deberían permitirle leer semejantes groserías!

Alice se encogió de hombros y fue a sentarse algo más lejos.

–¿Se da usted cuenta? –le dijo la mujer del sombrero a la señora de al lado–. ¡Qué vergüenza! Estas lecturas, a su edad...

Alice pensó en los años del convento, cuando le controlaban las lecturas, reducidas con frecuencia a obras sobre sus futuros deberes como esposa y madre. Al llegar a París se había sumergido frenéticamente en la literatura de su época. En la librería de su padre lo tenía todo a su disposición. Su hermana Julia le había recomendado sus primeras lecturas de Balzac, protagonista de una auténtica revolución en el espíritu de Alice: entendió lo sometidos que estaban a la Iglesia el cuerpo y el pensamiento de las mujeres, y se convenció de lo perjudicial que podía ser una moral cristiana demasiado estricta. Eran dogmas de otros tiempos, que oprimían al sexo femenino. ¡Si la desgracia de estas hubiera hecho felices a los hombres, por lo menos...! Descubrió la miseria sexual que provocaban los matrimonios concertados, que Balzac comparaba a una «prostitución letal». En las páginas de su *Comedia humana*, devoradas por Alice, Balzac había plasmado los destinos de hombres y mujeres triturados por las convenciones religiosas y sociales.

La voz del revisor interrumpió su lectura. La parada anunciada era la suya. Bajó y cruzó la plaza de la Ópera hacia el Café de la Paix, donde había quedado. Justo cuando se extrañaba de que el conde Muffat se prestase a las humillaciones de Nana, el brusco latigazo de un cochero la hizo darse cuenta con un respingo de que estaba en la calzada. Se había metido por el medio de la plaza, perdida en sus cavilaciones. Apretó el paso, intentando concentrarse en la entrevista.

Tras darse a conocer en la recepción del Café de la Paix, fue llevada a una mesa donde la esperaba un hombre de unos sesenta años y muy buena planta, que al verla se levantó.

–¿La señorita Guy? Soy Henri Plantier.

–Buenos días –dijo Alice, un poco nerviosa.

–Siéntese. Mi querido amigo Paul Brehm me la describió a la perfección. ¡Es usted muy guapa!

Irritada por el comentario, demasiado directo, Alice dio una respuesta un poco seca.

–Muy amable, pero no es mérito mío.

–¿Cómo dice usted? –preguntó el señor Plantier con una mezcla de extrañeza y diversión.

–Habría que agradecérselo a mi madre y mi padre –contestó ella con una sonrisa a modo de disculpa.

–¿Qué lee usted?

–No, nada –se zafó rápidamente Alice, guardándose el libro en el bolso.

No tenía ganas de justificarse.

–Bueno, señorita Guy, ¿en qué puedo ayudarla?

–El señor Brehm me ha dicho que es usted estenógrafo en la Cámara de los Diputados, y que busca a alguien que le ayude.

–¿Tiene experiencia?

–No, pero mi profesor, que es estenógrafo judicial, dice que estoy preparada.

–Ahora lo veremos. ¿Trae con qué escribir?

Alice metió la mano en su bolso, arrancó la guarda de su libro y cogió el pequeño lápiz que le servía para subrayar sus pasajes favoritos.

–¡Estoy lista!

Henri Plantier empezó a dictar.

–La estenografía es una nueva ciencia que permite tomar notas a la velocidad de la palabra hablada. La usamos sobre todo para transcribir los debates parlamentarios. En la Asamblea Nacional y en el Senado los estenógrafos se sitúan al pie de la tribuna del orador, y se turnan cada tres minutos a lo largo del debate. Esta técnica también se usa en los tribunales para transcribir las vistas. Es un oficio principalmente masculino...

Alice levantó un poco la cabeza con un gesto de contrariedad que fue muy del agrado de Henri Plantier.

–... pero que empieza a abrirse a las mujeres –continuó este último–, sobre todo en el mundo del comercio. Déjeme ver... Ah, pues sí, tiene usted condiciones.

–¡Lo sabía! –soltó Alice.

–Ahora bien, como le acabo de decir es un oficio masculino. En los mundos político y judicial no gusta mucho la presencia de mujeres.

–Ya quisiera saber yo dónde gusta.

–¿El qué?

–¿Qué va a ser? ¡La presencia de mujeres! Aparte de en casa, o en el teatro... Yo, en cualquier caso, me niego a ser usada de adorno en un salón. Quiero trabajar. ¿Cree que puede ayudarme?

–¡Veo que nos las tenemos con una pequeña revolucionaria!

–Prefiero la palabra «evolución».

–¿Qué quiere decir?

–Ya sabe que la muerte de mi padre ha dejado a mi madre en una situación un poco delicada. Considero más saludable arreglármelas yo sola que convertirme en una carga para un hombre.

–¡Si yo tuviera su edad, y despertara interés en usted, no la consideraría una carga, en absoluto!

Alice sonrió.

–Pues digamos que antes de casarme quiero trabajar, por gusto, por experiencia y por dinero.

–Bueno, si insiste... El Comptoir Général de Photographie busca estenógrafo. ¡Pruebe usted suerte! Le redactaré una carta de recomendación.

Dos semanas más tarde, Alice abrió la puerta del número 57 de la Rue Saint-Roch, donde tenía su sede el Comptoir. Tras repasar su indumentaria en el gran espejo del vestíbulo, respiró profundamente para serenarse y subió al primer piso. Le abrió una secretaria de unos veinte años.

–¿Es usted la señorita Guy?

–Sí –confirmó Alice, contenta de ver un rostro amable.

–Hola, y bienvenida. Me llamo Madeleine. El director no está. La recibirá su apoderado, el señor Gaumont, que lleva un poco de retraso. ¡Venga, que le enseño las oficinas!

Madeleine condujo a Alice por la sede del célebre establecimiento, que suministraba equipos de toma de imágenes al París mundano e intelectual.

–La fotografía –dijo–, como sabe usted, está de moda. Solo en París hay miles de fotógrafos profesionales y aficionados. Nosotros vendemos más de mil fototarjetas de visita al día, y otras tantas postales: turísticas, artísticas... ¡Tarjetas con las caras de los personajes más famosos del mundo, y de las estrellas del teatro y del *music-hall*, tan queridas por los parisinos!

Alice se estaba fijando en los múltiples modelos de cámaras expuestos en el gran salón del Comptoir, donde se recibía a los clientes. Toda la sala olía al barniz recién aplicado a las cajas de caoba y otras maderas raras. Abandonaron la imponente sala, alejándose de la última tecnología en cámaras para ir a ver las oficinas.

–Esto de aquí –explicó Madeleine– es la secretaría. Hay una secretaria para cada director. Están buscando un estenógrafo. Digo «un» porque por el momento solo han entrevistado a hombres. ¡Nosotras preferiríamos a una mujer! Quieren poner al estenógrafo en nuestro despacho. ¿Ve que hay un sitio libre? Comprenderá que a nosotras no nos apetezca demasiado compartir nuestro espacio con un hombre.

Alice sonrió.

–Venga –continuó Madeleine–, que el señor Gaumont me ha pedido que la lleve a la sala de espera de la dirección. Su despacho está aquí. ¡Hasta dentro de un rato!

La sala de espera reflejaba fielmente el gusto de la época: hermosas lámparas de araña con pasamanería de cristal, techos decorados con molduras de motivos florales, pequeños sillones con tapicería de terciopelo, cubiertos de grandes cojines, bellos muebles de formas redondeadas y alfombras orientales de colores cálidos. Las paredes no lucían cuadros, sino fotos que daban al conjunto el aire de una sala de exposiciones temporales. Alice quedó sorprendida por la diversidad de usos de la fotografía. Había fotos hechas por el astrónomo y geógrafo Joseph Vallot desde su observatorio en la cima del Mont Blanc, un retrato de Gustave Eiffel, acompañado con fotos de sus obras, series asombrosas de animales corriendo, con sus movimientos diseccionados, y todo un conjunto de retratos de personalidades de la época. Justo cuando admiraba el de Émile Zola, firmado por un tal Frédéric Dillaye, oyó que se abría una puerta.

–¿La señorita Guy? Soy Léon Gaumont. Adelante, por favor.

Para sorpresa de Alice, el hombre al que tenía delante apenas era mayor que ella. Entraron en una estancia grande y luminosa, cuya atmósfera aséptica contrastaba con la profusa decoración de la sala de espera. Había un escritorio muy grande de madera clara, con el tablero inclinado y un simple taburete de altura regulable, frente a un ventanal sin cortinas. Al lado había otra mesa más pequeña, junto a la que fue invitada a sentarse.

Tras hacerlo al otro lado, Gaumont se disculpó y cogió el teléfono para dar instrucciones a su secretaria de que no le pasara ninguna llamada en el transcurso de la reunión. Alice le observó sin poder evitarlo. Se había equivocado acerca de su edad: le llevaba como mínimo diez años. Léon Gaumont hablaba con voz grave y pausada. Colgó y juntó las manos, apoyándolas sobre la mesa.

–Leí su carta de recomendación –dijo con el ceño fruncido–, y sus referencias son inmejorables, pero no teníamos pensado darle el puesto a una mujer. De hecho, y perdone que se lo diga, parece usted muy joven.

–Bueno, lo que es la juventud ya se me pasará. ¡Además, veinte años son veinte años!

La espontaneidad y franqueza de Alice desarmaron a Léon Gaumont, que, pese a haber previsto que la despacharía en poco tiempo, se sorprendió reanudando la conversación en términos ventajosos para ella.

–Sus referencias son inmejorables...

–Quedé primera de mi promoción, en la que era la única mujer.

Lo conmovió su determinación.

–¿Conoce usted la fotografía?

–No, pero le advierto de que hace pocos meses tampoco sabía nada de estenografía. Aprendo muy deprisa –contestó Alice con una sonrisa.

–Bueno, pues me lo pensaré.

Ya estaba todo pensado: en las previsiones de Gaumont no entraba darle el puesto a una mujer. Todos los ingenieros del Comptoir eran hombres, y era impensable mezclar a una mujer con los asuntos serios de la empresa. Alice retomó la palabra, consciente de su atrevimiento. No le cabía en la cabeza salir del despacho sin haber sido contratada.

–Señor Gaumont, no encontrará a ningún estenógrafo más rápido ni eficaz que yo.

Llamaron a la puerta.

–¡Adelante! –dijo Gaumont, aliviado por la perspectiva del final de la entrevista.

Apareció un hombre de unos cuarenta años.

–Le presento a nuestro asesor técnico en labores fotográficas, el señor Frédéric Dillaye.

–¡El autor de ese retrato tan bonito de Zola que está expuesto aquí al lado! –exclamó Alice.

–Sí, soy yo. ¿Conoce a Zola?

–Conozco su obra, y la admiro más que nada.

–Conque lectora de Zola, ¿eh? ¡Qué joven tan moderna, y tan culta! ¿A qué se debe su presencia entre nosotros, querido Léon?

–La señorita se ha presentado a la plaza de estenógrafa de dirección.

–¡Vaya! ¡Una mujer estenógrafa! ¡Qué maravilla! ¿Cuándo empieza?

Gaumont se oyó dar una respuesta totalmente contraria a sus previsiones.

–Señorita, venga usted a las ocho y le haremos una prueba.

Pocas veces se veía una capacidad de persuasión así. En cuestión de minutos, la joven aspirante había acabado con todos los prejuicios de Gaumont. Tampoco Dillaye parecía escandalizado porque ejerciera una profesión masculina. Quizá no fuera tan mala idea contratarla... Pero iba siendo hora de volver a lo serio: los nuevos inventos que Gaumont ardía en deseos de presentarle a su viejo amigo.

Alice fue derecha por la Rue Saint-Roch hasta las Tullerías. Después de una mañana tan llena de emociones tenía la necesidad de desfogarse con un buen paseo por el parque. Le parecía mentira haber sido tan directa –tan «impertinente», habría dicho su madre– con el tal Gaumont. «Bueno, lo que es la juventud ya se me pasará.» ¿A quién se le ocurría contestar así? Se le escapó la risa.

–¡Perdón! –dijo sonriendo para disculparse con una transeúnte extrañada de que se riera sola–. ¡Qué contenta estoy! ¡Tengo trabajo! ¡Y en la mejor casa de fotografía de París!

Más que caminar, trotaba. Si no le hubieran hecho tanto daño los botines nuevos se habría puesto a correr. ¿Y el señor Dillaye? ¡Qué encanto! ¡Qué modales! La había calificado de «moderna y culta». Alice estaba orgullosa.

No veía el momento de darle a su madre la buena noticia, ni de volver la mañana siguiente a la Rue Saint-Roch.

A los pocos meses de la incorporación de Alice, el Comptoir Général de Photographie quebró por diferencias «entre los propietarios». Léon Gaumont decidió reabrirlo con su nombre y un consejo de administración formado por antiguos clientes: Gustave Eiffel, René Viviani (yerno de Eiffel y gran defensor de los derechos de los trabajadores, cercano a Jean Jaurès), el astrónomo Joseph Vallot...

El negocio repuntó con fuerza. La demanda era tan grande que Gaumont creó nuevos estudios de revelado e impresión fotográficos en unos terrenos de Belleville.

Tras confirmar a Alice en su puesto, la empresa le asignó rápidamente a varios clientes importantes.

–Buenos días, señorita Guy. Esta mañana espero la visita de mi amigo Louis Lumière –anunció Léon Gaumont mientras dejaba el sombrero y el abrigo en su pequeño guardarropa personal.

Alice ya se había acostumbrado a la actitud algo envarada de su jefe, apodado «el Espinoso» entre los empleados. A ella el sobrenombre le parecía injusto y fuera de lugar. Admiraba a Gaumont, un hombre cuya inteligencia y dotes para el éxito la fascinaban, y su principal objetivo era complacerlo. El siguiente, de momento, prefería no airearlo: triunfar, como él.

Se oyeron golpes en la puerta. Le hizo señas a Madeleine de que no se molestara. Debía de ser Louis Lumière, a quien deseaba recibir personalmente. Rondaría los treinta años, y era un hombre delgado, con bigote y una sonrisa afable, que irradiaba buen humor. Su inquieta mirada escudriñó a Alice. Saltaba a la vista que no esperaba ser recibido por una hermosa joven cuyo atuendo le hizo albergar desde el principio la seguridad de que no era una simple secretaria.

–¿Es usted el señor Lumière? –le preguntó Alice, sin haberle dado tiempo para presentarse.

–Louis Lumière, para servirla, sí. Estoy citado con el señor Gaumont.

–Yo soy Alice Guy, su asistenta. Le diré que ha llegado.

Le hizo entrar y sentarse en el saloncito para las visitas. Su actitud, como de señora de la casa, divirtió a Lumière, que asistía a sus evoluciones sabedor del interés que despertaba en la asistenta de su amigo. Vaya con Gaumont, se dijo... Nadie innovaba como él, incluso en la elección de sus colaboradoras.

–¡Ah, Louis, amigo mío!

Léon Gaumont corrió a darle un abrazo. Se conocían bien. Habían pasado horas hablando de todo lo divino y lo humano, de la vida y de sus respectivas invenciones. Alice se estaba dando cuenta de lo estrecho de su relación. Tras algunas palabras amistosas se encerraron en el despacho del jefe. A Alice le habría gustado entrar con ellos y escuchar lo que decían, participando en su lucha por la innovación. El ingeniero de Lyon estaba trabajando en la fotografía animada, una carrera contra reloj en la que también andaba metido Gaumont. Los dos amigos tardaron casi una hora en salir. Cuando se abrió la puerta, la cara de Léon era la de los días malos; sonreía, pero a Alice le bastó una mirada para darse cuenta de que si mantenía una expresión abierta y benévola era solo por amistad. Lumière se volvió hacia ella con la efervescente picardía de un diablillo que acaba de infligirle una broma de mal gusto a un compañero.

–Léon me ha dicho que ha aprendido usted estenografía. La felicito, señorita. En nuestro mundo faltan mujeres interesadas por las profesiones de los hombres.

–Gracias –contestó Alice, recuperando su actitud de perfecta hija de buena familia–. La verdad es que también me interesa mucho la fotografía –añadió–, y el señor Gaumont ha tenido la amabilidad de hacerme partícipe de sus investigaciones.

–Hablando de fotografía –intervino Léon con una arruga de contrariedad en la frente que Alice ya había visto otras veces–, el señor Lumière está a punto de presentar su nuevo invento.

–Sí –dijo Louis Lumière–, dentro de unos días daremos a conocer un aparato con el que pueden grabarse y proyectarse tomas en movimiento. Es una gran novedad. La Société d'Encouragement pour l'Industrie Nationale nos ha abierto las puertas a mi hermano y a mí, y si Léon quiere estaríamos encantados de que figurasen ustedes entre los invitados.

–Ya veremos –se limitó a decir Gaumont, al que se le había pronunciado aún más el surco de la frente.

Acompañó a su amigo. Luego volvió con paso pesado a su despacho.

–Llame a Demenÿ. Cuando llegue, hágalo pasar y entre con él.

Poco después llegó el ingeniero, de andares elegantes. Su alta silueta de gimnasta y su apostura de húngaro romántico le hacían ser muy codiciado entre las féminas que trabajaban en los establecimientos Gaumont. A Alice le caía muy bien ese ingeniero original y generoso, aunque su actitud con él no iba más allá de lo estrictamente profesional; de hecho, Demenÿ nunca había dado lugar a equívocos en su manera de tratarla.

–¿Qué pasa? ¿Hay un incendio? –quiso saber.

–Casi –contestó Alice–. Acaba de irse Lumière, que en pocos días presentará una máquina para proyectar fotografías en movimiento en la Société d'Encouragement, y no parece que al jefe le haya gustado mucho.

–¡Vaya! Con lo poco que nos faltaba a nosotros... ¿Lo del sonido cómo lo resuelven?

–No tengo ni idea. Léon quiere que vayamos a su despacho.

Alice llamó a la puerta y entró sin esperar a que Gaumont dijera nada. Lo encontraron inclinado sobre planos, documentos y fotografías. Había sacado una cámara grande con carcasa de madera clara, el prototipo más reciente creado por sus equipos.

–¡Ah, Georges! Nos han ganado. Los Lumière ya tienen un quinetoscopio a punto. De hecho, Louis me ha explicado que querían llamarlo quinetógrafo, o hasta cinematógrafo. Resumiendo, que el 22 de marzo darán a conocer su maravilla en Saint-Germain. Georges, tenemos que estar listos a la vez que ellos. No puedo permitir que sean los únicos que hagan tomas en movimiento.

–¿Pero tienen alguna solución para el sonido? –insistió Demenÿ.

–No, pero la cuestión no es esa. Han tenido éxito donde fracasó Edison: proyectar la imagen en una sala y convertir su quinetógrafo en un espectáculo. Van a rodar desfiles, llegadas a la estación... ¡la vida misma! Tenemos que reaccionar. ¿Por dónde vas?

Alice nunca había visto así a Gaumont. Con lo calmado que era siempre, con esa autoridad que solía manifestarse en un tono grave, sin contradicciones, con esa manera fría de enfadarse, sin dar rienda suelta a su ira más allá de una mirada gélida o de unas órdenes impartidas sin levantar la voz, con el talante imperturbable que le atribuía Alice, de pronto parecía a punto de explotar. Caminaba por su despacho, hablaba alto, mordisqueaba un lápiz, miraba por la ventana, se levantaba de la mesa nada más sentarse, se plantaba delante de Demenÿ, le hacía la enésima pregunta técnica, volvía a la ventana y otra vez a sentarse. Alice se estaba mareando. Mientras anotaba con prudencia, en forma taquigráfica, el batiburrillo de preguntas y comentarios, solo levantaba la vista para intentar tranquilizar a Demenÿ, inmóvil bajo la tormenta.

El 22 de marzo de 1895, Alice esperaba a Léon Gaumont en la plaza de Saint-Germain-des-Prés. Vio que se acercaba caminando por la Rue de l'Abbaye.

–Buenos días, Alice. Cuento con que tome nota de todo lo que se diga esta mañana.

Gaumont miró el cuaderno apretado contra el cuerpo de Alice, que percibió el nerviosismo de su jefe.

–¡Ah, ya está! Su libreta lleva el sello de la margarita.[1] ¿Le gusta?

–Sí, pero ¿por qué una margarita?

La pregunta devolvió la sonrisa a Gaumont.

–Era como se llamaba mi madre.

Volvió a poner cara de preocupación.

–¡Cuánta gente! Vamos, que quiero tener buen sitio.

Subieron por la escalera central de la imponente construcción moderna que albergaba la Société d'Encouragement pour l'Industrie Nationale. Una vez en el vasto salón del primer piso, Gaumont se vio engullido por los compromisos sociales. Se habían juntado todos los científicos e ingenieros de París, además de banqueros y periodistas.

Alice, que se había quedado sola, observó a los obreros que estaban tendiendo una sábana blanca al fondo de la sala. Louis Lumière pidió al público que se senta-

1. La margarita era el símbolo de la compañía Gaumont. *(N. del T.)*

ra, mientras un empleado cerraba las cortinas del salón. Alice se sentó al lado de su jefe. El público se había quedado a oscuras. Al oír el zumbido de una máquina, acompañado por un golpeteo rítmico, Alice se giró y vio al hermano de Louis Lumière, Auguste, manipulando el aparato recién patentado. Unos segundos después empezó a moverse por la sala una luz blanca y negra. El corazón de Alice latía con algo más de fuerza. Tenía ante sus ojos algo mágico. Los personajes proyectados en la sábana estaban vivos. Unas mujeres salían de la fábrica con pasos firmes que hacían caracolear sus largas faldas. Unos obreros caminaban riéndose hacia el público, como si estuvieran a punto de salir de la imagen. Un perro flaco cruzó dos veces el encuadre. Una mujer púdica se tapó la cara y apretó el paso para irse por la derecha. También había hombres que avanzaban montados en sus bicis, y un caballo atado que, tras ir derecho hacia los espectadores, desaparecía por la izquierda.

Una intensa emoción se apoderó de Alice. Las tomas en movimiento fueron proyectadas varias veces. Algunos de los reunidos se levantaron para ver qué se escondía al otro lado de la sábana.

Gaumont cogió el brazo de su asistenta.

–¡Ya está, han ganado! ¡Con esta máquina de los demonios, el cinematógrafo! ¡Tan cerca como estábamos Demenÿ y yo...!

Auguste Lumière anunció el final de la proyección. Los dos hermanos recibieron un fervoroso aplauso antes de ser asaltados por los periodistas. Gaumont fue rápidamente al encuentro de Gustave Eiffel.

–No se preocupe, Léon, que la próxima vez será usted quien se luzca aquí con uno de sus inventos.

Eiffel añadió otro comentario.

–Todas estas fotos que se mueven están bien... pero falta el sonido, amigo mío. Es un problema en el que habrá que trabajar.

Alice se había acercado al cinematógrafo, protegido del asalto de los curiosos por un técnico al que hizo varias preguntas sobre su funcionamiento. Él, contento de acaparar el interés de la única mujer del público, la invitó a girar la manivela mientras le decía que el secreto era hacerlo con una regularidad perfecta. Sin duda era Alice, esa mañana, la única de los presentes que no era consciente de su diferencia, estaba demasiado absorta por lo que estaba viviendo: el nacimiento del cine.

El domingo siguiente, Alice fue con su madre a ver a Paul Brehm y sus hijas. Le gustaba el ambiente familiar de la casa, muy cercana a la ópera. Brehm era un poco como el padre que soñaba con haber tenido. Se prodigaba en muestras de afecto a sus dos hijas, radiantes de felicidad. Alice era muy amiga de la pequeña, Juliette, que tenía su edad. Juliette era una virtuosa del piano, que tocaba desde los tres años, mientras que Clara, la mayor, brillaba como violonchelista. Respaldadas por la admiración y la protección de su padre, actuaban asiduamente en los salones parisinos. Juliette estaba maravillada por la personalidad de Alice, que la tenía impresionada por su valentía y su audacia.

–¿Por qué te parezco tan valiente? –le preguntó Alice, divertida.

–¡No debe de ser fácil trabajar todo el día entre ingenieros! Yo de los nuevos inventos técnicos no entiendo nada. Por mucho que me expliques cómo se puede fijar una imagen en un trozo de celuloide, para mí sigue siendo pura magia.

–¡Por cierto, Alice –dijo el padre de Juliette–, cuéntanos cómo fue lo de ayer en la Société! ¿El invento de los Lumière es tan fabuloso como dice la prensa?

–¡Es mágico! Prometo invitaros a las primeras proyecciones que piensa hacer Gaumont dentro de poco en la Rue Saint-Roch.

–¿Él también ha inventado un cinematógrafo? –preguntó Clara.

–El año pasado compró la patente de un científico joven que había inventado el «fonoscopio», como bautizó un aparato con el que se podía grabar en un disco de cristal una serie de imágenes que al proyectarse daban sensación de movimiento. Han estado trabajando juntos para perfeccionar las características técnicas del aparato, transformándolo para que pueda grabar y proyectar imágenes al mismo tiempo, y le han puesto el nombre de «cronofotógrafo».

–Supongo que sabrás decirme el nombre del joven en cuestión –intervino Paul Brehm.

–¡Por supuesto! Se llama Georges Demenÿ, y es un hombre de una inteligencia ilimitada, con conocimientos muy avanzados sobre ciencias, matemáticas, física, mecánica y anatomía, además de música o literatura. A ti te encantaría, Juliette.

–¡Qué gracia! –exclamó Juliette–. ¡Dirás que a quien le encanta es a ti!

–¡No se atreve ni a pensarlo! –dijo Clara para chinchar a Alice, que se puso roja.

–George trabaja en Gaumont –contestó–. Por nada del mundo se me ocurriría...

–Es fantástico que tu jefe invierta en inventores jóvenes –dijo Paul Brehm para sacarla de apuros–. ¿Sabes que en su juventud Gaumont trabajó para Jules Carpentier?

–¿Carpentier? ¿Quién era ese? –preguntó Juliette.

–¡Aún está vivo, Juliette! Es famoso por sus inventos en los campos de la óptica y la fotografía, de los primeros aparatos de medición eléctrica, del telégrafo y de la optometría. Fue quien le contagió a Gaumont el virus de los inventos.

–De hecho, es quien ha construido el cinematógrafo de los Lumière –añadió Alice.

–¿Y si habláramos de música? –dijo Marie con un suspiro–. Alice se pasa las tardes hablándome de Gaumont, y reconozco que no me iría nada mal algo de música.

–Está bien –asintió Juliette–. ¡Pero en vez de hablar de ella te propongo tocarla! Acompáñame a tocar a cuatro manos, Marie.

–¡Pero si toco fatal! Dadme el gusto tú y Clara de tocar la *Arpeggione* de Schubert, que se os da divinamente.

Desde que había descubierto la fotografía, y las posibilidades del cinematógrafo, Alice tenía ganas de plasmarlo todo en imágenes: ese concierto improvisado, las caras de las jóvenes trascendidas por la música, sus manos desplazándose por el teclado y las cuerdas... Guardar en la memoria ese momento único, y poder proyectarlo, compartirlo y disfrutarlo una y otra vez.

Léon Gaumont había convocado a sus empleados y técnicos para exponerles los objetivos de comercialización del cronofotógrafo. Entre los presentes, además de Alice, estaba el director de los talleres de producción, el ingeniero René Decaux, un cuarentón de presencia imponente, traje y corbata impecables y bata blanca de trabajo inmaculada. Lo acompañaba su segundo, Jacques Derain, trabajador cualificado, algo rústico pero de buena presencia, con la indumentaria habitual de las fábricas de la época: traje de calle y bata oscura. No faltaba el inventor del cronofotógrafo, Georges Demenÿ, con su aspecto de estar siempre en otro sitio, y un conjunto de terciopelo muy holgado que parecía de su abuelo.

Gaumont tomó la palabra ante un público respetuoso y atento.

–Señores, el objetivo es vender nuestro material de proyección a los feriantes, que son los principales difusores de las imágenes en movimiento, una nueva atracción que está haciendo furor.

Mientras el jefe presentaba con todo detalle el nuevo mercado del cinematógrafo, René Decaux se acercó a Jacques.

–Ya no se separa nunca de él, la señoritinga –susurró señalando a Alice.

–Se ve que no está casada –contestó Jacques.

–¿Sabes cómo llaman a las chicas que parecen señoritas y trabajan?

Negó con la cabeza.

–¡Frescas, hombre!

Gaumont seguía con sus explicaciones.

–Ya no podemos conformarnos con vender proyectores a los feriantes. También hay que suministrarles las películas. Tenemos que recuperar la ventaja que han tomado sobre nosotros los hermanos Lumière. He encargado a René Decaux que forme un equipo para realizar películas. ¿René?

Decaux se irguió e intervino con solemnidad, hinchando el torso.

–Sí, señor Gaumont. Tenemos cinco voluntarios: Anatole Thiberville, Jacques Roux, René Deschamps, Georges Bouvier y André Royer. Habría que añadir a alguien de dirección, para que les dé indicaciones sobre qué filmar.

–Ya lo he pensado –dijo Gaumont–, y he decidido prestarles los servicios de mi asistenta, la señorita Guy, que me ha dado muchas ideas interesantes sobre el tema. Señorita Guy...

Decaux fijó en Alice una mirada intensa en la que se mezclaban el deseo y el desdén. Ella se adelantó para tomar la palabra.

–Buenos días, señores. He preparado un documento con lugares de París y sus alrededores donde se podrían rodar imágenes en movimiento atractivas para el público. Tengo también aquí una lista de acontecimientos culturales, deportivos y políticos que podríamos filmar, para que disfrutase de ellos toda la gente que no haya podido verlos en persona. El fin de semana que viene, por ejemplo, podríamos acudir al premio de Diana, que tantos sueños alimenta desde hace más de treinta años. ¡Qué suerte para la gente de provincias poder ver imágenes en movimiento de las damas de la alta sociedad, las potrancas, los ganadores...!

–¡Menuda jovencita! –le dijo René Decaux en voz baja a Jacques–. Pero bueno, ¿desde cuándo nos dicen las mujeres lo que tenemos que hacer? ¡Pfff!

Alice continuó.

–¡Y, si la técnica nos lo permite, hasta podríamos tomar imágenes de las carreras!

–Eso es exactamente lo que esperamos de usted –confirmó Gaumont–, imágenes atractivas. Georges Demenÿ se ha ofrecido a acompañarla en la aventura para ayudarla en los aspectos técnicos. ¿Georges?

–Sí, los emplazo a todos a hacerme llegar sus comentarios sobre el funcionamiento de las cámaras, a fin de poder rectificar, si hace falta.

–Bueno, señores –concluyó Gaumont–, creo que ya está todo dicho. Alice Guy queda a su disposición. La tendrán aquí cada mañana a las ocho para preparar las salidas de las cámaras y supervisar todo el proceso: revelado de las películas, envíos a los clientes, etc. ¿Queda claro?

–Muy bien, señor Gaumont –asintió René Decaux, consternado por la idea de trabajar con una mujer.

–Señorita Alice, la dejo en las expertas manos del señor Decaux. Nos vemos más tarde en la Rue Saint-Roch.

Gaumont saludó seriamente a sus tropas antes de salir del taller.

–Venga –le dijo René Decaux a Alice–, vamos a hablar en mi despacho. –Mientras empujaba la puerta de la fábrica añadió–: ¿Qué, chiquilla, estás a gusto en esta casa?

Alice quedó tan sorprendida por su familiaridad que no pudo reaccionar.

–Sí, gracias.

–¡Llámame René, que ahora somos vecinos! ¿Sabes hacer café?

–¿Cómo dice?

–No pongas cara de susto, que tampoco será la primera vez.

Aprovechó que no había nadie en el pasillo para cogerla por la cintura.

–¡Déjeme en paz!

Alice se quitó bruscamente de encima al director con un gesto asustado.

–¡Anda, pero si es una mosquita muerta! ¡Qué gracia! Tú primero –dijo, señalando su despacho.

Alice se resistía a entrar. Él la empujó, cerró la puerta y la arrimó a la pared para besarla.

–¿Qué, notas algo duro? Te apetece, ¿eh?

–¡O deja de decir obscenidades, o me quejo a quien tenga que quejarme!

El director se puso a reír, sorprendido por la fuerza con que se le resistía.

–¡Va a haber que controlarla, a esta chica!

–¿Controlarla? ¡Usted está loco! Le prohíbo hablarme así. No se me acerque más. ¡Déjeme salir!

–¡Aquí mando yo! ¡Estamos en una fábrica, que es territorio de hombres! ¡Que estés a buenas con el jefe no te da permiso para dictar tu ley en mi casa!

–¿Por quién me toma? –gritó ella–. ¡No se me acerque nunca más! ¿Me ha oído? ¡Nunca!

Logró zafarse y salió dando un portazo. Le temblaba todo el cuerpo.

–¡Que sí, fresca, que te voy a controlar! ¡Lo has oído bien! –siguió vociferando Decaux.

Al oír los berridos de su jefe, Jacques salió de su despacho, pero en cuanto vio a Alice dio media vuelta y se encerró de nuevo en él. Alice, que estaba a punto de llorar, salió rápidamente de la fábrica para recuperarse.

Jacques fue a ver a Decaux, que estaba de un humor de perros.

–Aquí no hay sitio para faldas. ¿Has visto con qué tono les ha hablado a los chicos? ¡Me doy quince días para echarla! ¿Pero cómo se le ocurre al jefe endosarnos a esta golfa?

–Guapa lo es un rato, hay que reconocerlo –intervino Jacques.

–¡Pfff! ¿Y de qué sirve que sea guapa?

Alice se juró no comentarle a nadie el incidente. Por la noche, de camino al pequeño apartamento del Quai Malaquais donde vivía con su madre, vio de golpe, con total claridad, que tendría que actuar como un hombre. No estaba muy segura de saber qué significaba, ni de cómo lo conseguiría, pero por nada del mundo estaba dispuesta a poner en peligro su trabajo a causa de una estúpida pelea con Decaux. Había sido su primer encontronazo con la violencia masculina. Pese a todos sus esfuerzos por no pensar en ello, el recuerdo de la cara de Decaux siempre iba acompañado de asco y miedo. Se sentía culpable por haber despertado su deseo. Asaltada por un súbito y profundo malestar, tuvo que apoyarse en el muro del Sena, entre dos puestos de libros. Le latía demasiado fuerte el corazón. Tenía ganas de llegar a su casa. Le daba vértigo tener tanto espacio a su alrededor. Cerró un momento los ojos. No entendía que el incidente la afectase tanto, ni que hubiera tenido tanto miedo. Tenía que ahuyentar esos oscuros pensamientos. Abrió otra vez los ojos. De un *bateau-mouche* bajaba una riada de hombres y mujeres que se abalanzaban hacia la escalera del puente de Saints-Pères.

–¡Coco! ¡Coco! ¡Coco fresco! –gritaba un vendedor de cocos–. ¿Quién quiere beber? ¡Un trago por diez céntimos!

Un niño se puso a gritar que quería, y su niñera le estiró de la mano. El niño se sentó sobre el trasero, chillando que no se movería hasta que le hubieran dado su vaso de coco. Cada vez que la niñera lo ponía de pie, él se dejaba caer con todo su peso. Un hombre mayor se puso a razonar con él, pero el niño le sacó la lengua, y el hombre se marchó, sermoneándolo. Alice sonrió. ¡Qué escena más cómica desde donde la estaba presenciando!

La niñera suspiró profundamente, metió la mano en el bolsillo de su bata y le entregó una moneda al vendedor, que tras coger uno de los vasos que llevaba colgados en la cintura lo limpió y lo llenó de agua con limón y regaliz. El niño se lo bebió de un trago, hecho lo cual se tiró otra vez al suelo y gritó... ¡que quería otro!

Más lejos, un grupo de niños se deslizaba por un gran montón de arena recién descargada de una gabarra, mientras sus padres ponían en carretillas la mercancía bajada de los barcos. La mirada de Alice se detuvo en uno de los numerosos chatarreros que recogían lo que les traía el Sena. Acababa de hacer una pesca milagrosa: de su pértiga colgaba un estuche de violín. Los niños acudieron corriendo. Alice vio que el hombre abría la caja como si fuera un cofre del tesoro, sacaba un violín y lo secaba frenéticamente con el faldón de su camisa, recién extraída de su pantalón. Tras hacer lo mismo con el arco, se encajó el instrumento bajo la barbilla para hacer una prueba. El viento llevó las notas hasta Alice, que creyó estar soñando, tal era la magia que veía en el momento. Su corazón se llenó de júbilo. Tenía ganas de compartir con los demás la comicidad de la existencia, su poesía, su belleza, todas esas cosas que hacían olvidar los disgustos de la vida cotidiana.

Era en lo que tenía que concentrarse: en convencer a Gaumont de que le permitiera confeccionar imágenes en movimiento que contaran historias. Era su única obsesión desde que había descubierto el cinematógrafo. No podía dejarse desviar de su meta por Decaux, ni por el miedo cerval que estaba sintiendo por su culpa. Estaba dispuesta a luchar para encontrar su sitio en la empresa de Gaumont. Serenada por el espectáculo de la vida, y más decidida que nunca, reanudó el camino hacia su casa.

Al cruzar el puente de Saints-Pères pensó en el camino que había recorrido desde su llegada a París. Ya era independiente. Su madre la había emancipado para que pudiera firmar el contrato con Gaumont y percibir un salario. Si se aferraba tanto a la idea de libertad era por ella, por su madre. Para Alice, ser independiente significaba conservar su libertad de movimientos. Le resultaba inconcebible tener que pedir permiso a un marido para trabajar, abrir una cuenta bancaria o viajar.

Pese a llevar solo tres años viviendo juntas, Alice y su madre ya iban por su tercera mudanza. El apartamento del Quai Malaquais lo habían elegido por su proximidad al trabajo de Alice, que corría con todo el alquiler. Marie había dejado de trabajar por diferencias con la dirección de la mutua maternal. Alice estaba orgullosa de ayudar a su madre, y contenta de vivir con ella después de tantos años de separación. Les parecía estar recuperando un poco el tiempo perdido. La vida, para ambas, era una sucesión de actividades: en el caso de la madre de Alice, el cuidado del pequeño hogar que compartían, y las visitas a parientes y amistades; en el de Alice, seis días de trabajo por semana en Gaumont.

Por otra parte, la presencia de su madre facilitaba la vida de Alice, liberándola de las vicisitudes del día a día y protegiéndola de los rumores acerca de su soltería. Decaux acababa de recordarle con virulencia que tener alrededor de veinte años, trabajar y estar soltera equivalía a convertirse en presa idónea para personajes con malas intenciones.

Subiendo a toda prisa la escalera de la vieja casa de vecinos que les daba cobijo en su buhardilla, se repitió que su principal objetivo no era dar vueltas al rencor contra Decaux, sino lograr, a partir del día siguiente y sin demora, convencer a Gaumont de que le permitiera rodar sus tomas en movimiento. Era una carta importante que jugar. De la respuesta de su jefe dependía su futuro.

Nada más ver la cara de su hija, Marie supo que algo andaba mal e insistió en saber la causa de su desazón. Al final Alice le contó lo que le había hecho pasar Decaux. Marie palideció aún más que su hija en el momento de los hechos.

–Nunca te dejará en paz, Alice. Seguro que desprecia a las mujeres hasta extremos inimaginables. ¿Está casado?

–Supongo –dijo Alice, sintiéndose desamparada por el abatimiento de su madre–. ¡No pongas esta cara, mamá, que me das miedo!

–Hay que decírselo al señor Gaumont. ¡Voy a escribirle un mensaje!

–¡Ni hablar! No quiero ser un problema para él. Tengo que arreglármelas yo sola para conseguir el respeto de Decaux –contestó Alice, llena de pánico.

Se arrepentía muchísimo de habérselo contado a su madre, cuya angustia la tenía impactada. Suspiró. Aunque su madre y ella se hubieran domesticado mutuamente con el paso del tiempo, aprendiendo a conocerse y respetarse, Alice seguía teniendo la impresión de que entre las dos existía algún obstáculo. Por un lado, admiraba la dignidad de la que había hecho gala su madre al fallecer su padre, encontrando trabajo para superar sus dificultades económicas y animando a su hija a conquistar su autonomía a través de la educación.

Por el otro, a veces le sabía mal que fuera tan cerrada, como en su obstinación por mantener en secreto su pasado. A Alice le habría gustado entender qué había pasado entre sus padres, y por qué la vida de ambos –y por extensión la de ella– había sido tan caótica, pero Marie se mostraba siempre refractaria a las conversaciones íntimas. Había encauzado su relación con la menor de sus hijas por una serie de principios erigidos en dogmas con el paso de los años: «No, y aquí no hay discusión que valga», o «No es cosa tuya». Esa noche había decidido poner en conocimiento de Gaumont el incidente con Decaux, y Alice tenía la certeza de que sería imposible disuadirla.

–Me voy a la cama, mamá. Mañana tengo un día importante –dijo, cansada de luchar.

–Buenas noches, cariño. Le escribiré de todas formas unas líneas al señor Gaumont, y mañana se las das.

–Como quieras, mamá –suspiró Alice, prometiéndose tirar la carta en la primera papelera que encontrase.

–¡Buenos días, Madeleine! ¿Tienes el correo del señor Gaumont? –preguntó Alice al llegar a la oficina.

–¡Buenos días! Sí, toma.

Madeleine le tendió un fajo de cartas.

Alice se instaló en su mesa, sintiendo la mirada insistente de la secretaria.

–¿Qué pasa, Madeleine?

–¿Todo bien con Decaux?

Alice frunció el ceño.

–Sí, ¿por qué?

–No te hagas la orgullosa. ¿Por qué no me contaste lo que te hizo?

–¿Cómo te has enterado?

–Me lo dijo Jacques. Te advierto que no es la primera vez. Decaux agrede a todas las chicas que se le ponen delante.

–¡Estate tranquila, que me defendí!

–Me lo imagino. Con el carácter que tienes... Bueno, pues si está todo bien, mejor.

Las dos jóvenes se enfrascaron de nuevo en sus labores administrativas.

–¿Seguro? ¿Ya no te molesta? –dijo Madeleine, volviendo a la carga.

Alice hizo una pequeña mueca.

–Tranquila, Madeleine, que no habrá problemas. ¡Las ocho! ¡Voy para allá!

Cogió el correo y acudió a toda prisa al despacho de su jefe.

–¡Buenos días!

Léon Gaumont estaba releyendo unas notas en su mesa, y no se tomó la molestia de levantar la cabeza para hablar con su colaboradora, de la que –para sorpresa del propio interesado, a veces– ya no podía prescindir.

–Buenos días, señorita. ¿Ya son las ocho?

Alice, que se había quedado de pie frente a él, habló sin prolegómenos.

–Lo he estado pensando, y para ayudar a vender nuestras cámaras deberíamos contar historias. Desde las primeras proyecciones de los hermanos Lumière todos hacemos lo mismo: llegadas de trenes a estaciones, vistas de calles, desfiles... La verdad es que cansa, sobre todo cuando se podría...

Léon Gaumont la interrumpió.

–Siéntese, Alice, por favor. ¿Lo que está arrugando es mi correo?

–Ah, sí, perdón... Tenga.

Alice planchó escrupulosamente las cartas con la mano.

–O sea, que usted quiere contar historias. ¿Pero de qué tipo?

–¡Como las de las novelas! Historias de amor, investigaciones policiales, dramas familiares, comedias...

–Deme un ejemplo concreto.

–De acuerdo, le daré el de una historia cómica. Estamos delante de una portería. La portera está barriendo la calle. Un hombre viene a pedir información, y ella le dice: «¡Sí, sí, es en el tercero!» El hombre se queda mirando la entrada de la escalera. «¡Lo veo muy feo para que viva ella aquí!» La portera, ofendida, se encoge de hombros y entra. Aparece un grupo de niños que llaman al timbre de la portería. Al ver salir a la portera se marchan entre risas, mientras ella los amenaza con su escoba. La portera, furiosa, vuelve a la portería. El hombre de antes, que ya se ha hecho a la idea de que su amada viva en un edificio tan horrible, vuelve y llama al timbre. Pensando que son los niños de antes, la portera tira un cubo de agua por la puerta y le da en la cara al hombre, que está a punto de resbalar en el charco. Se enfada tanto que quiere pegar a la portera. Mientras se pelean, los niños, y el grupo de curiosos que se ha formado, se tronchan de risa.

En el salón de la Gaumont, en la Rue Saint-Roch, unos veinte espectadores, todos fieles clientes de la casa, asistían con hilaridad a la pequeña comedia de Alice Guy. Los hombres se enjugaban las lágrimas, y las mujeres –a quienes se les había aconsejado que se quitaran el sombrero, para no molestar a los espectadores de detrás– se sujetaban las costillas. ¡Casi no se podía respirar! Léon Gaumont, que estaba al fondo, de pie, no daba crédito a que un invento nacido en cerebros de científicos puros y duros, y desarrollado para estudiar el movimiento, se hubiera convertido en una diversión popular.

–Sus historias tienen más éxito que mis noticiarios, Alice... Habrá que insistir en esta línea.

–¡Con mucho gusto! ¡Se me ocurren mil cosas!

Tomó a Alice por el brazo para apartarla del público, que reclamaba más películas. Alice odiaba que la cogiera así del brazo. La molestaba enormemente el contacto físico con su jefe.

–Pierde usted un tiempo muy valioso en ir y venir de su casa a Buttes-Chaumont. Me gustaría que se instalara en la casita de la Rue des Alouettes, al lado de los estudios de revelado –le dijo él amablemente.

Alice se soltó para ponerse de cara a Gaumont.

–¿La barraquita blanca? ¡Pero si es horrorosa!

–Me hace usted mucha falta para rodar películas –insistió él, más serio–. Los feriantes exigen novedades para tener todo el día en funcionamiento sus salas de proyección. Hay que llegar a hacer varias películas al día, y eso solo sabe hacerlo usted.

–Mire, yo vivo con mi madre, y quiero un alojamiento digno para ella.

–Haré las reformas que hagan falta. Volveremos a poner el jardín en condiciones. Será perfecto para las dos, ya lo verá.

–Está bien, pero con una condición.

–¿Cómo que una condición?

Gaumont se dijo que con Alice siempre pasaba lo mismo: siempre quería más. Su indomable sinceridad rayaba en la impertinencia.

–Quiero oficinas independientes de las de producción.

–¿Por qué? ¿No está a gusto con Decaux?

–No le caigo muy bien. A mí no me corresponde estar entre los ingenieros. Si usted quiere potenciar el lado artístico, habrá que crear un departamento especial. En la zona de los laboratorios de revelado hay tres despachos libres, como mínimo. Podría instalarme en ellos con mi equipo.

–Se nota que lo tiene muy pensado. Cámbiese de despacho, si le apetece, pero ¿qué insinúa con lo de que no le cae muy bien a Decaux?

–¿Puedo serle sincera?

–Ah, pero ¿puede usted no serlo, señorita Guy?

Alice no se fijó en el tono irónico de Gaumont. Su objetivo era la creación de un departamento propio. Siguió hablando.

–Decaux no soporta «que lo estorben con faldas», como dice. Cree que en las fábricas no debería haber mujeres.

Esta vez Gaumont se rio con franqueza.

–¡Hay que reconocer que en nuestra profesión es una novedad ver a una mujer con responsabilidades! Trátelo usted bien, que es el mejor técnico que conozco. Ya se acostumbrará. Bueno, cuente usted con lo de los despachos.

El 4 de mayo de 1897, Alice estaba de rodaje en los jardines del nuevo teatro Marigny. Mientras su camarógrafo, Anatole, plantaba su pesada cámara en un camino, ella daba indicaciones a los actores. Uno de estos últimos levantó bruscamente la mano y gritó algo, señalando el cielo. Tras ellos, a unas pocas calles de distancia, se elevaba una densa columna de humo negro.

–¡Se ha incendiado el cinematógrafo del Bazar de la Charité! –gritó un hombre que pasaba corriendo–. ¡Se ve que hay muchos muertos!

–¡No puede ser, Anatole! –exclamó Alice con angustia–. Dios mío... No os mováis, que ahora vengo.

Se adentró en la Rue Jean Goujon, que ya se había llenado de curiosos. Cuando llegó al lugar de los hechos, el techo de la enorme carpa que albergaba el bazar se estaba desplomando en llamas sobre los participantes. Asistió al atroz espectáculo de varias mujeres cayéndose al suelo, convertidas en antorchas humanas. El calor era tan insoportable que la multitud tuvo que retroceder.

Unas semanas más tarde, Léon Gaumont convocó a su consejo de administración y a los directores de todos los departamentos.

–El prefecto Lépine amenaza con prohibir las proyecciones de cine en París. El incendio ha causado ciento veinticuatro muertos, ciento dieciocho de los cuales eran mujeres. Acaban de identificar el cadáver de la hermana de la emperatriz de Austria, la duquesa de Alençon. En el Palais de l'Industrie aún están expuestos decenas de cuerpos carbonizados casi imposibles de identificar. Alice, ¿tiene noticias de Frédéric Dillaye?

–Ha perdido a su esposa y a otros diecisiete miembros de su familia –contestó Alice con un nudo en la garganta.

El horrible balance puso los pelos de punta a los asistentes, que debatieron cómo apoyar a Dillaye en tan duros momentos.

–He hablado con mi amigo Louis Lumière –continuó Gaumont–, y está consternado. Me ha explicado que el incendio empezó cuando el técnico estaba recargando la lámpara de éter. El aparato estaba mal aislado, y cuando encendió la cerilla prendieron los vapores de éter. Las llamas subieron hasta el techo, que prendió enseguida porque estaba recubierto de alquitrán para pegar los decorados. Al venirse abajo se cayó sobre el público, que no podía salir.

El siguiente en hablar fue Gustave Eiffel.

–La historia de los inventos está llena de accidentes espantosos. Me resulta impensable que el prefecto Lépine pueda cumplir su amenaza de prohibir las proyecciones. Los incendios relacionados con el cinematógrafo no son ninguna novedad. Les recuerdo el que hubo hace un año en la feria del Mail de Orleans, con unos diez heridos. El número de muertos del Bazar de la Charité es terrible, y las reacciones están siendo proporcionales a la tragedia. Nuestros ingenieros, que llevan meses analizando los problemas de seguridad, han tenido la idea de construir una cabina de proyección metálica, como esta que ven aquí. Estará dotada de un extintor. Le expondremos la idea a Lépine.

Eiffel hizo circular los planos de la cabina entre los asistentes.

A continuación intervino René Decaux, muy en su papel de director de los talleres de producción.

–El señor Eiffel tiene razón: Lépine no tenía alternativa. Estaba obligado a hacer un anuncio radical para apaciguar las iras de las familias de las víctimas. El año pasado, cuando naufragó el *Drummond Castle* en las costas de Ouessant, hubo el triple de víctimas: ¡casi cuatrocientos muertos! Y no por ello se ha prohibido el transporte marítimo.

–Señor Gaumont –incidió en la misma línea Jean Bouvier, el director comercial–, los números cantan: los feriantes se disputan nuestro material de proyección y nuestras películas. Acabamos de vender ochenta copias de las últimas comedias de la señorita Guy. ¡Este horrible incendio no le quitará a la gente el hambre de entretenimiento! Hoy en día, el cine es la atracción número uno de las ferias, y la demanda no para de crecer.

–Espero que tengan ustedes razón. Queridos amigos y colegas –continuó Gaumont–, cerraremos la reunión con una nota positiva. Sorprende, en efecto, comprobar hasta qué punto las películas de pura diversión nos ayudan a vender el material. Por ello, les anuncio oficialmente que he decidido asignar a Alice Guy el puesto de directora del servicio de tomas. Construiremos un estudio que permitirá a la señorita Guy y sus equipos rodar durante todo el año. ¡La empresa crece!

Eiffel felicitó efusivamente a Alice, por quien sentía un afecto sincero. El resto de la mesa aplaudió el ascenso, que la convertía en la primera directora de departamento de la empresa. El único que parecía disgustado, y mucho, era René Decaux.

Había sido un día de emociones encontradas. Alice sentía una pena enorme por Frédéric Dillaye, que era quien le había enseñado a hacer tomas, y a quien debía agradecer el haberse lanzado un año antes a confeccionar imágenes en movimiento. ¡Qué triste estaba por él! Y qué contenta, al mismo tiempo, de verse impulsada a sus veinticuatro años a la cima de un departamento donde aún estaba todo por inventar...

Saliendo de las oficinas de la Rue Saint-Roch, Alice fue interrumpida en sus cavilaciones por René Decaux, que se le acercó por la calle.

–¿Le molesta que la acompañe un poco?
–Que yo sepa, la acera no es de nadie, señor Decaux.
La impertinencia y frialdad de la respuesta lo sacaron de quicio.
–¡Sí, tú hazte la lista! ¡Como si no supiera todo el mundo cómo has conseguido el ascenso!
–Me encanta su teoría. ¿Quiere que se la comentemos al señor Gaumont? –le espetó Alice, mirándolo a los ojos.
–Te crees muy fuerte, ¿eh? ¡Pues ya veremos!
Decaux dio media vuelta.
–A su disposición, señor Decaux.

Alice suspiró. Le sabía mal haber mandado a paseo a Decaux tras haber sido abordada amablemente. Hizo un gesto con la mano para quitárselo de la cabeza, sorprendiendo a un transeúnte, y se le escapó la risa por la comicidad de la situación. Sin pensar más en Decaux, subió al ómnibus que subía por la Rue Lafayette hasta las fábricas de Buttes-Chaumont.

Durante el trayecto pensó en su horario, cada vez más cargado. Las mañanas las pasaba todas en las oficinas de Buttes-Chaumont, escribiendo, preparando y rodando sus escenas hasta las cuatro y media. A continuación se desplazaba a toda prisa a la Rue Saint-Roch para gestionar el correo de Léon Gaumont. A finales de la tarde, Alice y su jefe trabajaban con la dirección comercial el contenido de los catálogos de tomas en movimiento, su publicidad y su distribución. Concluida la jornada, ya de noche, Gaumont llevaba a Alice en su coche privado hasta la Rue des Alouettes, en Buttes-Chaumont. Él vivía muy cerca, en una casa muy bonita que había sido de la familia de su esposa.

Antes de acoger la fábrica Gaumont, esa zona de Belleville había sido un remanso verde, y entre las obras en curso quedaban todavía algunos restos de su pasado rural, como el magnífico vergel que rodeaba la casa de los Gaumont. ¿Hasta dónde llegaría este en sus deseos de expansión? Fue lo que se preguntó Alice al empujar la verja de la casa de la Rue des Alouettes, bordeada de altos muros de ladrillo. Justo al lado de su casa acababan de levantarse otras dos fábricas. Pasando junto a los talleres de revelado fotográfico llegó a una terraza muy fea, acristalada, que daba a un descampado, y se paró un momento. Era donde había rodado *La fée aux choux,*[1] su primera película como directora. Bien pensado, ¡qué idea tan curiosa esa historia de un hada que criaba bebés dentro de coles! Vio mentalmente a la joven bailarina contratada para el papel del hada, con sus formas excesivamente opulentas que no se dejaban contener del todo por el viejo vestido de escena comprado a un chamarilero del barrio. Como Alice se negaba a usar muñecos de cera, su madre la había ayudado a encontrar bebés de verdad. Un pintor de abanicos del barrio había fabricado grandes coles de cartón, además de pintar un decorado de jardín sobre una sábana de gran tamaño. ¡Cómo había triunfado esa pequeña fantasía!

¿Y el título, «El hada de las coles»? ¿De dónde salía? Mientras introducía la llave en la cerradura de la puerta de su casa, se acordó de golpe de uno de los momentos más felices de su vida: una noche en que su abuela, para tranquilizarla, le había contado su llegada al mundo dentro de una col. Se prometió que en cuanto tuviera tiempo rodaría una nueva versión de la historia, con más medios.

Por la mañana, con la ayuda de su madre, Alice recibió en su casa a varias actrices contratadas para el rodaje de una fábula cuyo argumento se le había ocurrido pocos días atrás. Como la escena estaba ambientada en un jardín, había elegido por comodidad el de su propia casa. Madre e hija preparaban café en la cocina.

–Alice, el chico ese... ¿cómo se llamaba?

–¿Quién, mamá?

–El pintor.

–¿Pierre?

1. «El hada de las coles.»

–Ese.
–¿Qué le pasa?
Alice sacó las tazas del aparador rehuyendo la mirada de su madre.
–¿Qué pasa, que eres ciega?
–¿Por qué lo dices?
Ruborizada, se puso a contar las cucharillas que necesitaba.
–Lo sabes perfectamente. Está más claro que el agua.
–¿Y si fuera verdad qué pasaría?
–¿Te gusta?
–¡Mamá, por favor, que no es el momento! ¿Dónde has escondido el azúcar?
–Está sobre la mesa. El caso es que casarte te facilitaría la vida. Suavizaría las tensiones con Decaux...
–¡Mamá, ten piedad! Ahora no –interrumpió a su madre, yendo hacia la puerta del jardín.
–El chico te adora, y tiene mucho talento.
–Ya no te escucho, mamá. Estoy saliendo.
El sol la deslumbró un segundo, lo justo para que se acercara Pierre y la descargara de unas cuantas tazas, que dejó en una mesa de jardín de hierro forjado. Cada vez que lo tenía cerca sentía una emoción hasta entonces desconocida. Bajo el sol ardiente y casi blanco de esa tarde de agosto, le recordó al joven cuidador de animales del barco que la había traído de Valparaíso. Pierre se había arremangado la camisa como él, por encima de los bíceps.
–¡Qué curioso! –le dijo Alice–. Viéndote acabo de tener un recuerdo de infancia. Te pareces mucho a un chico al que conocí hace años durante un viaje en barco.
–Ah, ¿sí?
–Sí. Es más, me ha dado una idea. El chico al que me refiero cuidaba animales salvajes comprados en Chile para los zoos de Europa. ¡Me encantaría contar una historia con animales exóticos!
–¡Espero que no hayas pensado en mí para el papel de domador, porque me dan pánico los perros, y los caballos un miedo atroz!
–¿En serio? –dijo, sinceramente sorprendida.

¿Cómo iba a enamorarse de un hombre que se ponía a temblar delante de un caballo? Se le escapó la risa.

–¿De qué te ríes?

–Te estaba imaginando asustado de un poni. ¡Eso sí que sería cómico!

–A ver si me ofendo...

–¡Uy, perdón! –se disculpó Alice, enjugándose las lágrimas.

Fueron interrumpidos por la campanilla de la verja del jardín. Era Léon Gaumont.

–Hola a todos. Es que tenía que...

–Ah, señor Gaumont, buenos días –lo cortó Alice, molesta por que se presentase durante los preparativos del rodaje, con todo patas arriba–. Le presento a Pierre, un amigo pintor del barrio, que me está echando una mano con los decorados.

–Buenos días –dijo Pierre.

Anatole, el camarógrafo jefe de Alice, que esperaba al sol, fumando en pipa, también saludó a Gaumont.

–Buenos días, Anatole. Buenos días, joven –dijo este, aproximándose a las grandes telas pintadas por Pierre para examinarlas en detalle.

–Es mejor verlas de lejos. Lo he hecho para la cámara de la señorita. ¡De tan cerca no se ve gran cosa!

Salieron de la casa tres jóvenes actrices, vestidas respectivamente de Pierrot, Colombina y madrastra.

–¡Mira, Alice, tu madre ha hecho milagros! –exclamó Colombina, haciendo una pirueta en la terraza.

Marie, que estaba saliendo de la casa con un vestido sencillo y sin sombrero, cafetera en mano, vio a Léon Gaumont.

–¡Pero bueno, Alice, que no estoy presentable! ¿Cómo no me has dicho que vendría esta mañana a visitarnos el señor Gaumont?

–Disculpe, señora. No me he anunciado. Es culpa mía.

–Enhorabuena por los trajes, mamá. ¡Eres una maga!

Pierre se comía con los ojos a las jóvenes actrices. «Otro buen motivo para no sucumbir a los encantos de este chico», pensó Alice.

–Permítame que le ofrezca una taza de café –propuso Marie.

Gaumont aceptó, a pesar de que seguía sin encontrarse del todo cómodo en su presencia. A sus cincuenta años, el aspecto de Marie no correspondía en nada al de una mujer mayor. En su pelo castaño se distinguían a duras penas unas hebras de plata. Estaba delgada, pero no flaca, y tenía la tez un poco bronceada, detalle muy del gusto de Léon Gaumont, el cual, sabiendo que había vivido más de veinte años en Chile, se explicaba así ese toque de exotismo.

Por su parte, Marie era del todo insensible a los encantos de ese hombre al que llevaba quince años, y distaba mucho de imaginarse que él pudiera juzgarla deseable.

Mientras Léon Gaumont y Marie intercambiaban fórmulas de cortesía, Alice se había acercado a Anatole.

–¿Lo de los O'Mer está confirmado para mañana? ¿Estarán a las ocho?

–Bueno, con los saltimbanquis nunca se sabe... –rezongó Anatole con su hosquedad habitual.

–¿Y los trajes? ¿Has ido a buscarlos?

–¿Esto qué es? –le espetó Anatole, señalando con un gesto de la barbilla una maleta vieja llena de trapos.

Terminado el café, Gaumont se despidió de Marie con una cortesía no exenta de cierto nerviosismo. Había venido a trabajar, y le había prometido a su mujer que no volvería tarde. Se acercó a Alice y no tuvo reparos en interrumpirla.

–Señorita Alice, llevo un poco de prisa y tengo que probar este aparato.

–¿Qué es?

Alice vio en las manos de su jefe una extraña caja con unos binoculares en un lado y un objetivo en el otro.

–¡Mi último invento! –contestó Gaumont, muy orgulloso–. Este aparato puede medir la rapidez de los movimientos.

–¿Y?

Alice no veía por dónde iba.

–Necesito que corra alrededor del jardín.

–¿Aquí? ¿Ahora? Preferiría que se lo pidiéramos a Pierre... ¡Pierre!

Con esa autoridad natural que tanto irritaba a Gaumont, Alice llamó al joven pintor y lo instó a colocarse frente al objetivo del científico. Pierre aceptó dócilmente.

–Cuando yo le diga... ¡Ya! –exclamó Gaumont.

Mientras Pierre corría, Alice se quedó al lado de su jefe.

–¿Y cómo funciona este trasto?

–¿Desde cuándo le interesa entender el funcionamiento de mis «trastos», como dice usted? –replicó Léon con los ojos pegados al aparato.

–Perdone que me fije en sus inventos –contestó ella, molesta.

–¡Ya está, Pierre, gracias! –dijo Gaumont en voz alta, con las marcas de los visores alrededor de los ojos.

Alice se mordió las mejillas para no reírse, pero tardó muy poco en recuperar su seriedad, porque tenía algo que preguntarle a su jefe. Lo hizo con una amabilidad que a él no lo engañó.

–Señor Gaumont, en la fábrica aún no han resuelto el problema de los pies de las cámaras. Mientras usemos los mismos que los de las cámaras de fotos tendremos problemas con los suelos blandos, porque la cámara pesa tanto que se hunde.

–¿Suelos blandos? ¡Pero bueno, Alice, si en París no hay suelos blandos! ¡Está todo pavimentado!

–Necesito rodar en escenarios naturales. Aquí no se puede rodar todo. Los decorados de cartón piedra están bien para el teatro. Tenemos que inventar otra cosa.

Gaumont no dijo nada. Concentrado en su objetivo, le pidió a Pierre que diera otra vuelta. Alice volvió a la carga justo antes de que se fuera.

–La semana pasada, Anatole y yo rodamos una historia muy graciosa en el parque de Buttes-Chaumont. Imagínese a dos enamorados tirando a mayores, y que no hacen muy buena pareja: ella es francamente gorda, y él muy flaco. Se esconden detrás de una cerca para darse un beso a escondidas, y justo entonces pasa un cazador que ve un pájaro y le pega un tiro sin saber que forma parte del sombrero de la señora. ¡Pum, pum! La mujer gorda se desmaya en brazos de su flaco enamorado, que a su vez se cae bajo su peso.

La descripción provocó las carcajadas de Anatole, Marie, Alice y el pintor. Hasta a Léon, tras unos momentos de escepticismo, se le contagió la risa.

–Le pediré a Decaux que se ponga a trabajar en lo de los trípodes, Alice –prometió mientras se iba–. A Lille, a lo de los feriantes, los Grenier, irá mañana, ¿verdad? Trátemelos bien, Alice, que fueron los primeros en comprarnos material, y programan funciones diarias. ¿Les lleva alguna novedad?

–¡Unas veinte! –respondió ella, exultante.

Léon cruzó la puerta del pequeño jardín de la Rue des Alouettes para irse a su casa. Alice cerró la verja y volvió a la terraza, donde la esperaban los demás.

–«¡Trátemelos bien, Alice!» –repetía en voz baja por el sendero de gravilla, imitando a Gaumont.

Cada vez lo imitaba mejor.

Acabó de trabajar hacia las ocho, y al entrar en casa se encontró a Marie con un libro y una taza de té.

–A este Gaumont lo veo de un anticuado... Es simpático, y seguro que muy buen jefe, pero ¿qué necesidad tiene de disfrazarse de carcamal?

–No exageres. Es la pinta que tienen todos los jefes de París.

–¿Mañana a qué hora sales?

–Uy, es toda una expedición... Cogeré el tren a las ocho, pero como llevo material debería estar en la estación sobre las seis y media. El tren llega a Lille hacia las once y media.

–Y todo para ir a ver a unos feriantes. Qué idea más rara...

–Bueno, mamá, es que son mis clientes y proyectan nuestras tomas en movimiento. ¡Al público le encantan!

Marie volvió a enfrascarse en la lectura. Alice cogió los albaranes donde estaban detalladas todas las comedias que se llevaría. Madeleine le había preparado un pequeño dosier con información sobre los Grenier.

Poco a poco los feriantes iban sustituyendo a las mujeres barbudas y las ovejas bicéfalas por proyectores. El entusiasmo de la gente crecía en cuestión de semanas. Los «sainetes», como los llamaba ella, proyectados a veces en una simple sábana, y otras en auténticas pantallas diseñadas al efecto, provocaban la risa, el llanto o el temor, y el público andaba loco por ellos. Como Joseph Hénin o Alphonse Toussaint, entre otros, Ernest Grenier se había convertido en pocos años en todo un maestro del cinematógrafo itinerante.

La carpa del teatro de los Grenier, en Lille, vibraba por la intensidad de los aplausos. La directora tomó asiento justo cuando se empezaba a proyectar una de sus últimas «comedias», *Idylle interrompue*.[1] Toda la sala prorrumpió en carcajadas en cuanto apareció en pantalla la desigual pareja de enamorados. Era la primera vez que Alice asistía a una proyección con tantos espectadores. Delante de ella había una mujer que se retorcía en su banco.

–¡Basta, basta! –suplicaba entre risas–. ¡Basta, que me hago pipí!

Alice nunca había ido a una feria de las grandes, y no sabía nada de ese ambiente tan del gusto de la época. Sí había visto, como todos los parisinos, las espectaculares atracciones de las ferias instaladas en París y sus alrededores, como la noria de las fiestas de Neuilly, o la de la feria del Pain d'Épice, en la Place de la Nation.

Estaba descubriendo un ambiente único, donde el sueño convivía con el espectáculo y la pedagogía. Los carruseles a vapor rivalizaban con los tiovivos de bicicletas, cuya velocidad dependía de cuántos ciclistas llevara a bordo. La deslumbró la oruga de vagonetas que ondulaba a gran velocidad, y se dejó tentar por la casa

1. «Idilio interrumpido.»

encantada, de la que salían alaridos mezclados con ráfagas de carcajadas. Deambulaba por el polvo de los caminos de tierra batida entre olores de azúcar y fritanga, embriagada por las notas de los órganos de feria.

Su mirada se iba deteniendo en los rostros de la multitud, popular y abigarrada, y en los de los feriantes y sus hijos, morenos por la vida a la intemperie. El espectáculo de danza del vientre que ofrecían varias bailarinas del norte de África en una barraca con forma de tienda bereber era algo que podían haber visto los más viejos del lugar en la Exposición de 1889. Le ofrecieron por pocos céntimos un té de menta y un cuerno de gacela. Algo más lejos le llamó la atención un taconeo acompasado a unas guitarras españolas, detrás de un telón rojo. Estaba fascinada por la cantidad de barracas y pequeños teatros que presentaban los últimos descubrimientos de la ciencia. Vio un museo de anatomía general y obstétrica con embriones conservados en formol, y una exposición de ceras para uso científico que, manipuladas por los feriantes para satisfacer el gusto del público por lo monstruoso, mostraban toda suerte de enfermedades, y sus efectos en el cuerpo: tumores espectaculares y deformaciones varias. Más adelante descubrió una barraca dedicada a un viaje alrededor del mundo, donde se podía caminar por la arena de un desierto, arrostrar el fuerte viento de las estepas de Asia central, con el concurso de una enorme cantidad de fuelles, e incluso, lo que ya era la bomba, sentir el oleaje de una travesía por alta mar sobre unas plataformas móviles.

El famoso zoo de Edmond Pezon se había agenciado un cinematógrafo para proyectar imágenes en movimiento de la vida de los animales salvajes. Su pequeño teatro de proyección parecía un *saloon* con grandes ventanales en la planta baja, tapados con cortinas negras. Alice tuvo ocasión de ver de cerca un automóvil, expuesto por un carrocero que se jactaba de haber participado en la carrera París-Ruán, y por cuatro chavos pudo conducirlo en un circuito reservado. No se atrevió a entrar en las barracas de sucesos, donde los actores, con la ayuda de linternas mágicas, narraban y reconstruían ante la atónita mirada de los espectadores los últimos «sucesos vivos», como anunciaban con sensacionalismo los carteles.

Al descubrir la fascinación del público por esos entretenimientos quedó convencida del futuro de su profesión. Los sistemas de proyección de los Lumière, de Demenÿ, para Gaumont y de los hermanos Pipon, entre tantos otros, se integraban sin fisuras en la gran tradición de los espectáculos colectivos. Su intuición se vio confirmada al pasar junto a la barraca de un representante del quinetoscopio de Edison, donde por cinco céntimos se podían visionar sin límite sainetes en proyectores individuales. En ese sitio, donde cada espectador pegaba los ojos al visor de su aparato, el ambiente brillaba por su ausencia. A esa barraca solo acudían hombres. Al principio le extrañó, pero luego, leyendo el cartel, se dio cuenta de que eran escenas eróticas.

Volvió a París en un estado de ebriedad absoluta, y tras contarle a su madre con todo detalle la vorágine festiva de su día en Lille se prometieron ir juntas a la próxima Foire du Pain d'Épice: ese año los feriantes anunciaban la mayor noria de Francia, con ochenta metros en su punto más alto.

Alice estaba a punto de cumplir veinticinco años. Marie observó el rostro de su hija, donde se reflejaba la pasión que le inspiraba su trabajo. A la joven directora le gustaba narrar. Su madre la escuchaba con ternura, haciéndole preguntas. A su edad, Marie llevaba ocho años casada, y ya tenía cuatro hijos.

–¿En qué piensas, mamá?

–En ti, Alice. Si quieres que te diga la verdad, me estaba preguntando si hago bien en dejar que te forjes tan a las bravas una vida distinta a la de las mujeres de tu época.

–¿Qué quieres decir?

–Pues que a tu edad hay muchas que ya están casadas, y...

–¡Y muchas que se arrepienten! Mira, mamá, tampoco es que tengamos alternativa. Necesito este trabajo para que podamos subsistir. A diferencia de miles de mujeres de este país, que trabajan como mulas a cambio de un sueldo miserable del que la mayoría ni siquiera disfrutan, yo tengo una profesión que me encanta, y encima está bien pagada. Pero bueno, tengo la sensación de que tienes algo más que comentarme.

–No tengo buenas noticias de Henriette... –reconoció Marie con cara de tristeza.

Se sacó del bolsillo del vestido una carta que tendió a su hija. Alice se carteaba a menudo con Julia, que la mantenía al corriente de los sobresaltos de la vida de sus hermanas.

–Se va a divorciar. ¿Es eso?

–Sí.

–Entre Julia y yo, que aún estamos solteras, y Henriette, que pronto se divorciará... ¡has hecho de nosotras unas mujeres modernas! –exclamó, riéndose.

–No tiene gracia, Alice. Lo dramático es que en Ginebra no encuentra trabajo, porque la mayoría de sus conocidos son amigos de su marido.

–¿Y por qué no le propones que se venga a París, a vivir con nosotras? Esta casa es muy grande para dos. Seguro que en París encontraría trabajo. ¿Qué edad tiene su hija?

–¿Émilienne? Cinco años.

–¿Te supondría algún problema cuidarla?

–¡Claro que no, Alice!

–Pues no hay más que decir. Escribe a Henriette. Además, ¡así podré tener a mi disposición a una niña para hacer de actriz!

Marie se dijo que su hija sabía gestionar el presente como nadie. Alice era una fuerza de la naturaleza, una mujer decidida, emprendedora, luchadora y creativa, incluso a la hora de resolver los imprevistos del día a día.

Empezó a arreglar el sombrero de su hija, que había quedado en el Folies-Bergère para buscar números de moda y filmarlos.

El jueves 13 de enero de 1898 todo eran voces roncas de repartidores de periódicos que estuvieron gritando desde la mañana hasta la noche: «*¡L'Aurore! ¡L'Aurore!* ¡El "Yo acuso" de Zola al presidente Félix Faure!»

En su recorrido desde Belleville hasta la Rue Saint-Roch, Alice vio a muchos rodeados por sus gruesos fardos de periódicos. Era un rumor que llevaba semanas circulando por París. Sabía que *Le Figaro* había rechazado los últimos artículos del gran escritor por considerarlos demasiado «revolucionarios», cosa que le parecía un disparate, dada la importancia adquirida por Zola dentro de la vida pública francesa. Se enteró del republicanismo a ultranza de *L'Aurore,* diario fundado hacía tres meses cuya existencia hasta entonces ignoraba. Como muchos de sus compatriotas, se sentía bastante alejada del caso Dreyfus. Sabedora de que lo habían condenado nada menos que siete jueces, le parecía improbable que le revocaran su condena.

Se acordó de que dos años antes Zola había publicado otro artículo titulado «A favor de los judíos», y de que lo habían comentado durante una reunión de la directiva de Gaumont. Ella se había preguntado cómo se podía estar «a favor» o «en contra» del hecho de ser judío. Le parecía no solo estúpido, sino aberrante.

Mientras acababa de ordenar los documentos de su jefe se encontró con una lista manuscrita de las escenas rodadas para la empresa desde sus inicios, y se enteró de que en el primer año de producción, 1896, Gaumont había hecho setenta y seis para promocionar el cronofotógrafo. Su duración era de uno o dos minutos, y eran básicamente «imágenes de exteriores y de actualidad» hechas por los técnicos de los talleres de producción. No encontró rastro alguno de su primer ensayo, *La fée aux choux*, rodado en agosto de 1896. Sí figuraba el resto de las producciones de su autoría: *Leçon de bicyclette,*[1] *Surprise désagréable,*[2] *La servante maladroite,*[3] *Chez le barbier,*[4] *Une nuit agitée...*[5] ¡Cuántos buenos recuerdos, y cuántos descubrimientos técnicos! Las películas rodadas al revés, que permitían filmar el derrumbe de una casa dando la impresión de que se reconstruía milagrosamente, o a un personaje que se caía de un tejado y volvía a subirse a él de un salto, o a un cliente de un restaurante que devolvía lo que había comido porque la cuenta le parecía excesiva... Ralentizando o acelerando los movimientos de la manivela, los personajes parecían frenéticos o apáticos. ¿Y cuántos otros títulos se habían sucedido desde 1897? La lista era tan larga que desistió de contarlos. ¡Eran centenares! Cerró la carpeta, recogió su abrigo y salió a toda prisa hacia Buttes-Chaumont, donde había quedado con René Decaux.

El ómnibus la dejó en el número 55 de la Rue de la Villette, frente a la casa de Léon Gaumont. Bordeando el muro bajo que separaba el jardín de la familia de los terrenos comprados por Gaumont para acrecentar su imperio, llegó a un callejón sin salida, la Ruelle des Sonneries. Al fondo había una pesada verja, que empujó y cerró después de entrar. Al otro lado se extendía un enorme descampado que Gaumont había hecho aplanar para construir un pabellón de cristal donde se efectua-

1. «Clase de bicicleta.»
2. «Sorpresa desagradable.»
3. «La criada torpe.»
4. «En el barbero.»
5. «Una noche agitada.»

rían los rodajes. Faltaba poco para la exposición de 1900, y había que hacer cada vez más películas. La necesidad de rodar en estudio era imperiosa. Ya no podían permitirse depender de un clima tan incierto como el de París. Alice estaba harta de rodar en su terraza, protegida a duras penas por una cristalera medio rota. Esperaba impaciente la construcción de su primer estudio, y solo lamentaba que su jefe no la implicara más en los estudios previos a su ejecución. Lo habían pensado todo ingenieros, arquitectos y electricistas.

–Entre hombres –rezongó, echando pestes por no formar parte de esa casta dominante.

Por intentarlo no sería, porque hacía cuatro años que sacrificaba todo su tiempo al trabajo. ¡Solterona a los veinticinco! Quitándose de la cabeza esas ideas negativas, reanudó su camino hacia el taller mecánico, donde la esperaba el peor de todos los casos de hostilidad masculina a las mujeres dentro de Gaumont: Decaux.

Llamó a la puerta del director de los talleres de producción y entró.

–Buenos días, señor Decaux. Vengo a buscar el nuevo crono...

René Decaux no levantó la cabeza.

–Tengo cosas más urgentes que hacer.

Alice no perdió la calma.

–El señor Gaumont me ha pedido que acelere el ritmo, y para mí es esencial contar con este material.

–Pues tendrá que hacer lo mismo que todos, señorita mía: ¡esperar!

–Yo de señorita suya nada, señor Decaux. Le pido por segunda vez que haga el favor de entregarme el material que necesito. Traigo el pedido, firmado hace tres semanas por el señor Gaumont.

Dejó el papel sobre la mesa de Decaux.

–Tengo que hacer decenas de tomas animadas para la Exposición Universal –añadió–. Necesito mi material.

René Decaux la miró con desprecio.

–Le ruego que controle esos nervios, señorita. ¡Es curioso lo deprisa que se ponen nerviosas las mujeres!

Esta vez, Alice ya no pudo contenerse.

–Es usted un hombre vulgar, señor Decaux, y cuanto más lo veo más pienso que si tuviera una cara como la de usted me echaría un saco en la cabeza.

Salió dando un portazo. Cada vez que se cruzaba con aquel individuo le entraban pulsiones asesinas. Ya hacía cuatro años que estaban en guerra, cuatro años sin una sola tregua. Si «ser un hombre» era eso, ella prefería seguir perteneciendo al «sexo débil». Se le llenó la cabeza de insultos: «¡Imbécil! ¡Cretino! ¡Zafio! ¡Canalla!»

René Viviani, yerno de Eiffel y miembro del consejo de administración, estaba enseñando los talleres al famoso decorador Jambon, entre cuya selecta clientela se encontraban salas como la Ópera de París y el Théâtre Français.

–¡Señorita Alice! ¿Conoce a Marcel Jambon?

Después de las presentaciones, Viviani le explicó a Alice que el estudio del decorador había aceptado varios encargos ingentes para la Exposición Universal de 1900. Le habían pedido cientos de paneles decorativos para los palacios de Bellas Artes, de los Ejércitos de Tierra y Mar, del Genio Civil, de la Mecánica... Alice habló de sus proyectos de rodaje en la Exposición Universal, y manifestó su deseo de hacer una vida de Cristo.

–¿Pero cómo va a hacerlo, si las películas que usa no pasan de los veinte metros? –preguntó sorprendido el decorador.

–¡Sería la extensión de cada plano, veinte metros! Contaré la vida de Jesús en todos los planos que hagan falta. Me gustaría mucho poder rodar en la ópera. ¿Usted podría ponerme en contacto con la dirección?

La falta de rodeos con que Alice le había pedido el favor hizo sonreír al célebre artista.

–Haré algo mejor: ponerla en contacto con un joven colega al que quiero mucho, y que entra y sale de la ópera como Pedro por su casa. Se llama Robert-Jules Garnier. Creo que es sobrino del arquitecto del edificio. Está interesado por las nuevas técnicas, y no me cabe duda de que le encantará descubrir todo este mundo de las imágenes en movimiento.

Justo antes de despedirse, Viviani, que como buen mujeriego era muy sensible a los encantos de Alice, le hizo una pregunta.

–¿Y usted no se casa, señorita Alice?

–¡Supongo que me gusta demasiado mi profesión para pensar en eso! –contestó ella, furiosa por que la rebajasen al rango de muchacha casadera en presencia de Marcel Jambon, con quien acababa de hablar de igual a igual.

Se despidió para ir a ver en qué fase se encontraban sus últimas películas.

De camino al laboratorio de revelado se preguntó si la familiaridad con que acababa de tratarla Viviani no se debería al hecho de que ella trabajaba a diario con artistas. ¡Y qué artistas! Todos salidos del «alegre París». Hacía unas semanas que Viviani había estado presente mientras filmaban a las señoritas Lally y Julyett, dos bailarinas del Olympia que participaban en un número de baile más bien pícaro, y las dos jóvenes no solo se habían desnudado sin ningún tipo de pudor delante de los técnicos, sino que se habían tomado a risa sus miradas furtivas. Julyett interpretaba a una mujer cortejada por su enamorado, papel para el que Lally se había disfrazado de hombre. Bailaba con los brazos desnudos y un corsé que resaltaba la opulencia de sus caderas, pero el colmo de la desvergüenza, para esa época de absoluta pudibundez, era que mostraba las piernas en toda su extensión. Al final del número, Lally estampaba un beso en la boca de Julyett. El plató se había llenado de risas, algunas cohibidas.

Alice no se había dejado distraer. Habían tenido que empezar varias veces desde cero, debido a que las jóvenes se empecinaban en mirar el objetivo de la cámara como si fuera el de un fotógrafo. Alice, que aspiraba a la «naturalidad», había mandado repetir la escena hasta que el resultado fuera de su gusto.

El visionado de la escena final le había hecho percatarse del tórrido erotismo de las dos actrices. Julyett se parecía a Nana. Las palabras de Zola cobraban vida en las imágenes. Era una Nana de un realismo extraordinario. Su expresión física, impresa en la película, era más elocuente que cualquier texto que hubiera podido declamar: el espectador compartía sus alegrías y sus penas, descubriendo su verdad de *demi-mondaine*. Alice, de hecho, se acordaba de que la primera proyección había sido acogida con aplausos por Joseph Oller, el productor de las dos jóvenes bailarinas, que la había felicitado por lo «realista y natural» del resultado. Impulsor del Olympia, Oller era una de las grandes figuras del ocio parisino. En su día había fundado el Moulin Rouge con Charles Zidler, y había regentado en el Boulevard des Capucines unas montañas rusas gigantes que hacían gritar de miedo a quienes gustaban de esas diversiones. El prefecto de París le había comunicado la orden de cerrar su atracción, cuya estructura de madera constituía una amenaza de incendio permanente. En 1893, Oller había levantado en los mismos terrenos el Olympia, convertido en pocos meses en uno de los templos de la noche parisina: éxito asegurado desde el primer año gracias a la famosa bailarina estadounidense Loie Fuller y sus danzas serpentinas, que permitían adivinar las líneas de su cuerpo bajo un endiablado juego de velos.

Lo más granado de la sociedad parisina acudía en masa a esas funciones tan en boga, de las que había decenas cada noche, y que movilizaban a los mayores artistas de music-hall de la época. De los trescientos locales de la capital, una decena gozaba de renombre en todo el mundo: el Folies-Bergère, el Moulin Rouge, el Olympia, la Scala... En las salas de mayor prestigio actuaban las grandes estrellas: el transformista italiano Leopoldo Fregoli, el hombre obús, los Trevally, célebres acróbatas, el cerdo sabio del payaso blanco Raffin, el hercúleo Jack de Fer, que levantaba un caballo con los brazos, la Orquesta de los Elefantes de Sam Lockhart, los perros acróbatas... La gente también iba a verles las piernas a bellezas livianas como Liane de Pougy, Caroline Otero, Mademoiselle Polaire, Nini Pattes-en-l'Air, Émilienne d'Alençon...

Alice se mantenía al corriente de sus peripecias leyendo la sección «Placeres parisinos» de *Le Figaro*, pero nunca las había visto «en vivo». A petición de sus clientes había hecho varios intentos de negociación con la Bella Otero, que enloquecía al público del Folies-Bergère y subyugaba a la prensa con sus cantos y bailes españoles. Le habría encantado filmarla, pero la gran estrella pedía un exorbitante caché de cinco mil francos, y eso Gaumont no estaba dispuesto a pagarlo. La directora del servicio de tomas había tenido que conformarse con artistas debutantes o menos conocidas, como las señoritas Lally y Julyett. Joseph Oller le prometió que le enviaría a estrellas en ciernes, para quienes la difusión de las tomas en movimiento supondría una publicidad muy bienvenida, y la invitó a ir a ver sus espectáculos de esa noche, invitación que Alice rechazó educadamente con el argumento de que todo el tiempo, incluidas las veladas, se le iba en trabajar. Y era verdad: su trabajo acaparaba doce horas al día y seis días por semana. Ahora bien, si Alice no sabía nada de la vida nocturna era sobre todo para proteger su reputación de soltera. Sabía perfectamente que era el único modo de seguir siendo respetada en Gaumont. Al cabaré iba solo en funciones matinales de domingo, con su madre o sus amigas. ¡Y, a pesar de todos sus esfuerzos por seguir siendo una mujer «respetable», Viviani se había permitido familiaridades con ella! Pensó en la insistencia de su madre en que se buscara un marido «para apaciguar los ánimos». Las discusiones entre ellas siempre acababan en drama, porque al final Alice no podía aguantarse las ganas de recordarle a su madre lo «calamitoso» que había sido su matrimonio. Encima el mundo de los ingenieros, en el que se movía, era tan conservador... Ni uno solo de esos hombres que hacían carrera quería una esposa que trabajase, y menos con gente de la farándula. ¿Casarse con un hombre de esos ambientes? El ombliguismo de los artistas exasperaba a Alice, y su libertad de costumbres era contraria a su profunda convicción de que sería mujer de un solo hombre. De momento, su príncipe azul era el trabajo: escribir y rodar. Se le escapó la risa al oír que su vocecita interior hablaba de príncipes azules. «¡Pero qué chapada a la antigua estoy!»

Empujó la puerta del laboratorio de revelado, donde el penetrante olor de las cubetas la sacó bruscamente de sus cavilaciones. Varios trabajadores manejaban con delicadeza los soportes de madera en los que se enrollaban las películas, reveladas, fijadas y secadas a mano.

–¡Buenos días, señorita Alice! –dijo uno de los operarios, moviendo sin parar el baño en que acababa de sumergir un fotograma para que no se depositasen las sales en la película.

–Buenos días, Martin. ¿Estáis cumpliendo los plazos?

–¡Para usted siempre, señorita Alice!

Alice vaciló un poco antes de corresponder a la sonrisa del joven, a pesar de que ninguna norma de decoro le impedía mostrarse amable con él. «¡Pero qué difícil es ser mujer en este universo poblado exclusivamente por hombres!» Estaba pensando otra vez en la familiaridad de Viviani... ¿Cómo se las arreglaría para seguir filmando todo el día a artistas sin contagiarse de su mala fama? «Como lo he hecho desde siempre, guardando las distancias. Trabajar con ellos es mi profesión, sí, pero no codearme con ellos. Fuera del plató jamás.»

El siguiente paso era ir a comprobar el suelo desmontable que había encargado a los carpinteros de la empresa para rodar los famosos números de music-hall. La terraza de cemento que usaba para los rodajes era peligrosa para los bailarines y los acróbatas, así que había convencido a Gaumont de que un parqué haría más agradable el trabajo, y más seguro para los artistas, en espera del pequeño estudio que le había prometido el jefe para después de la Exposición Universal de 1900.

Para tan magno acontecimiento, entre 1898 y 1900 Alice tuvo que producir decenas de escenas de music-hall, dúos de payasos, transformistas, números con animales y una gran cantidad de escenas de baile que hacían las delicias del público internacional. Mientras tanto, seguía produciendo para los mercados francés e internacional centenares de «comedias» con guiones salidos de su imaginación, que escribía a diario inspirándose en sus lecturas o en espectáculos que había visto. Creó series para el público joven como *Sydney's Joujoux*,[1] donde los juguetes cobraban movimiento. Paralelamente, y en respuesta al interés de una nutrida audiencia, rodó escenas de títulos tan evocadores como *Coucher d'Émilienne*,[2] y con resúmenes así de explícitos: «Émilienne está en su dormitorio. Es la hora del descanso. Se desviste y se mete en la cama.» Otro ejemplo: «Idilio: Un barquero y una barquera se toquetean en la hierba durante una pausa en su trabajo.» O bien *La source*,[3] rodada a orillas del Marne, dos minutos de procacidad absoluta en los que «dos mujeres jóvenes acuden a una cita cerca de una fuente. Cansadas de esperar, se desvisten y se bañan. Llegada de un pintor y susto de las bañistas, que huyen, disputándose su ropa».

Alice rodó estas escenas eróticas con el mismo cuidado que ponía en sus comedias. Todo tenía que desarrollarse con la mayor naturalidad posible. Exigió rodajes en exteriores y en decorados reales: calles de París, parques, bosques, pueblos... Las actrices tenían que ponerse ante la cámara sin el maquillaje chillón que acostumbraba a usarse en el teatro. Impuso ropa de calle, y no vaciló en recurrir a los mirones como figurantes, usando todo lo que pudiera reforzar el realismo de la imagen. Les decía incansablemente a sus actores: «¡No miréis la cámara! ¡Sed naturales!»

La naturalidad era su obsesión, y se convertiría en su sello.

1. «Los juguetes de Sydney.»
2. «Émilienne se va a la cama.»
3. «La fuente.»

La duquesa de Uzès, cuyas cacerías por los bosques de Rambouillet eran filmadas cada año por Alice desde 1896, había invitado a unos cuantos amigos para celebrar la llegada del año 1900. Había muchos famosos, como el escritor y periodista Octave Mirbeau, el aeronauta francobrasileño Alberto Santos-Dumont, los hermanos Georges y Henri Menier –ricos industriales que habían hecho fortuna con el chocolate, y que compartían la pasión de la duquesa por las monterías– y los señores Dieulafoy, famosos arqueólogos y grandes exploradores a quienes Alice conocía desde sus primeros tiempos en el Comptoir Général de Photographie.

Jane Dieulafoy llevaba el pelo corto y ropa masculina, costumbre adoptada, según ella, para poder moverse y trabajar en los países musulmanes. Esa noche les contó a los invitados que el prefecto de París acababa de otorgarle su «permiso de travestismo permanente», cosa que hizo reír mucho a la duquesa de Uzès, conocida por su compromiso a favor de la libertad de las mujeres. A sus cuarenta y siete años, viuda desde hacía unos cuantos, la duquesa lucía una silueta perfecta de deportista. Dueña de su propia cuadra, había comprado esa casa en los Campos Elíseos con la única finalidad de estar más cerca del Bois de Boulogne, donde se entrenaba cada día a caballo. Junto con Camille du Gast, Anne d'Uzès fue la primera mujer que en 1897 obtuvo el permiso para conducir un automóvil. El año siguiente también fue la primera multada por exceso de velocidad. Esas grandes señoras, ricas y libres, eran objeto de frecuentes burlas en las gacetas parisinas, donde el pensamiento burgués dominante vehiculaba la imagen de la mujer ideal como un ama de casa que no salía de su domicilio, una respetable madre de familia.

–¡Jane –le rogó la condesa a la señora Dieulafoy–, cuéntales a nuestros amigos tu última aventura en el bazar de Isfahán!

–Ya conocen ustedes mi pasión por Persia –empezó a explicar la exploradora–. Durante nuestro último viaje a Isfahán me empeciné en traerle a nuestra anfitriona una de esas magníficas alfombras que tanto le gustan, así que ya nos ven a mi marido y a mí desembarcando a primera hora en el bazar, que apenas empezaba a salir de su letargo. Unos amigos persas nos habían hablado de un rico mercader que vendía auténticos tesoros. Acababa de abrir su puesto. Cuatro de sus esposas estaban encorvadas alrededor de una tetera finamente cincelada, con una gran bandeja dorada debajo. Una de ellas acababa de llenarla de agua hirviendo. Dentro de la barraca, perfumada de azúcar y menta, decenas de lamparillas acariciaban las alfombras de seda con el resplandor de sus velas. El mercader nos ofreció té y, tras preguntarnos por nuestra profesión, me pidió amablemente que le dibujara un mapa del mundo para enseñarnos qué países habíamos cruzado en nuestro viaje hasta Isfahán. Las mujeres escuchaban en silencio, salvo algún que otro cuchicheo. Llegó el momento de elegir la alfombra. El mercadero negoció con Marcel. Una vez fijado el precio, le dio a mi marido un cálido apretón de manos y le dijo, señalándome con la barbilla: «¡Qué hijo más guapo tienes! ¡Cuánto se te parece! ¡No podrás decir que no es tuyo, por Alá! ¡Dios bendiga a tu esposa por haberte dado un hijo igual a ti!» Marcel le dio efusivamente las gracias por el cumplido, aunque yo veía que se estaba mordiendo la boca por dentro.

Todos los oyentes se rieron con ganas. Alice, fascinada por la fuerza que emanaba de ese grupo de mujeres, se sentía cerca de ellas, pero era consciente de que le faltaba el poder del dinero. Le daba vergüenza llevar ropa tan sencilla en una reunión dominada por gente rica y famosa. Se acercó a su madre y su hermana Henriette, que habían venido con ella. Henriette, divorciada desde hacía cuatro años, parecía a gusto. Estaba hablando con uno de los hermanos Renault, Marcel, un hombre guapo de veintiocho años, con barba, que unos meses antes había ganado la carrera París-Trouville. También estaba Louis, su hermano pequeño, inventor del coche que llevaba su nombre, y amigo de la duquesa. Gran aficionada a las nuevas tecnologías, la duquesa de Uzès tenía varios coches, y había sido una de las primeras clientas de Delahaye antes de interesarse por Louis Renault, un ingeniero de veintitrés años cuya inteligencia la tenía fascinada. A pesar de sus modestos orígenes sociales, Louis –cuyos padres habían hecho algo de dinero comerciando con tejidos y botones– deambulaba por el salón de la duquesa como si hubiera nacido en él, muy consciente de su genio precoz.

Alice los observaba a todos con gran interés, sin saber que esa noche también ella estaba mereciendo una atención muy especial.

–Alice, ¿te has dado cuenta de que pronto hará una hora que se te come con los ojos ese hombre de allá? –dijo Henriette, poniéndose al lado de su hermana.

–¡No me vengas otra vez con lo de siempre, Henriette, que no me interesa!

–Bueno, pero al menos míralo, que es muy guapo.

La mirada de Alice se cruzó con la de un treintañero de lustroso bigote que, en efecto, tenía muy buena planta.

–¿Quién va a querer a una chica como yo, que trabaja, da cobijo a su hermana divorciada, su sobrinita y su madre y no tiene dote que aportar? –comentó Alice con un encogimiento de hombros.

–Dicho así no eres muy tentadora, no –repuso Henriette, riéndose–. Mírame a mí: trabajo, estoy divorciada y tengo treinta y un años y una hija de nueve, pero el hombre de allá...

Alice la interrumpió.

–¡Marcel Renault! ¡Estás loca! Solo te quiere para acostarse contigo.

–¡Mira que eres aguafiestas! Me he informado sobre tu pretendiente: es abogado, y va diciendo a todo el mundo que se ha enamorado de ti solo de verte.

–Por favor, Henriette, que no estamos en una novela folletinesca. ¡Estamos en el salón de la duquesa de Uzès, y en la realidad de este salón ningún hombre puede desearnos como esposas! Lo cual me va de perlas, porque no pienso someterme al matrimonio.

El final de la frase coincidió con el momento en que Julien Bonnel se decidió a invitarla a bailar. Estaba cruzando el salón hacia ella. Alice se levantó y se refugió junto a su madre, que estaba con su común amigo Paul Brehm.

–Ven aquí, niña mía –le dijo el anciano–. De ti estábamos hablando tu madre y yo. ¡Qué progresos has hecho en Gaumont en cuatro años! ¿Conoces a nuestro amigo Julien Bonnel? ¡Lo he visto nacer!

Haciendo un esfuerzo, Alice aceptó la invitación del tal Bonnel, pese al odio que sentía por el baile. Cualquier forma de exhibición en público la incomodaba. Le parecían ridículos todos esos cuerpos que se meneaban por los salones de París. ¡Costaba tanto ver parejas que bailaran bien fuera del escenario de la ópera...! Su pareja se dio cuenta de su malestar.

–¿Entonces por qué ha aceptado?

–Para serle franca, tenía miedo de parecer maleducada.

–Sea usted franca, que yo a la franqueza le doy mucho valor.

–Y también para que me deje usted tranquila.

Julien se echó a reír.

–¡De eso ni hablar! Para empezar, tan mal no baila, aunque tenga la fastidiosa tendencia de intentar llevar la iniciativa en el vals. Por otra parte, su franqueza me conquista aún más de lo que me han estado hechizando sus ojos verdes durante toda la velada.

–Ruego disculpe a mis ojos por haberlo hechizado. Lo han hecho sin querer. Acabo de reñirlos, y no volverá a pasar.

–Ahora mismo lo que me quita el sentido es su boca. Pronuncia de manera tan bonita los horrores que le obliga usted a decirme...

A Alice se le escapó la risa. Se fijó en él: era guapo, con unos ojos risueños que la miraban con admiración, cosa que la sorprendió, además de halagarla. Prolongaron la conversación con sendas copas de champán, algo apartados de los suyos. La inteligencia de Julien, su sentido del humor y su interés por las actividades de Alice conquistaron a la joven, dándole ganas de «probar» (fue la palabra que le vino a la cabeza). Viendo su cara de diversión, Julien cedió al impulso de preguntarle en qué estaba pensando, y ella, que esta vez no tenía ningunas ganas de ser franca, mintió con una sonrisa.

–Estaba pensando que me gustaría volver a verlo.

Por la noche, al regresar a su casa, Alice siguió interpretando su partitura de joven seducida con Henriette y Marie. Julien era el novio ideal. Formaba parte del círculo del mejor amigo de la familia, un hombre de toda confianza para Alice. Gustaba a su madre y a su hermana. Pero... ¿y a ella, le gustaba de verdad? Decidió dejar la respuesta para más tarde. Un poco sí le gustaba. Alice tenía veintisiete primaveras, y ya hacía años que le daban la tabarra con lo de casarse. Julien era guapo. Ella no se negaría a ser besada por su boca. Tenía un oficio. Reconoció que era bien poca cosa.

–Si algo sé, Juliette, es que no sé nada del amor –suspiró Alice.

Era el domingo siguiente. Alice se había refugiado en el cuarto de su amiga Juliette Brehm.

–¡Pero el amor es algo que se siente, Alice, como la música! ¿Tú qué sientes?

–Unas ganas raras de volver a verlo.

–¿Por qué «raras»?

–Me apetece, pero...

–Pero...

–No del todo.

–¡Madre mía! ¡Pero qué confusa puedes llegar a ser!

–Bueno, Juliette, tú júrame que no le dirás nada a nadie de esta conversación.

–Lo juro.

–Me atrae... Tengo ganas de que me abrace, pero no lo admiro.

–¡Qué tajante!

–Pero entiendes mi problema, ¿no?

–No, porque a mí Julien me parece muy digno de admiración. Es un abogado joven y prometedor, una persona inteligente, trabajadora...

–Todo eso ya lo sé, Juliette.

–Deberías probar.

–¡Probar! Juliette, ni que fuera un piano nuevo o...

–No eres consciente de hasta qué punto acabas de dar en el clavo. Los pianos se eligen probando.

–¿Lo dices en broma?

–Un poco –sonrió Juliette–. ¿No tienes ganas de formar una familia? ¿De tener hijos?

–Creo que no. De momento no. Es que me apasiona tanto mi trabajo...

–Tómate el tiempo de conocerlo. Papá lo admira mucho.

Ahí estaba justamente el problema, se dijo Alice mientras Juliette procedía a desgranar las virtudes de Julien, que a Alice le parecían de lo más aburridas: «Serio, trabajador, honrado, recto...» «Seductor, elegante»: también eso era cierto, y el único motivo que le daba ganas de «probar».

La Exposición Universal había abierto sus puertas al público el 14 de abril de 1900. Gaumont presentaba en ella por primera vez un aparato que combinaba un proyector con un fonógrafo, una gran novedad construida a partir de «un fonógrafo de cilindros de cera y un cinematógrafo unidos por una transmisión mecánica flexible», como estaba explicando con orgullo Léon Gaumont a un público formado por periodistas y amantes de las novedades técnicas. También estaba Alice, con Julien.

–Me han gustado mucho tus tomas en movimiento. ¡Ojalá puedas ponerles sonido gracias al nuevo aparato que ha inventado tu jefe!

Alice frunció el ceño.

–¡Ya, pero las grabaciones son horribles! ¡Tienen un sonido chillón, desagradable y repulsivo!

–También son imperfectas las imágenes, en el sentido de que solo son en blanco y negro y reflejan mal la realidad.

–La finalidad de mi trabajo no es reproducir la realidad. El blanco y negro sublima la imagen; es lo que le da su poesía, lo que la diferencia de la realidad. A mí, de hecho, las imágenes coloreadas me resultan desagradables.

–¿Y no sueñas con poder añadirles sonido a tus imágenes? ¿Con oír hablar a tus personajes?

–¡En absoluto! Lo que me fascina de este trabajo es narrar con imágenes. Si quisiera escribir con palabras me dedicaría al teatro.

–¡O sea, que haces pantomima!

–Mi objetivo es alejarme de ella, justamente –contestó Alice, encogiéndose de hombros.

–Ah, ¿sí? ¿Cómo?

–Poniendo delante de la cámara a personas como tú y yo, en ningún caso mimos o actores. Acuérdate de *La concierge*.[1] La rodé delante de una casa de Buttes-Chaumont con niños del barrio, uno de nuestros técnicos y la mujer de nuestro conserje.

–¡Muy lograda! ¡Me reí un montón!

–En el caso de *La petite magicienne*,[2] lo que me permitió conseguir los efectos «mágicos» de aparición y desaparición fue el trabajo de cortar y volver a pegar la película. Eso en la realidad no habría prestidigitador capaz de conseguirlo. ¡Y tampoco hizo falta sonido! ¿O me dirás que te costó entenderlo?

–Déjame que piense...

1. «La portera.»
2. «La pequeña maga.»

En el fondo, pensó Alice, Julien tenía una manera de ver las cosas muy similar a la de los ingenieros con los que trabajaba ella. Quería entenderlo o explicarlo todo. Le gustaban la acción y el movimiento, como a ella, pero no era muy receptivo al mundo de la imaginación. Prefería los libros de historia, las enciclopedias y las revistas científicas a las novelas. A Alice le encantaba aprender, pero tenía la necesidad de elevar su espíritu por encima de los hechos o de la actualidad. Necesitaba salir de la realidad, y evadirse en el sueño y la creación.

Hacía cuatro meses que se veían con frecuencia, «aprendiendo a conocerse», como decía su madre, contenta de verlos juntos.

–Alice, ¿tú aceptarías que nos prometiésemos? –le preguntó Julien de golpe y sopetón.

Alice se oyó decir «sí» con una mirada llena de ternura. ¿Qué comedia estaba interpretando? ¿Le daba saltos de alegría el corazón? Algo más deprisa latía, sí, pero ¿de felicidad o de miedo? Palideció, sabiendo muy bien la respuesta.

–No me pasa nada. Será la emoción –dijo, sonriendo.

Julien se inclinó hacia ella y le dio un beso en la boca, un beso perfecto que devolvió los colores a Alice.

Besaba bien. Era simpático, amable, inteligente, curioso y del agrado de su madre. Alice se prometió.

El compromiso se celebró en junio, en casa de los padres de Julien, que vivían en Chatou, al oeste de París. Hacía un día precioso, y todos estaban muy contentos por Julien y Alice. En un principio, a decir verdad, la madre de él había tenido sus reservas. Alice le parecía demasiado «mayor» para su hijo (¡veintisiete años!), y con una «pasión por el trabajo» preocupante. A Julien, sin embargo, se le veía pletórico, y Alice era una mujer llena de encanto e inteligencia. En suma, que la madre de Julien se había dejado convencer. Observando a la novia del brazo de su hermana Henriette, se arrepintió. En la expresión facial de la joven, en su enorme reticencia a hablar de sí misma y de lo que sentía hacia Julien, había algo que llevaba a dudar de su sinceridad.

Ese día se decidió en familia que la boda se celebraría después del verano, tiempo habría de decidir si en París o Chatou.

Alice no tuvo tiempo de pensarlo. Entre abril y julio la esperaba el rodaje de decenas de tomas en movimiento de casi todos los espectáculos parisinos, en respuesta a la demanda de muchos clientes extranjeros que habían venido a París por la Exposición Universal, y decenas, también, de escenas cómicas con las que acrecentar el catálogo y el hambre de los espectadores por el género.

A principios de agosto fue unos días a Suiza con su madre, Henriette y la pequeña Émilienne.

La familia estaba reunida en Carouge, donde había empezado todo para Alice. Los brazos de su abuela eran tan dulces como siempre. Esos días fueron un paréntesis de calma en los que redescubrió los olores de su infancia, mientras las tres generaciones de mujeres que la acompañaban se interesaban por una sola cosa: su boda. Julia, porque siempre había velado por su hermana; Henriette, porque la divertía; Marie, porque la tranquilizaba; y su abuela, porque le parecía que la haría feliz.

–Me imagino que tendrás que cambiarte de casa, sobre todo si tenéis hijos pronto –supuso Julia, fijándose en el aire un poco ausente de Alice.

–La casa familiar de Julien es una maravilla. Es donde hay que organizar la boda –añadió Henriette, imaginándose ya su vestido.

–No se hace así. Tenemos que encontrar un sitio que dé la sensación de que es nuestro espacio –intervino Marie, preocupada por el protocolo y la reputación de la familia.

–¡Qué más da! –medió la mayor con su voz dulce–. Ya no estamos en el mismo siglo. Esas convenciones valían para mi época. Alice se casa. Es una gran noticia. ¿Qué más da dónde y cómo? Lo importante es que sea feliz.

Alice asistía a la escena como a una escena cinematográfica cuyo principal personaje fuese ella. Su boda se le presentaba como una ficción. Estaba comprometida, por supuesto, pero le costaba mucho sentirse implicada de verdad en el guion. Calibrando lo absurdo de la situación, y sobre todo los estragos que podía causar, se limitó a asentir con la cabeza y, sonriendo a la atenta y amorosa anciana, le cogió las manos, dio un beso en su arrugada piel y se guardó de pronunciar ninguna palabra concluyente. Viendo arrugas de preocupación en la frente de Julia, que la miraba con la atención de siempre, sonrió a su hermana con complicidad. Julia lo había entendido.

Julien acariciaba con ternura a Alice, aunque no parecía muy contento.

–Estás loca. Por eso no quieres casarte conmigo.

–Es lo que te enamora de mí, que estoy loca.

Encendió un cigarrillo.

–¿Tú por qué dirías que te quiero? –preguntó, muy serio, a lo que ella respondió sin vacilar.

–Porque te dejo ser libre... y porque en el fondo sabes tan bien como yo que el matrimonio también es alienador para los hombres.

Julien se levantó.

–No, Alice, te quiero porque eres la mujer más excepcional que he conocido. Te quiero porque no pasa un solo día sin que crezca el amor que te tengo, porque adoro tu piel, tu pelo, tu cintura. Te quiero porque eres única.

Alice sintió el mismo malestar que siempre que Julien le declaraba su amor con palabras demasiado solemnes. Viendo la mala cara de su enamorado, supo que se disponía a exigirle una vez más lo imposible.

–No quiero casarme, Julien; aún me... aún me siento demasiado joven, y quiero seguir trabajando.

Él ya se estaba vistiendo.

–Alice, tienes casi treinta años, y yo treinta y cinco. Llevamos dos años prometidos.

Ella lo interrumpió.

–¡Pues hicimos mal!

–¿O sea, que no me quieres?

–Ya sabes que ahora mismo no quiero tener hijos –dijo, consternada–. A mi edad, mi madre ya tenía cinco. ¿Y para qué? ¡Para meterlos en un internado!

–Alice, tu madre no pudo elegir su vida, mientras que tú sí tienes elección.

–Se distanció de mi padre, y él se murió de pena; vaya, que todo eso del matrimonio y de los hijos, la verdad...

–¡Bueno, pues piensa en tu reputación! –le soltó Julien, irritado por el discurso, que se sabía de memoria.

–¿Mi reputación? Hoy la que te preocupa es la tuya, mucho más que la mía. ¡Vivir con una mujer libre es difícil de asumir! Los hombres son unos cobardes. Es vuestra cobardía la que nos convierte en esclavas.

–¿Esclavas? No exageres, Alice, que esclavas no sois.

–¿Pues cómo llamas tú a una persona sin derechos que el día de su boda pasa a ser propiedad de otra persona? ¿Tanto cuesta entender que no quiera ser como mi madre, que depende de sus hijas después de haber dependido toda la vida de su marido? ¿Tan imposible te resulta luchar conmigo por esa libertad? Y eso que me lo habías prometido... ¿Y tú me hablas de amor?

Julien acabó de vestirse.

–Si quieres seguir trabajando y ganando dinero, casarte conmigo no te lo impedirá.

–Te guste o no, casarme contigo hará de mí una persona de segunda. ¿Quieres que te recuerde la ley? Una mujer casada tiene tantos derechos como un niño, un retrasado o un expresidiario, o sea, ninguno, Julien. Y quieras o no necesitaré tu firma al pie de mis contratos, y para usar mi dinero, y para viajar. ¿Es lo que deseas para mí?

–Pero Alice, te juro...

Alice lo interrumpió.

–Seguro que mi padre le juró a mi madre que la respetaría y la amaría, pero cuando ella quiso recuperar su libertad él la encadenó a los textos jurídicos: sobre el papel, mi madre le pertenecía. ¡Recuperó los derechos que tenía sobre ella sin devolverle ninguno!

–Pues entonces no hay nada que hacer. Eres incapaz de fiarte de mí.

–Tengo veintinueve años; hace ocho que soy libre, y a eso no estoy dispuesta a renunciar.

–Dirás que no me quieres bastante.

–¿El amor es pedirle al otro que se sacrifique por ti? ¿Y tengo que ser yo la que se sacrifique?

Julien cogió su abrigo y su sombrero.

–Mi familia me presiona muchísimo –declaró–. Soy abogado, y la reputación de mi bufete también depende de mis buenas costumbres. Casarme es algo indispensable. No está en mi mano reformar el código civil, y aunque lo estuviera sabes perfectamente que se tardarían años.

Alice se había quedado callada.

–Piénsatelo bien –añadió él antes de irse.

Alice se sintió invadida por una vergüenza enorme. Se avergonzaba de haberse entregado a un hombre así, que se despedía con un ultimátum. Se avergonzaba de esa pequeña habitación alquilada por Julien para esconder sus amores extramaritales, y de estar desnuda en una cama anónima. Se vistió llorando. Eran lágrimas llegadas de muchos sitios a la vez: de su infancia herida por las separaciones, de la muerte de su padre, de los recuerdos de la cara del indio, de su abismal soledad... Tuvo un ataque de náuseas, acompañadas por un asco intenso a Julien y a sí misma. Le temblaba todo el cuerpo. Volvió a desvestirse y se lo frotó con una esponja, con tal fuerza que se le quedó la piel roja. El dolor calmó un poco el sufrimiento mental. Julien se había dejado sus cigarrillos. Encendió uno e hizo entrar con fuerza el humo en sus pulmones. Ya estaba más tranquila.

Se sentía perdida en su condición de mujer, que no había elegido. Se dijo que tendría que reinventarse. La frase se posó en su dolor como un emplasto mágico. Faltaba poco para las cinco de la tarde. Sería su último domingo en esa habitación. Miró la buhardilla, la cama deshecha y los charquitos de agua al pie del lavabo, y se dijo con entereza que ella valía más que eso. Nunca sería la mujer de un abogado parisino, una de tantas. Sería ella misma, Alice Guy. Tenía que seguir inventándose su vida de mujer distinta a las demás. Tenía una profesión que en París no ejercía nadie más que ella, ni quizá en el resto del mundo. Su príncipe azul, el de verdad, ya lo había encontrado: era el cine, con el que en esos momentos disfrutaba enormemente, y que le proporcionaba un verdadero estatus. Se quitó del dedo el anillo de compromiso, demasiado pequeño, demasiado razonable, y lo dejó en la mesita de noche. No le pesó nada irse.

El primer estudio acristalado de Gaumont entró en funcionamiento en la primavera de 1902. Parecía un gran invernadero, como los diseñados por Rohault de Fleury en el Jardin des Plantes, apoyado en un muro de ladrillos que llegaba hasta el pecho. En el suelo, Alice había hecho poner un parqué de madera de abeto montado a la inglesa. La fachada del estudio estaba abierta.

Dentro reinaba una gran efervescencia. Se rodaban tres, cuatro y, si lo permitía la luz, hasta cinco películas al día. Unos técnicos estaban ultimando los decorados para un rodaje que empezaría pronto. Alice estaba en la entrada del estudio, hablando con el reducido grupo de actores a los que se aprestaba a dirigir.

–El argumento es el siguiente –les decía–. Es un drama de la vida burguesa cotidiana: una mujer está leyendo en su salón mientras sus dos hijos juegan en la alfombra, a sus pies. Aparece el marido con dos policías y le explica a su esposa infiel que la abandona y se lleva a sus dos hijos. Ella se pone a gritar y a suplicar. El padre se va con los niños, que lloran. Ella intenta impedírselo, pero los policías la sujetan. Unos días más tarde, la mujer llama a la puerta del domicilio de su exmarido y le abre la nueva esposa, que se compadece de su sufrimiento y la deja entrar. La primera mujer, desconsolada, se lo cuenta todo, diciendo que se arrepiente de haber tenido una aventura, y que es una gran injusticia que en caso de adulterio se les retire a las mujeres la custodia de sus hijos. Su marido también la engañaba y no lo han condenado. La examante y nueva esposa, embargada por la compasión, llama a los niños, que bajan de su cuarto y se lanzan en brazos de su madre. Llega el marido, y su nueva esposa le implora que devuelva los hijos a la madre, con la promesa de invitarlos cada semana. Las dos mujeres se abrazan, los antiguos cónyuges se dan la mano, los niños están contentos... Tomad, el texto –añadió Alice dándole una hoja a cada actor–; leedlo y empapaos de él. Voy a ver al segundo equipo. Empezamos a rodar en unos diez minutos.

Alice se acercó al equipo del primer plató. El decorador estaba acabando de colgar una tela pintada que representaba una plaza de pueblo bajo el sol.

–¡Mario! –dijo Alice–. Ponte en tu sitio para el ensayo. Así, gracias. ¡Anatole! ¿Dónde estás? ¡Ensayo, por favor!

–¡Ya estoy aquí, señorita Alice!

El camarógrafo, con su sempiterno cigarrillo entre los labios, se había sentado en un sillón al lado mismo de su cámara, de la que no se separaba ni un momento cuando estaba de servicio.

Llegó un payaso vestido de camarero. Alrededor de él daba brincos un perrito entusiasmado por salir en la película. El payaso tiró un globo, tan ligero que parecía moverse al ralentí, y el perro se lo devolvió con la punta del morro. El pequeño animal saltaba cada vez más alto, mientras su amo se caía, rodaba por el suelo y hacía rebotar el globo en su nariz, su talón...

–Cuidado con no saliros de las marcas que he hecho con yeso en el suelo. Es el límite del encuadre –le pidió Alice.

Se agachó hacia Anatole, que seguía sentado al lado de la cámara.

–Para esta toma no nos haces falta. Es muy sencilla.

Se incorporó.

–¡René, ven a sustituir a Anatole!

Acababa de entrar en el estudio un grupo de *cake-walk*.

–¡Buenos días! –dijo Alice–. Ya os podéis instalar. Los camerinos están allá al fondo. En media hora os llamamos. ¿Traéis vuestra tela pintada? Pues dádsela al técnico de allá. ¡Jacques! ¿Vienes, Anatole? Nos espera el primer equipo para rodar. La revista de cake-walk ya la haremos después.

–¡No quiero dejarle mi cámara a este mocoso! –dijo Anatole entre dientes, por debajo de su bigote amarillento.

–Anatole, por favor... –Alice lo estiró de la manga para levantarlo del sillón–. ¡Deprisa, que tenemos una hora! Luego me espera Gaumont en las obras del gran estudio.

–¡Esta máquina es un tesoro! ¡Nunca ha rayado una película!

–Luego enlazaremos con las bailarinas –siguió diciendo Alice, insensible a las protestas de su camarógrafo–. Hoy tenemos a las señoritas Boos y Meunier –dijo, consultando sus libretas–, y a la nueva bailarina estrella, Valentine Brouat. Es un encargo de la ópera: hay que hacer cinco rollos con las dos primeras y tres con la señorita Brouat. Ya no quiero rollos de veinte metros, Anatole; lo rodaremos todo en treinta metros para las tomas de un rollo, ¿vale?

Mientras la trayectoria profesional de Alice seguía progresando a cien por hora, en paralelo a la aceleración de las evoluciones técnicas del cine, su vida privada seguía siendo motivo de discordia en su familia. Su madre, destrozada por su ruptura con Julien, había dejado de entenderla, y sus discusiones con Alice eran diarias. Julia aconsejó a su hermana que en lo venidero guardara la máxima discreción acerca de sus amores. También ella, soltera empedernida, vivía sus relaciones en secreto. Quien no aprobaba su elección era Marguerite, feliz con su vida de casada, aunque la ensombreciese el no haber sido madre. Henriette, que había vuelto a prometerse, decidió que había llegado el momento de mudarse, cansada como estaba del permanente conflicto entre Alice y su madre, y se llevó a su hija... y a la propia Marie.

Alice se encontró sola, con la casa vacía. Echaba en falta a la pequeña Émilienne y su alegría de vivir. Solo quedaba el gato de la niña, que iba buscando a su pequeña dueña por la casa entre maullidos de desesperación. Era un cuadro deprimente. La mano de Alice tembló al coger la carta que había recibido esa mañana, pero que no se había atrevido a abrir porque había reconocido la letra de Julien. Era una simple tarjeta de visita con las siguientes dos frases añadidas a mano: «El mes pasado pusiste un punto a nuestra historia. Desde entonces no ha servido de nada que lo hablásemos, así que yo, a mi vez, pongo el punto final.»

Le costaba apaciguar su profunda tristeza. Tenía una sensación horrible de abandono. Justo antes de la marcha de su madre, Alice la había acusado en presencia de Henriette de no haber querido nunca a su padre, y de haber tenido un amante. Su hermana, tan dulce de costumbre, se había puesto roja de ira, mandándole que se callase, pero ante el mutismo de su madre Alice había perdido los estribos.

–¡Dime la verdad! ¿Qué relación tenías con el tal Antonio? ¿Por qué me llamaba «hija»?

–¡Estás loca! –había gritado Marie–. Guárdate tus fantasías para tu trabajo. Si quieres, ponlas en imágenes para divertir a la gente, pero a mí déjame en paz de una vez con tus recuerdos de infancia pervertidos por tu delirante imaginación.

–Y papá pegándole un tiro a Antonio, y tus alaridos de terror... ¿Eso también lo he soñado?

Alice se había puesto a llorar.

–Te lo he repetido veinte veces. Que sea la última. Antonio era un rebelde buscado por la policía. Vivía escondido en casa de Tahiel, donde yo iba de vez en cuando a verlo porque éramos amigos, como tú con su hijo, Ayún. Tu padre, que tenía unos celos enfermizos, nos siguió. Era el día de la fiesta del viento, y con tanta gente por la calle no lo vi.

Alice interrumpió a su madre.

–¿Por qué me llamaba «hija»?

–Estás equivocada. Te llamaba Alicia, y a veces Lili.

–¡Mentira!

–¡Para mentirosa tú, que te estás volviendo loca a fuerza de mentirte a ti misma y mentir a los demás!

Fue Henriette quien puso fin a la pelea anunciándole a Alice que le había propuesto a su madre vivir juntas en su nuevo hogar.

En el desorden provocado por la marcha de su madre, Alice buscaba en todas partes una vieja muñeca de trapo chilena. Creía que la había guardado en el gran baúl donde tenía sus recuerdos de infancia, libros y unos cuantos juguetes y prendas de las que no se resolvía a prescindir, como el pequeño abrigo azul marino con el cuello blanco de piel de oveja con el que había hecho el viaje de vuelta a Francia a los ocho años, pero la muñeca no estaba. Extendió la búsqueda al resto de la casa. Tenía que encontrarla para sosegar la angustia que se estaba apoderando de ella. Al final la descubrió escondida detrás de un montón de ropa de cama. No estaba loca. Esa muñeca se la había regalado Antonio el día del drama; y si hoy estaba loca, como le había dicho su madre, era de miedo. El de no ser capaz de vivir sola.

Alice estuvo un mes sin ver a Marie. La reconciliación llegó de la mano de Henriette, que llevó a Émilienne al plató. La directora soltó sus carpetas para ir al encuentro de su sobrina, cogerla en sus brazos con una sonrisa y llevársela a beber un chocolate en el interior de la casa. Retomando sus viejas costumbres, Émilienne circuló por las habitaciones mientras Henriette hablaba con su hermana.

–Así no podéis seguir. Es una tontería. Mamá está preocupada por ti. Joven, lo que se dice joven, ya no es, y le gustaría verte casada. Tampoco es para montar un drama.

–¡El matrimonio, el matrimonio! ¡Qué obsesión! Para acabar todo lo que tengo aquí pendiente necesitaría días de cuarenta y ocho horas. ¡No tendría tiempo de ocuparme de una familia!

–Háblale con calma, y explícate, pero sin exaltarte. Mamá sufre por la situación. Todo se puede explicar sin aspavientos innecesarios.

La misión de Henriette dio sus frutos. Alice quedó con su madre en Angelina, el nuevo salón de té que se había puesto de moda en los soportales de la Rue de Rivoli. Lleno a todas horas, en sus mesas alternaban caballeros y mujeres de dudosa moral, mientras la fila de cocheros llegaba hasta la Place de la Concorde. Marie ya estaba sentada. Había logrado encontrar una mesita al fondo de la sala. Alice se acercó y le dio un beso. Su madre se lo devolvió y la estrechó en sus brazos con la intensidad de siempre. Empezaron hablando de trivialidades, para no abordar el motivo de su pelea. La primera en atacar fue Marie.

–Yo no es que tenga muy buen concepto del matrimonio, Alice. Ya sabes que a tu padre y a mí no nos salió muy bien.

–Ya, mamá, ya lo sé.

–Pero aun así no puedes evitar que me preocupe por ti. Ya sabes cómo es nuestro mundo. Podría perjudicarte, incluso profesionalmente.

Alice estaba resuelta a mantener al precio que fuera una calma de vestal. Miró sonriendo a su madre.

–Mira, mamá, yo sé que para ti es importante, y que te apena que se haya roto el compromiso, pero me has enseñado cosas que no puedo olvidar. La felicidad también es una cuestión de libertad.

Marie quiso interrumpirla, pero Alice se lo impidió.

–No, déjame que te lo explique: quiero poder seguir trabajando sin pedir permiso a nadie. Julien es buen chico, pero está atado por las convenciones. Yo soy libre, mamá. Libre. Además, ¿sabes qué? Que te podría recordar que a ti la abuela te tuvo a los treinta y dos años –concluyó con suave ironía.

El tono de sus palabras había sido amoroso, pero con esa determinación que conocía Marie desde siempre. Miró a su hija sin hablar, viendo en ella la fiereza chilena que tanto la había conquistado durante sus años en Valparaíso.

–Alice, ya eres mayor; por lo que dice el señor Gaumont, te falta poco para ser una gran dama. Si te aconsejé esta boda nunca fue pensando en mí, aunque me gustara mucho la idea de verte casada con Julien. Ahora me doy cuenta de lo a fondo que te has metido por otro camino. Pienso en tu porvenir, en los años que pasan, y lo único que espero es que no te arrepientas de tus decisiones.

Alice volvió un poco más contenta a la Rue des Alouettes. Hizo el recorrido a pie, disfrutando del ruido de las calles, observando a los transeúntes y sus andares y escuchando las conversaciones como inspiración para sus próximas películas. La noche le aportó un profundo descanso, tan reparador para su cansancio físico como para su pena.

Al haberse levantado a las seis estaba segura de llegar antes que nadie a la Rue Saint-Roch; de ahí su sorpresa al ver a una joven sentada en la secretaría. Había abierto algunas carpetas para consultar su contenido. Parecía que estuviera intentando poner orden.

–Buenos días –dijo Alice, acordándose de que Gaumont se había buscado a otra empleada–. ¿Es la nueva asistenta?

–Sí, me llamo Yvonne. El señor Gaumont, que es quien me ha contratado, me dijo que había mucho que hacer, y por eso he venido tan temprano, para ir haciéndome una idea. Además, soy una fanática de que todo esté bien clasificado.

Alice le preguntó si había entrado en Gaumont sabiendo algo de cine. Yvonne contestó con voz jovial y la rapidez de una ametralladora. Ya habían empezado a congeniar, sin necesidad ni de decírselo. Durante los siguientes días su complicidad fue en aumento. Yvonne aportaba frescura, espontaneidad y naturalidad, que era lo que más buscaba Alice en sus actores, así que le propuso que se sometiese a una prueba.

–Pero si yo soy secretaria, señorita Guy, no actriz...

–¡No, si yo no necesito a ninguna actriz! Es una escena corta que hace tiempo que sueño con volver a rodar.

Esperaba a encontrar a la persona indicada, y esa eres tú, Yvonne.

Yvonne se dio cuenta enseguida de que era imposible disuadir a una mujer como Alice, con una autoridad tan natural, así que, bajo la ávida mirada de los técnicos que habían venido a ver a la secretaria del jefe en el papel de cómica, encarnó el papel protagonista en la segunda versión de *La fée aux choux.* Alice estaba en la gloria. La película era una especie de homenaje a su naciente amistad con Yvonne.

Había llegado el gran día. Se iba a inaugurar el nuevo estudio de cine Gaumont en Buttes-Chaumont.

–¡Es el teatro cinematográfico más grande del mundo! –explicaba Léon Gaumont con orgullo–. Hemos seguido el modelo del escenario de la Ópera de París, con sus puentes volantes, sus trampillas y su suelo inclinado.

Lo acompañaba Auguste Bahrmann, el arquitecto de los estudios bautizados con el nombre de Cité Elgé, por las iniciales de Louis Gaumont. La compañía también había invitado a sus mejores clientes, su consejo de administración y los directores de los talleres de fabricación y producción.

Todos estaban deslumbrados por la grandiosidad del edificio. La única que parecía decepcionada era Alice.

–¿Y de qué nos servirá todo esto? –le dijo a Anatole en voz baja–. ¡Lo que hacemos es cine, no ópera!

–Admiren ustedes este enorme techo de cristal, toda una hazaña tecnológica... –seguía diciendo Gaumont.

–¡Gélido en invierno y sofocante en verano! –murmuró ella.

Gaumont tendió la mano hacia las cintras.

–Para compensar la falta de luz en verano hemos equipado el teatro con dos baterías de veinticuatro lámparas de treinta amperios.

–Habrá que trabajar con sombrero, señorita Alice –dijo Anatole en son de burla–. ¡Si no, ojo con el aislamiento eléctrico!

Alice se rio.

–No es broma –añadió él–. Ya lo verá al usarlo.

Era una verdadera catedral acristalada, de cuarenta y cinco metros de longitud, veinte de anchura y treinta y cuatro de altura. Al enorme escenario principal, situado al fondo, se accedía por una rampa con cabida para coches de caballos. El suelo estaba pensado para aguantar el peso de varios elefantes. Se había previsto toda la maquinaria imaginable para los efectos especiales. En los laterales estaban los almacenes para los decorados, los accesorios y el vestuario, así como los talleres de los decoradores y los carpinteros. Los camerinos eran cómodos y amplios. Para el visitante era el colmo del lujo; para Alice, la enésima demostración de que los ingenieros solo veían el cine como una manera de filmar teatro y danza, a los que pronto se añadiría el canto, gracias al cronófono, el nuevo juguete tecnológico de Gaumont. ¿Cómo hacerles entender que sus inventos no eran solo un medio para estudiar o reproducir la realidad, sino también para reinventarla? Se vio cautiva de ese gran monstruo de cristal y acero, condenada a reproducir cansinamente las mismas escenas que ofrecía a su clientela el catálogo Gaumont bajo los marbetes de «cómicas» o «muy cómicas», «infantiles», «de bailes», «con trucos», «dramáticas», etcétera.

Se dijo que solo luchando sería posible imponer su convicción de que había que seguir rodando en exteriores para obtener resultados más originales y menos estáticos. Habría que luchar para que el material evolucionase hacia una mayor ligereza y estabilidad, y para seguir inventando. Habría que poner patas arriba ese mundo de ingenieros y magnates del comercio presos de la vorágine de la industrialización, el rendimiento y las ganancias. Era el dinero el que le permitía ser autónoma, y lo necesitaría en mayor cantidad para ser libre. Se le escapó un suspiro al soñar con que montaba su propia productora para rodar con total independencia sus películas; un suspiro tan fuerte, dentro de la jaula de cristal, que Gaumont se giró para ver quién tenía la desfachatez de aburrirse ante las deslumbrantes pruebas de su talento y su poder.

–No puedo más, Anatole –resopló Alice, saliendo del gran estudio con los ojos rojos por el calor de las lámparas–. ¡Hay que contratar! ¡Ya no podemos pasar doce horas al día en este horno!

–Totalmente de acuerdo –dijo él.

–¿Esta semana cuántas fonoescenas hemos rodado?

–¡Quince!

–Hay que formar a técnicos que sepan manejar el cronófono. Tampoco es tan difícil sincronizar una cámara con un gramófono. ¡Tú bien que lo consigues!

–Bueno, tan tonto no soy...

–¡No lo he dicho en ese sentido, Anatole! Gaumont se cree que soy la única que puede usar ese trasto. La próxima vez, apóyame y dile que tú también sabes hacerlo, y que podemos formar a otros.

–Yo cuanto menos hablo mejor estoy.

–Bueno, Anatole, pues si quieres pasarte el resto de la vida achicharrándote debajo de las lámparas, tú mismo.

Se quedaron un momento callados. Se habían sentado en los escalones del estudio para aprovechar el aire fresco de principios del otoño. Mirando un gran castaño cuyas hojas se desprendían de las ramas para caer al otro lado del muro de ladrillo, Alice se dio cuenta de que lo veía en blanco y negro. Observaba las luces de su alrededor haciendo cálculos constantemente sobre la fuerza con que se habrían impreso en las películas. Le gustaba ese movimiento, ese peligro que a veces hacía surgir milagros.

El gran estudio se había convertido en una verdadera cárcel, una máquina de fabricar kilómetros de escenas para la promoción del cronófono.

–Tengo ganas de rodar al aire libre –continuó–. Hasta tengo un sueño: filmar una vida de Jesús solo en escenarios naturales; no como Zecca, que en Pathé hizo su película sobre Jesús en estudio, con decorados de cartón piedra. He comprado una Biblia ilustrada por James Tissot. ¿Has visto qué pintura tan moderna? Fíjate en el vestuario, la escenografía... ¡Es como estar dentro!

–Sí, parece todo de verdad –convino Anatole.

–Exacto: es de verdad, natural, como me gusta a mí. ¿Quedamos así, entonces? Vamos a ver a Gaumont, lo convencemos de que te deje formar a técnicos expertos en el cronófono y salimos. Rodaremos al aire libre, en medio de la belleza de los auténticos paisajes. También hay que mover la cámara, Anatole. Lo intentaremos, ¿de acuerdo?

–¡Yo la sigo, como siempre, señorita Alice!

–Anatole, por favor, deja de llamarme «señorita Alice», que suena a solterona.

–Bueno, es que... –dijo él con media sonrisa.

–¿Qué?

–Que tiene treinta años y aún no se ha casado.

Alice se encogió de hombros. Justo cuando se disponía a volver al estudio llegó Yvonne.

–¡Tengo buenas noticias, señorita Alice!

–Ah, ¿sí?

–Gaumont ha aceptado que trabaje para usted. ¡Me incorporo la semana que viene!

–Llevaba seis meses pidiéndoselo. Más vale tarde que nunca.

–Ya conoce a Gaumont. ¡Le da mucha rabia tener que gastar!

–Haré que te preparen el despachito de delante del mío. Venga, Anatole, que tenemos trabajo. Nos estará esperando Polin.

–¿Está Polin? ¿En serio? ¿Puedo venir? –dijo la secretaria, pálida de emoción.

Alice sonrió y le pasó un brazo por los hombros.

–De acuerdo, pero a cambio de un favor. Te necesito para una escena de una película que rodaré este domingo en Fontainebleau.

A Polin lo estaban maquillando. Era una grandísima estrella de café concierto, con actuaciones los trescientos sesenta y cinco días del año. Desde 1893 cantaba en la Scala de París entre octubre y finales de enero, y luego paseaba su insolencia y sus canciones cómicas por los cafés concierto de mayor prestigio de la capital. En primavera actuaba en el Eldorado, y en verano en el Alcazar. En septiembre simultaneaba este último con el Café des Ambassadeurs, y luego se iba del Alcazar para volver a la Scala. En invierno salía de gira por el sur de Francia, donde siempre presentaba nuevos éxitos. El de ese año era *La petite Tonkinoise,*[1] estrenado en el Alcazar de Marsella.

Polin se había inventado un personaje de soldado simplón que cantaba canciones cómicas y tiernas. Alice estaba fascinada por que un hombre como él, de físico anodino, se convirtiese, al subir al escenario, en una fiera que tenía al público tronchándose de risa durante horas. También la tenía atónita su magnetismo con las mujeres.

El estudio Elgé había desenrollado la alfombra roja para recibirlo. Además de acondicionar un camerino a todo lujo, Alice había pedido que trajeran los mejores chocolates de París.

–Mi único objetivo –estaba diciendo Polin– es alegrar al público sin que le pierda el respeto al uniforme. Les muestro a un soldado un poco tontorrón, pero nunca ridículo. Verlo tiene que dar ganas de reír, pero también tiene que provocar ternura, aunque no se diga.

Hablaba con voz baja y grave, la misma con la que captaba la atención de sus oyentes. Era como atrapaba al público, obligándolo a acercarse.

Se puso su famoso disfraz de cándido soldado raso, convirtiéndose en Tourlourou, el personaje más famoso

1. «La pequeña tonkinesa.»

de toda Francia; y así, con su pantalón rojo de badanas, su pequeño quepis cruzado en la cabeza y su pañuelo de cuadros saliendo del bolsillo, fue recibido con cálidos aplausos por los técnicos. Estaban todos muy atentos, felices por su presencia en el estudio. Las secretarias habían pedido que se les permitiera excepcionalmente ir a verlo de cerca. A Alice le habría gustado filmar esas caras de hombres maravillados y de mujeres cuyo pulso acelerado les teñía de rojo las mejillas. Hasta al viejo Anatole le brillaban los ojos más que de costumbre. ¡Ni muerto habría cedido su lugar al otro lado de la cámara!

Alice se acercó a Louise, una técnica a quien acababa de contratar para que la sustituyese en los encargos del cronófono, y comprobó que el material estuviera a punto. Era un procedimiento muy sencillo. Solo había que filmar a Polin cantando a la vez que se oía una grabación sonora de su canción *L'anatomie du conscrit*.

–Señor Polin, vamos a empezar –anunció con su autoridad innata–. Escuche bien la música y cante al mismo tiempo. ¿Ya gira, Anatole?

–¡Rodando! –contestó Anatole con un nudo de gozo en la garganta.

–Louise –dijo Alice–, cuando yo te diga pones la música.

Hizo duplicar todas las tomas por si surgía algún problema técnico. La agenda de Polin era como la de un ministro, y Alice era consciente de que tardaría mucho tiempo en verlo de nuevo en el estudio.

La tarde de rodaje se cerró con el júbilo de un estribillo cantado a coro por todo el plató para agradecerle a Polin su presencia.

Me trae loco una chiquita,
es una Ana, una Ana, una anamita,
es vital y encantadora,
es como un ave canora.
La llamo mi burguesita,
mi tonkiki, mi tonkiki, mi tonkinita.
¡Otras me intentan hacer mella,
pero la que más me gusta es ella!

Era un hombre alto, con bombín, traje oscuro, gafas redondas y un bastón de pomo plateado con el que iba golpeando el suelo de la Cité Elgé. Daba la impresión de estar hablando solo, en un agitado soliloquio que hacía temblar su corto y frondoso bigote. El pequeño despacho de Yvonne se llenó de un acento sureño muy marcado, con el que el hombre, que estaba citado con Alice, se dio a conocer.

–Louis Feuillade.

Solo eran las ocho, pero las oficinas de producción ya eran un hervidero.

Alice, que estaba preparando el calendario de rodaje de su película sobre la vida de Jesucristo, apenas levantó la vista al comparecer Feuillade en su despacho. Que vinieran escritores a venderle ideas a la Cité Elgé era el pan de cada día. Este venía recomendado por Léon Gaumont.

Feuillade aprovechó los breves instantes en que Alice se mantenía enfrascada en sus papeles para observarla, y le gustaron su frente despejada, su pelo castaño con reflejos pelirrojos, su nariz larga, algo salvaje, y su tez, de un mate insólito para una parisina.

Cuando Alice, sintiéndose observada, enfocó en él sus grandes ojos claros, Feuillade tuvo un shock. No solo era guapa, sino hermosa. El óvalo de su rostro era perfecto, su boca generosa, y su delicado cuello pedía a gritos ser besado. En cuanto a su mirada, irradiaba tanta determinación, potencia y libertad que Feuillade se quedó azorado. Como buen poeta, recibió como un regalo la perfección de esa imagen.

–Necesito autores que redacten deprisa –le espetó con algo de brutalidad Alice, que tenía prisa por quedarse sola y seguir escribiendo–. ¿Se ve capaz?

–Ni lo dude. ¿Qué tipo de historias quiere?

–¡De todos los géneros! Comedia, melodrama, policíaco, historias de mitología, de historia sagrada...

–¿Con qué duración?

–Entre dos y doce minutos, aunque en los frescos históricos pueden ser más. Yo calculo que mi vida de Jesús durará una media hora.

–¡Una vida de Jesús!

Alice lo interrumpió.

–Ya tengo a un ayudante trabajando en la película, Victorin Jasset. Está aquí al lado.

Feuillade echó un vistazo por la mampara de cristal. Jasset, hombre guapo de unos cuarenta años, estaba sentado encima de su mesa, usando sus encantos con un grupo de actrices que iban soltando risitas.

–Es el escenógrafo del Hippodrome, ¿verdad?

–¿Lo conoce?

–Conozco sus espectáculos históricos. ¡Grandiosos! ¿Para cuándo necesita nuevas historias? –preguntó Feuillade.

–Para ayer. Si le interesa puede empezar ahora mismo. El despacho de ese lado está libre. Yo estaré fuera todo el día, de rodaje. Esta noche, cuando vuelva, le compraré todas las historias que me gusten, y el resto se las llevará. ¿Le parece bien?

–Perfecto, señorita Guy, pues hasta esta noche. –Feuillade se levantó, añadiendo con tono seductor–: Me habían dicho que era guapa, y es verdad.

–Señor Feuillade, si realmente le interesa trabajar conmigo, en adelante procure evitar comentarios de ese tipo, que no estamos en el baile.

Feuillade sonrió sin perder la compostura.

–«Bailad, aprovechad otra velada vuestra vida: / al fulgor de la noche le sigue un largo día; / a la brillante orquesta, fatídico, el silencio, / y a los arrullos del baile el escarmiento.»

–¡Alfred de Vigny! –dijo Alice con una sonrisa de aprobación.

Feuillade no se parecía a los jóvenes arribistas que se presentaban ante ella con el único objetivo de conseguir un trozo del pastel de ese nuevo y próspero negocio. Le prestó más atención. Tenía un físico de luchador, con un cuello de minotauro que a duras penas cabía en el cuello de la camisa, y una chispa de inteligencia en los ojos. Sus gafas redondas a la moda prestaban seriedad a un rostro risueño por naturaleza. Tuvo ganas de saber algo más de él, pero se vieron interrumpidos por unas carcajadas. Alice dio unos golpes en la mampara de cristal que separaba su despacho del de Jasset, e hizo señales al escenógrafo de que viniera a verla. Mientras llegaba, mandó instalar a Feuillade en el de al lado.

–Lleva usted una hora explicándoles lo que tienen que hacer. ¡Salga de una vez a rodar!

Acostumbrado al tono autoritario de su directora, Jasset no quiso ser menos.

–¡Si contratáramos a actrices de teatro de verdad no perdería tanto tiempo explicándoselo todo!

–Sobre eso ya está todo dicho, Jasset; aquí no hacemos teatro ni pantomima. Quiero una actuación natural.

–¡Dirá que no tiene dinero para actrices! Al menos en Pathé ponen toda la carne en el asador...

–Hablando de Pathé, he instalado en el despacho de al lado a un tal Feuillade, que se presenta como escritor y periodista. Parece honrado, aunque estoy harta de los espías de Pathé que se quedan tres días con nosotros y luego se llevan nuestras ideas, o sea, que si pudiera usted mantenerlo a distancia del estudio durante mi ausencia... Cuento con usted.

«Este en Gaumont no dura mucho», pensó viendo salir a Jasset del despacho. Tenía la impresión de que le molestaba mucho recibir órdenes de una mujer. De momento aún necesitaba la ayuda de Alice, que era la única capaz de transmitirle sus conocimientos, adquiridos a lo largo de diez años de experiencia, pero aprendía deprisa. A Alice le sabría mal cuando se fuera. Era un hombre lleno de energía, hecho, se notaba, para la profesión. En todo caso, no se iría antes del final del rodaje de la *La Vie du Christ*;[1] Alice lo conocía bien, y seguro que llegaría hasta el final para aprovechar el éxito de tan loca aventura.

Mirando sus bocetos, basados en los gouaches de James Tissot, se dijo que iba siendo hora de enseñar su proyecto definitivo a los decoradores. Llamó a su secretaria.

–Yvonne, ¿puedes hacer que vengan el jefe de decorados, Ménessier, y Denizot, el de figuración? También habría que localizar a Bosetti, porque necesito que me ponga al día sobre los rodajes de las cómicas.

–Ahora mismo, señorita Alice, aunque primero tengo algo que decirle. Gaumont quiere que convoque a Jasset.

–¿Para qué?

–Parece que hizo acostarse con él a la fuerza a una actriz, y que la madre de la chica ha escrito a Gaumont.

–¡Menudo imbécil! Acaba de irse. Ahora mismo le escribo un mensaje, y se lo llevas tú al estudio. Apunta: «Señor Jasset, me han informado de que lo acusan de haber abusado de una de nuestras actrices. Si se demostrase, no haría ningún esfuerzo por mantenerlo a mi servicio.»

–Pero si lo necesita para la *Vie du Christ*...

–No hay nadie insustituible, Yvonne, y para mí el respeto es un valor esencial.

–Igual la chica se lo buscó. Ya se sabe que las actrices no saben comportarse.

–No me vengas tú también con esas, Yvonne. No inviertas los papeles. Quien tiene que controlarse es Jasset. Estas chicas trabajan para nosotros, y en su contrato, que yo sepa, no consta el derecho de pernada.

En el despacho de la directora de los teatros cinematográficos irrumpió con la fuerza de una bala un hombre bajo y moreno, de rasgos finos.

–*Ciao! Come stai?* –dijo alegremente.

1. «La vida de Cristo.»

–¡Bosetti! Te adelantas a mis deseos. Acababa de pedirle a Yvonne que te llamara.

Romeo Bosetti era una de las estrellas cómicas de la Gaumont. Muy atlético, y de rostro andrógino, su baja estatura no le impedía gustar mucho al sexo femenino.

Muy aficionado a disfrazarse de mujer en sus películas, se depilaba las cejas y se dejaba el pelo castaño un poco largo, para que le fuera más fácil ponerse peluca. Tenía la tez mate de los italianos del sur, y su agilidad y elegancia naturales le recordaba a Alice a los indios de Valparaíso.

Yvonne, gran admiradora suya, lo saludó con voz meliflua. Romeo le besó la mano.

–¿Cómo puede ser –le preguntó a la joven secretaria, exagerando su acento italiano– que una *sì bella donna* como tú aún no se haya casado?

A Alice se le escapó la risa.

–¡Es una deformación profesional! ¡En Gaumont las mujeres que trabajan están condenadas a la soltería eterna! Gracias, Yvonne, puedes marcharte.

A su pesar, la joven se marchó.

–¡Si yo no la frenara –dijo Alice– se te comería crudo!

–*Poverina*, si supiera... ¡Me decantaría antes por su novio, si lo tuviese!

Alice se rio. Le encantaba ese artista, uno de sus mejores cómicos de la pantalla. Le había enseñado a dirigir, y había quedado impresionada por la rapidez con que aprendía. Romeo Bosetti tenía la facilidad de adaptación propia de quien había pasado su niñez en un famoso circo italiano. Pese a no haber ido al colegio, dominaba todos los oficios en los que se apoya la existencia de los circos: payaso, cuidador, mecánico, conductor, cocinero, domador, contable, decorador, acróbata, costurero, maquillador... ¡Sabía hacerlo todo! También se expresaba con fluidez en varios idiomas, debido a que el circo en cuestión viajaba y daba funciones por toda Europa.

–Necesito que me pongas al día –dijo Alice–. ¿Cómo están yendo los rodajes?

–Hemos cumplido el contrato, haciendo una película por día. ¡Ya lo verás todo la semana que viene!

Bosetti tuteaba a todo el mundo, por la simple razón de que le costaba demasiado conjugar en tercera persona del singular.

–Haz colorear unas cuantas –le aconsejó Alice–. ¡En color las cómicas aún tienen más éxito!

Bosetti puso mala cara.

–Para eso habría que contratar a más gente. En Gaumont solo hay dos chicas para colorear. ¡No es bastante!

–Ya, ya lo sé, es a lo que me dedico. Bueno, ¿seguimos a este ritmo?

–Mientras no me rompa nada, por mí perfecto, *cara mia* –prometió el actor, santiguándose.

–Tengo otra idea de película para ti, Romeo. Se llama *Le matelas épileptique*.[1] ¿Te la cuento?

–*Ecco*, claro que sí. ¡Cuenta, cuenta!

–Va de una pareja que lleva su colchón para que le cambien el relleno. La colchonera lo abre y empieza a rellenarlo. Mientras hace un descanso pasa un vagabundo que se acuesta en la lana para estar bien calentito. La colchonera vuelve y cierra el colchón con el vagabundo dentro. Luego se lo echa a la espalda, aunque le cuesta. El vagabundo se despierta, y a partir de ahí se suceden acrobacias de todo tipo. El colchón resbala por las cuestas, se cae por un puente, rueda por las escaleras de Montmartre... Cada vez está más loco, y la colchonera otro tanto. ¡Por no hablar de la pareja, que al final, por la noche, se acuesta sobre un colchón vivo! Tú harás del vagabundo que se mete en el colchón, para las acrobacias, o de la colchonera, como quieras.

–¡De la colchonera! En el colchón meteré a uno de mis chicos. ¡Me encanta la idea!

Esa misma noche, Victorin Jasset entró hecho una fiera en el despacho del director de los talleres de producción. Llevaba en la mano el mensaje de Alice, que estampó en la mesa de Decaux.

–Mira: amenaza con echarme por haberme liado con una figurante. ¡Con la de trabajo que le quito de encima!

1. «El colchón epiléptico.»

–Tenemos que hablar con Gaumont –dijo Decaux–. Tiene demasiado poder. Tú ahora mismo ya podrías dirigir los estudios de producción. ¡Es un trabajo de hombres!

–¿Se puede saber qué le pasa? Tiene treinta años y aún no se ha casado. ¡Estoy a las órdenes de una solterona histérica!

Se echaron los dos a reír.

–Voy a hablar de ti con el jefe, pero habrá que darle un buen motivo para que la eche.

–Ya se está pasando de presupuesto con su *Vie du Christ*.

–¿Mucho?

–Nada catastrófico, pero bueno...

–Le cavaremos su tumba, Jasset. Tú déjalo en mis manos.

Alice acababa de salir del Institut. Había trabajado toda la mañana con el profesor François Franck, ayudándolo a filmar los latidos del corazón de un perro durante una disección. Mareada por el espectáculo, y por los efluvios del éter, se preguntó cuándo dejaría Gaumont de mandarla a echar una mano a todos sus amigos científicos. Estaba esperando el ómnibus para la Cité Elgé. Pocos otoños recordaba tan fríos como el de ese año, 1905. Pensó en las deliciosas semanas que acababa de pasar en los soleados caminos de España: un mes y medio recorriendo la península Ibérica para rodar decenas de tomas sonoras a mayor gloria del cronófono. Barcelona, Zaragoza, Madrid, Córdoba, Sevilla, Granada, Algeciras y Sierra Nevada, donde Anatole y ella habían filmado unos suntuosos bailes gitanos mostrados luego con gran éxito durante una proyección privada en la Rue Saint-Roch.

Subió al ómnibus y aprovechó el trayecto para leer. Había vuelto a sumergirse en *Nuestra Señora de París*, de Victor Hugo, obra que había previsto adaptar justo antes de *La Vie du Christ*.[1] El proyecto estaba centrado en el personaje de Esmeralda. Faltaba saber cómo usaría algunos bailes gitanos rodados en España para insertarlos en la ficción.

1. Que acabaría titulándose *La naissance, la vie et la mort du Christ* [El nacimiento, la vida y la muerte de Cristo].

Alice saludó al conserje que montaba guardia en la entrada de la Cité Elgé. Llevaba unos zuecos de madera rellenados con paja, y se pasaba gran parte del día sentado en un pequeño taburete, bajo el número 14 de la Rue des Alouettes. Se negaba a quedarse en su garita con la excusa de que necesitaba estar siempre al aire libre, tanto en invierno como en verano. Le hizo a Alice la confidencia de que no tenía frío gracias a dos «braserillos» que, rellenos de carbón ardiendo, metía respectivamente debajo de su bata y del cojín del taburete. Alice, que tiritaba, siguió hacia los talleres de fabricación de decorados. Al final Gaumont había hecho pavimentar toda la Cité Elgé.

Sus decoradores la esperaban para enseñarle su aportación definitiva a *La Vie du Christ*.

–¡Veinticinco decorados macizos! Es como estar en Belén –dijo Robert-Jules Granier.

Alice se había quedado sin habla. Era sublime.

–¿Qué, le gusta? –dijo Henri Ménessier–. Quería que fuera realista, ¿no? ¿A que parece de verdad? Mire, he hecho unas cuantas fotos: da el pego, ¿no?

–¡Es fabuloso! Enhorabuena –dijo Alice con un nudo en la garganta.

Se le estaban saltando las lágrimas. Por fin tomaba cuerpo su película, imaginada por primera vez en 1900.

Buen conocedor de la sensibilidad de Alice, Ménessier, que admiraba su talento, y respetaba su oficio, quedó conmovido por su reacción, hasta el punto de que también se le escaparon unas cuantas lágrimas. Garnier lo encontró muy gracioso, y al poco rato se tronchaban los tres de risa. Cuando recuperó el aliento, Ménessier le preguntó a Alice por su plan de rodaje.

–Jasset acaba de informarme de que ayer por la mañana, en Fontainebleau, estaban a cinco grados bajo cero, o sea, que empezaremos por las escenas en estudio. Necesitará tiempo para organizar tiendas con calefacción para los actores y los figurantes.

Alice iba de decorado en decorado con el corazón a mil. El taller aún olía a pintura fresca. Ya no oía lo que le decían los decoradores. Se estaba imaginando la llegada de María, encinta, a esa calle de Belén. Entró en la casa donde María Magdalena le lavaría los pies a Jesús. Más adelante admiró la reconstitución del templo donde tendría lugar la Última Cena, y el interior de los palacios de Caifás y Poncio Pilato.

–Aquí es donde le limpiará santa Verónica a Jesús la cara...

Lo filmaría un poco a la derecha para sacar partido a la perspectiva, una maravilla creada por cuatro falsas arcadas que representaban la salida de un portal de Belén.

Ya estaba en el decorado de la cueva donde instalarían el sepulcro de Cristo. Repasó mentalmente la escena de la Resurrección.

–Henri –dijo, retrocediendo–, para la Resurrección necesito que la cueva tenga el fondo oscuro. Vuelve a pintarla totalmente de negro.

Louis Feuillade aceptó trabajar para Alice Guy cobrando cien francos semanales. ¡Un auténtico maná del cielo! Sus colaboraciones con la *Revue Mondiale* le reportaban a duras penas cincuenta al mes, y no había tenido ni para comprarle una cuna a su hija recién nacida... Le estaba contando la entrevista de contratación a Étienne Arnaud, un amigo, también del sur, con quien había ido a tomar algo al Toro-Club, punto de encuentro de la afición taurina de París, en la Rue de l'Échelle, a un tiro de piedra de la Comédie Française. Fundado en 1899, el Toro-Club se había convertido en una auténtica oficina de colocación, donde el escritor y guionista André Heuzé había intentado meter a Feuillade en Pathé, y al no lograrlo le había aconsejado que probase en Gaumont.

Feuillade, a su vez, quiso echar una mano a su amigo Étienne Arnaud. Se habían conocido en París en 1898, cuando Étienne solo tenía veinte años, y Louis veinticinco. A Feuillade lo habían conquistado el encanto y la luminosa inteligencia de aquel joven doctor en derecho, poeta, como él. A Arnaud, por su parte, lo habían deslumbrado la pluma y la ingente cultura de Feuillade, muy imbuido de cultura clásica, y gran amante de los escritores de su época. Feuillade también tenía un conocimiento enciclopédico de la historia de Francia y de la Antigüedad grecorromana. El amor de ambos por las letras hizo nacer una complicidad que los haría inseparables. Colaboraban los dos en *La Tomate*, una revista satírica de tres al cuarto, anticonformista y sobre todo ferozmente antirrepublicana. Para llegar mejor a fin de mes, Feuillade también era vendedor de vinos de Lunel a cuenta de su padre, mientras que Étienne Arnaud cantaba en los Quat'z'Arts y los Noctambules. Acababan de escribir a cuatro manos un drama en un solo acto titulado *Le clos*,[1] publicado en París por la *Revue Mondiale*, donde colaboraba Feuillade, y representado unas semanas antes en Béziers, feudo de Étienne Arnaud. Los dos amigos estaban brindando para celebrar la entrada de Feuillade en Gaumont.

–Hasta me han propuesto que me pase a la dirección –explicó Feuillade–, pero les he dicho que no.

–¿Por qué?

–No quiero dejar mi trabajo de redactor jefe en la *Revue*. Acabo de tener una hija, y es un trabajo mal pagado pero seguro.

–¡Pero Louis, si en Gaumont ganas el doble!

–¡Ya, pero son contratos por semana! Necesitaría una dedicación completa, y de momento eso no puedo permitírmelo. Oye, que le he hablado de ti a la directora de producción de películas, Alice Guy, y hemos quedado en que vayas a verla. Podríamos trabajar juntos: yo escribo y tú ruedas. Tenemos que darnos prisa, porque hay cola.

–¡Cuenta conmigo! ¿Qué tengo que hacer para gustarle a tu jefa?

–Déjate de payasadas, que ya te he vendido como un genio.

–¿Qué le has contado?

–Le he dicho que eres guapo y musculoso.

–¡Para el carro, Feuillade! ¿No está casada?

–¡No, y te puedo decir que si yo fuera soltero no me lo pensaría ni un momento!

–¿Lo dices en serio?

1. «La parcela.»

–Nunca había conocido a una mujer tan guapa ni tan inteligente.

–¿Qué edad tiene?

–Ahí está la pega.

–Una chiquilla no será, seguro.

–No, eso no.

–¿Una vieja? ¡Pero si me has dicho que es guapa!

–Los mismos años que yo, treinta y dos. Una antigualla.

–¡Treinta y dos años!

–Sublime, chico, sublime.

–¡Eh, que te va a dar algo! ¿Qué pasa, que te tiene colado?

–No hay esperanza. Lo que le gusta de mí son mi prosa y mi cultura. Por lo demás, me mira como si fuera su sobrino. Lo peor de todo es que la hago reír.

–¿Y tu alianza, Louis? ¡Te has quitado la alianza!

–Tranquilo, que siempre la llevo en el bolsillo.

–¿No sabe que estás casado?

–¡Ni se te ocurra decírselo!

–Pues menuda debe de ser, la tal... ¿Alice qué más?

–Alice Guy.

El 20 de noviembre de 1905, Étienne Arnaud empezó a trabajar para Gaumont dirigiendo *Le chapeau*,[1] con guion de Feuillade. El oficio se lo había enseñado Anatole a petición de Alice. Al viejo camarógrafo no le había costado nada inculcar a ese mocoso de veintiséis años un oficio de su época.

Ocupada en los preparativos del rodaje de *Esmeralda* y de *La Vie du Christ*, Alice delegó el día a día en Feuillade, con quien mantenía una relación fraternal que la llenaba de satisfacción. Se interesó poco por el joven Étienne Arnaud, que no solo no le gustaba, sino que incluso la irritaba un poco con sus aires de joven galán. Lo que más tenía eran celos de su complicidad con Feuillade. Encima Étienne se había lanzado sobre Yvonne con una rapidez que a Alice se le había antojado

1. «El sombrero.»

indecorosa. Si no hubiera sido íntimo amigo de Feuillade, seguramente lo habría despedido a los ocho días. Yvonne, que en brazos de Arnaud había encontrado la felicidad, estaba molesta por la actitud de su amiga. Alice ahogó su frustración, sus celos y los amores de Yvonne en el trabajo.

A las diez de la noche, un fuerte olor de madera quemada distrajo a Alice de sus planes de rodaje. Al principio se quedó muy quieta, hasta que el temor a algún posible incendio hizo que se pusiera el abrigo y saliera corriendo a las calles de la Cité Elgé, iluminadas apenas por unas lamparillas. No había nadie. El olor podía llegar del barrio, de alguna hoguera encendida por un vagabundo para calentarse. Justo cuando iba a volver sobre sus pasos entrevió una silueta saliendo de los talleres de decoración. Ménessier y Garnier habían dado los últimos retoques a los decorados de *Esmeralda* y *La Vie du Christ*. ¿Por qué aún había gente dentro?

Oyó voces a la altura de los talleres de producción, y se dio cuenta de que era de donde salía el olor a quemado. Vio entrar a un hombre con una carretilla llena de madera en el taller dirigido por Decaux. Tras un momento de vacilación, ató cabos y corrió a los talleres de decoración, chocando con un hombre que salía de ellos cargado de madera.

–¿Qué hace usted aquí?

–¡Pues ya ve, coger madera!

–¿Qué madera?

Entró en el taller de Ménessier sin esperar la respuesta. Era una catástrofe. Los bastidores de los decorados de *La Vie du Christ* estaban por el suelo, reducidos a trozos de madera.

–¡Paren! ¡Y salgan ahora mismo de aquí! –gritó Alice a dos hombres con hachas–. ¿Quién les ha mandado desmontar los decorados?

–¡El señor Decaux, señorita Alice! –contestó uno de los dos.

–¡Salgan inmediatamente! ¡Estos bastidores son nuevos, y el rodaje empieza dentro de dos días!

–¡Tenemos órdenes! –se defendió el otro.

–¡Les he dicho que salgan!

–Es que como en fabricación hace demasiado frío Decaux ha dicho que podíamos usar los bastidores porque tiene miedo de que se congele el agua dentro de las tuberías –insistió el primero.

–¡Pero estos bastidores son nuevos! ¡Salgan! ¿Qué pasa, que no entienden lo que se les dice?

–Pero...

–¡No hay pero que valga!

–Es que Decaux ha dicho que no quedan bastidores viejos que quemar...

–¡En el trastero hay de sobra! Fuera, y denme las llaves.

El hombre obedeció y se fue rezongando.

–Se lo tendré que decir a Decaux.

–¡Tráiganmelo, si quieren!

–A estas horas duerme.

–Hagan el favor de salir.

Alice estaba agotada por la impresión, y convencida de que los dos hombres se limitaban a cumplir órdenes de Decaux.

–Váyanse a dormir –añadió–, que de Decaux ya me encargo yo mañana. Buenas noches.

–Buenas noches, señorita Alice. No sabíamos que estos decorados fueran nuevos.

Al cerrarse la puerta del taller, Alice rompió a llorar.

Gaumont daba vueltas por su despacho.

–Hay que renunciar al rodaje, Alice; ya se ha pasado de presupuesto, y será una catástrofe industrial. Ni hablar de perder un solo céntimo en todo este asunto.

–¡Pero si yo ya lo tenía todo listo para rodar! ¡Es Decaux el que me mete palos en las ruedas!

–Era una emergencia. Necesitaba la madera para calentar el taller.

–Usó los bastidores nuevos a sabiendas. ¡Podría haber aprovechado decorados viejos!

–Lo más urgente era proteger las cámaras y los proyectores contra el hielo.

–¿Y a quién le vendería usted los proyectores sin mis películas?

–Tranquilícese, señorita Guy.

–Señor Gaumont, pienso hacer la película. Me niego a dejar que Decaux destruya un proyecto que llevo años preparando.

–Decaux se queja de su actitud, Alice. La encuentra irrespetuosa con él y demasiado autoritaria con los trabajadores. No olvide que estaba aquí mucho antes que usted, y que...

–No se imagina el infierno que me ha hecho vivir durante los últimos diez años. ¡Busca mi ruina!

Alice estaba a punto de llorar.

–Cálmese, Alice. Reconozca que un poco demasiado autoritaria sí es...

–¡Un hombre que ejerce la autoridad es un hombre poderoso, y una mujer autoritaria una arpía! ¡Lo que usted no entiende es que con lo único que sueña Decaux es con que me eche!

Esta vez Alice lloraba de verdad. Incómodo, Gaumont se puso a hurgar en su escritorio como en busca de una carpeta imaginaria. Alice aprovechó para enjugarse las lágrimas.

–Pero ¿qué interés tiene él en todo esto? –preguntó Gaumont tras un breve silencio–. Es ingeniero, no...

–Saltimbanqui, ¿verdad? ¡Sé que es como se refiere a nosotros! Sueña con que me echen por la sencilla razón de que quiere poner a Jasset al mando de los estudios. Quiere verme de rodillas.

Gaumont, que tenía aversión a ese tipo de situaciones, esperaba que Alice cediese, pero lo que hizo ella fue insistir.

–Señor Gaumont, hace diez años que trabajo para usted y nunca le he dado motivos de queja. Déjeme rodar esta película. Es la más importante de toda mi carrera. Lo tenemos todo a punto, y los equipos de Ménessier y Garnier ya han empezado a rehacer los bastidores.

Gaumont la interrumpió.

–Si fracasa, Alice, no podré mantenerla en su cargo como directora. ¿Es consciente de ello?

–¡No solo no fracasaré, sino que le garantizo un gran éxito!

Quien cedió, finalmente, fue Gaumont. Alice se levantó y salió a toda prisa del despacho de su jefe.

El bosque de Fontainebleau se había convertido en un gigantesco campamento nómada, un constante ir y venir de actores, figurantes y técnicos. Más abajo, al otro lado, un conjunto de tiendas recordaba más bien un campamento militar, con una cocina de campaña de la que emanaban aromas de pollos asados, legumbres hervidas y todo tipo de parrilladas. Entre el ejército de ocupación de esa parte del bosque todo eran risas y conversaciones en voz alta.

Una mujer mayor, que había sacado a pasear un perro del tamaño de una rata, miraba con incomprensión al regimiento de jóvenes, alegres de cara y ágiles de cuerpo, que corrían dando voces sin parar, y le chocó la indumentaria de las chicas, enfundadas en velos que no ocultaban gran cosa de su anatomía. Mujeres de escasa virtud, sin duda. En medio del tumulto surgía de vez en cuando una voz femenina que parecía caída de los árboles. Era una mujer que daba órdenes con un megáfono en la mano. Los actores ocupaban sus puestos, y los técnicos esperaban instrucciones. De pronto, todo estaba en calma. Quien mandaba sobre el campamento era una mujer bien vestida, con autoridad y conocimiento del oficio. La señora del perro estaba fascinada. Se había dado cuenta enseguida de que estaban escenificando la vida de Jesús. Los figurantes rodeaban a un hombre con una barba larga y una cruz a cuestas. La subida al Gólgota se efectuaba en una colina a la que Ménessier había conferido un aspecto totalmente nuevo, espléndido. Alice fue incapaz de no dejar unos segundos en suspenso su papel de jefa para admirar lo que tenía ante los ojos. El realismo de su sueño era tal que emocionaba a los propios actores. Hasta ese paraje se habían trasladado los alrededores de Jerusalén, y todos estaban viviendo la experiencia con intensidad, incluso Jasset, pese a su legendario cinismo.

Climáticamente, el mes de enero de 1906 estaba empezando con una suavidad fuera de lo común, casi primaveral. Las escenas se sucedían sin descanso. Alice era consciente de lo que se jugaba. Léon lo había dicho bien claro: prohibido fracasar. Por eso estaba en todas partes a la vez, comprobándolo todo, reprendiendo a los impuntuales y releyendo mil veces las páginas del guion hasta sabérselas de memoria. Anatole, volcado en cuerpo y alma, instalaba las cámaras, daba consejos a sus ayudantes y se encargaba una y otra vez personalmente de la manivela. Jasset, por su parte, se encontraba a gusto en la vorágine. Su experiencia en el Hippodrome hacía que no le tuviera miedo a una puesta en escena de esa magnitud, máxime cuando ya había visto entre los trescientos figurantes a una veintena larga de actrices jóvenes que estaban para comérselas. Aunque la duración del rodaje no le diera tiempo para conquistarlas a todas, ya había preparado el terreno con dos o tres muchachas que habían acudido a él en busca de unos honorarios convenientes antes del gran papel que les tenía prometido. Alice lo vigilaba de reojo, pero el apelotonamiento era tal que a él le costaba poco disimular sus tejemanejes de obsesivo seductor.

El incidente se produjo el penúltimo día de rodaje. La temperatura había bajado bruscamente, convirtiendo Jerusalén en una auténtica hielera. Hacia las cinco, mientras anochecía en el campamento, se oyeron gritos de mujer. Alice salió corriendo, seguida por Anatole, que por una vez se apartó de sus cámaras, y llegaron a tiempo para ver a Jasset saliendo de la tienda de vestuario. Dentro lloraba a mares una figurante de unos diecinueve años, postrada sobre un taburete en un estado de semidesnudez. Las indagaciones se redujeron a lo que explicó la pobre, de nombre Mireille: Jasset la había convocado a la tienda con la excusa de que se probara ropa para el rodaje del día siguiente, y había tratado de besarla. Ella se había resistido, y a partir de ahí las cosas se habían puesto feas.

–Informaré al señor Gaumont –declaró Alice inexpresivamente.

–Con las mujeres, el señor Jasset no sabe contenerse. Es como una enfermedad –explicó Anatole, incómodo.

–Pues ya aprenderá.

Alice no volvió a hablar del incidente en todo el rodaje. Tras el golpe final de manivela invitó a todo el equipo a una fiesta en el bosque de Fontainebleau. Se bebió, se bailó y se disfrutó. Jasset se mantenía lejos de Alice. Había vuelto a trabajar sin decir nada. Sabía que había estallado la guerra, y que esta vez solo quedaría uno dentro de la empresa.

Dos meses más tarde, en la Rue Saint-Roch, Léon Gaumont estaba recibiendo a uno de sus mejores distribuidores.

–Es caro, para una película –comentó este–. ¿Qué se cree, que puedo subir así los precios?

–¡Nuestra *Vie du Christ* dura más de media hora! ¡En la película hay trescientos figurantes y decenas de animales! ¡Nunca se había visto nada igual!

–Sí –replicó el hombre con seguridad–, Zecca ya hizo una vida de Jesús para Pathé.

Gaumont se encogió de hombros.

–Sí, amigo mío, pero en 1902 –le espetó con desprecio–, y parecía un cuaderno de colorear para niños. Los decorados eran de cartón piedra. No te los creías ni un segundo. Alice Guy ha hecho una película inspirada en los dibujos de James Tissot, y el resultado es muy realista. El vestuario está copiado del de la época, y los decorados de Jerusalén son macizos, no simples telas pintadas.

–¿Tiene prevista una campaña de carteles?

–Sabía que me lo preguntaría. Venga a verlo, que ya está todo listo.

Gaumont llevó al distribuidor al despacho contiguo, donde estaban expuestos los carteles de la película. El distribuidor, que empezaba a morder el anzuelo, se dijo que Gaumont no había reparado en gastos. Tenía que ser muy buena, la película, porque invertir tanto dinero en promoción no entraba en las costumbres de Gaumont, cuya dureza como negociante la había ganado el apodo de «el Espinoso».

–Y he dejado lo mejor para el final –remachó el empresario–. ¿Sabe dónde estrenaremos la película?

–¿Con los Grenier?

–No, va siendo hora de que tengamos nuestras propias salas.

Destapó una gran foto puesta sobre un caballete: era el Hippodrome, en la Place Clichy.

–¡Aquí lo tiene! Algún día lo convertiré en el Gaumont Palace, con sitio para cinco mil espectadores, pero de momento es donde proyectaré la película. Le aseguro que funcionará, y que se alegrará usted mucho de haber podido aumentar el precio de la entrada para sumarse a los beneficiados. Vamos, amigo mío, que lo invito a comer.

La máquina infernal de producir películas tenía ocupada a Alice dieciocho horas al día. Recién concluido el rodaje de *La Vie du Christ* se embarcó en el montaje y el rodaje de otras películas. Era un no acabar. Su vida personal se reducía a unas cuantas cenas en familia con su madre y su hermana Henriette, que habían desistido de concienciarla de que a ese ritmo se quedaría soltera de por vida. Casi solo salía para escuchar a los cantantes líricos y populares que a continuación quedaban inmortalizados por obra y gracia de ella en el cronófono.

Tras un mes de marzo abominable, durante el que se instaló en París un frío capaz de atravesar cualquier abrigo y meterse hasta el tuétano, llegó por fin abril. No era verano, pero al menos permitía eliminar algunas capas de ropa. Alice iba a la Place Clichy. Era su día de gloria, y le costaba reprimir su emoción. Se había volcado tanto en la película... Se había esforzado tanto en superar los obstáculos... Ni Decaux, ni nada ni nadie habían logrado impedir que llegara hasta el final de su fabuloso proyecto, hacia cuya coronación se dirigía: la proyección de *La Vie du Christ* en la enorme sala acondicionada para ello en el Hippodrome.

Al llegar a la plaza, y ver a tanta gente agolpándose en la entrada, sonrió. Vio a Léon. Estaba al lado de las dos taquillas, tan erguido y marcial como siempre. Gaumont la miró con pillería.

–Oiga, Alice, que para cubrir los gastos de su faraónica obra todas las salas de Francia tendrán que parecerse a esta.

–Es Palestina, no Egipto –replicó ella, dándole la mano.

–Este sitio está hecho para el cine. Me gustaría abrir la primera sala Gaumont. Los espectáculos del Hippodrome ya no valen gran cosa. Tarde o temprano Bostock lo pondrá en venta.

–Lo que está claro, viendo el entusiasmo del público, es que vacía no se quedaría, una sala tan grande.

Alice estaba en la gloria.

Bajaron al ruedo. El público se estaba instalando en larguísimas hileras de butacas no muy cómodas. Alice nunca había visto a tantos espectadores juntos. Diez años después del incendio del Bazar de la Charité, los sistemas de seguridad habían sabido reforzarse. Las lámparas tenían la potencia necesaria para una proyección en una pantalla de muy grandes dimensiones. Los ingenieros rivalizaban en talento e inventiva para hacer progresar el nuevo arte. Alice y Léon vivían su historia desde dentro. Se estaba escribiendo una nueva página. El cine ya no era una sucesión de tomas en movimiento difundidas deprisa y corriendo por feriantes que iban de pueblo en pueblo con sus pequeños proyectores, sino que se estaba convirtiendo en un espectáculo en el sentido más noble de la palabra. Y esa página la estaban escribiendo juntos Alice y Léon, cada uno a su manera.

En cuanto aparecieron en pantalla las primeras imágenes, el guirigay cesó de golpe. Ni el propio Gaumont daba crédito a sus ojos. Era suntuoso. El público expresaba con aplausos su simpatía por Jesús, silbaba a Judas y ovacionaba a san Pedro y María. Reconociendo a la joven Mireille en el papel de una criada que iba con María Magdalena, Alice se acordó de Jasset y apretó los dientes. No permitiría semejante ignominia. Ya no trabajaría nunca más con aquel individuo, por mucho talento que tuviese. Se lo había jurado a sí misma. Léon odiaba ese tipo de conflictos, pero era la gota que colmaba el vaso. En eso pensaba Alice mientras asistía al triunfo de su película entre el público. Gaumont la miraba con la sonrisa de sus días buenos. Al «Espinoso» le gustaba el éxito, y esta vez no podía quejarse. La proyección fue un sucederse de silbidos admirados. Cuando la pantalla se llenó con la palabra «fin», un «¡oh!» de decepción colectiva recorrió la sala. Los espectadores daban patadas en el suelo.

–¡Otra! ¡Otra! –empezaron a exclamar a coro.

La mañana siguiente, al llegar a la Cité Elgé, Alice se encontró en la mesa de su despacho un espléndido ramo de peonías con una tarjetita firmada por su equipo más cercano: Anatole, Ménessier, Garnier, Yvonne y varios técnicos y actores.

Entró Léon Gaumont, que se sentó en una silla pequeña arrimada a la pared, junto a la puerta. Llevaba un papel en la mano.

–Traigo los informes de ventas. Su película está siendo un gran éxito. Enhorabuena.

–Me alegro mucho. Gracias por su apoyo.

–Le confieso que no las tenía todas conmigo, pero me convenció su obstinación. E hice bien –se ufanó, sacudiendo los papeles de su mano derecha–. Esta noche lo celebraremos. Invitaré a cenar a todo el equipo. Ya he avisado a mis amigos de Chartier. A las ocho, todos delante del número 7 de la Rue du Faubourg Montmartre. Tienen una sala que es un verdadero decorado, ya lo verá. Seguro que le gusta.

Durante todo el día le llovieron a Alice las felicitaciones. Hasta Decaux acabó por ir a ver a su bestia negra.

–Pues nada, parece que funciona su *Vie du Christ*. Mientras haya primos que vayan a ver nuestras películas... supongo que el señor Gaumont hace bien en mantenerla en su puesto. Ya sabe que respeto el trabajo bien hecho, y debo decir que en este caso...

–¿Qué? –lo animó a seguir Alice, haciendo el esfuerzo de pasar por alto la expresión «nuestras películas».

–Pues... que el trabajo se ha hecho bien.

–Y a veces deshecho. En todo caso, le agradezco que haya venido a hablar conmigo.

–Me he enterado de lo de Jasset –continuó Decaux–. No vengo a defenderlo. Hasta ahora lo encontraba gracioso, pero resulta que conozco mucho al padre de Mireille, ya sabe usted, la chica a la que...

–Sí, ya lo sé, yo estaba.

–Está enfermo, el tipo. Y eso que no es mala persona. Bueno, ya verá el señor Gaumont qué tiene que hacer. En fin... Tengo trabajo. Que pase usted un buen día, señorita Alice.

–Lo mismo digo, señor Decaux, y gracias por su visita.

El éxito borra hasta el más sordo de los enconos, y hasta el más enquistado de los odios. El triunfo de su película le había valido reconciliarse con Decaux. La misma persona que había quemado sus decorados venía a saludarla como a una profesional reconocida.

A las ocho en punto cruzó la puerta de Bouillon Chartier. Gaumont le había deparado la sorpresa de invitar a todas las personas que le importaban algo. Él ocupaba el centro de una mesa grande en la que ya reinaba una gran animación. Había un mágnum de champán en un cubo con hielo. Entre los comensales se encontraba Paul Brehm, el amigo de la familia, el hombre que había velado por la adolescencia de Alice, el que la había orientado hacia la estenografía, y sin el cual no habría pasado nada de lo que había pasado. Lo acompañaban sus hijas, amigas de Alice de toda la vida. También estaba Feuillade, al lado de Yvonne, que cogía de la mano a Étienne Arnaud. Se querían de verdad. Al principio Alice había tenido dudas, pero su relación estaba resistiendo al paso del tiempo, y a Yvonne se la veía feliz. Léon había colocado enfrente de él a Marie, que estaba radiante. No faltaban Anatole, Ménessier ni Garnier. Este último estaba muy interesado por una mujer de gran belleza. Se trataba de Henriette, que a duras penas aparentaba treinta años, cuando en realidad se aproximaba a los cuarenta. Alice se acercó a la mesa emocionada y un poco intimidada. Gaumont le había reservado la silla de su derecha. Después de saludar a todos los invitados, Alice se sentó al lado de su jefe. Este se levantó y, tras pedir un poco de silencio, pronunció un breve discurso de felicitación a su colaboradora, rindiendo homenaje a sus múltiples virtudes, heredadas, qué duda cabía, de su madre. Marie estaba en el séptimo cielo. Fue un momento de emoción, amistad y amor puntuado por aplausos tanto para el orador como para la receptora de las alabanzas. Étienne Arnaud había conseguido sentarse junto a Alice. Quería hablar con ella de un proyecto importante. A ella todavía le inspiraba un recelo inmotivado, una irritación con la que algo tenía que ver su amistad con Feuillade. Para Alice, Louis era un amigo, un confidente, un consejero, un doble. No podía prescindir de él. Después de un enamoramiento corto pero intenso, Feuillade, por su parte, se había dado cuenta de que en ese aspecto sus posibilidades eran nulas, y había convertido su amor en una enorme complicidad. Alice lo compartía todo con aquel guionista de cultura impresionante, pluma ágil y fecunda y facilidades de todo tipo para el arte. Cuando Louis estaba con Étienne, Alice no podía reprimir la sensación de estar sufriendo un robo: el del tiempo mágico que pasaba con su indispensable amigo. Para colmo, no entendía sus conversaciones. Hablaban de toros, y a veces se expresaban en un dialecto mediterráneo desconocido, por no hablar de las confidencias sobre chicas de las que, por razones obvias, la mantenían al margen.

–Alice, me alegro mucho de estar aquí esta noche –dijo Étienne Arnaud.

–Sí, el señor Gaumont nos ha preparado una sorpresa preciosa.

–Tenía que hablarle de mi gran proyecto.

–La verdad es que habiendo acabado hace tan poco *La Vie du Christ* me gustaría dedicarme a cosas más ligeras.

–¡A eso voy! Es algo ligero y alegre, felicidad en estado puro.

–¿Quiere hacer una comedia? ¿Lo ha estado cocinando con Louis?

–Se equivoca usted de cabo a rabo. He pedido la mano de Yvonne. Así de sencillo. Y quería que lo supiese usted antes que nadie.

«¡Vaya por Dios!», pensó Alice. Ya había visto lo enamorados que estaban, pero de ahí a tenerle confianza... Y ahora Étienne le anunciaba tranquilamente la boda. Parecía sincero. Alice no podía hacer otra cosa que dar su bendición. Sonrió lo mejor que pudo.

–¡Qué estupenda noticia! Me alegro por usted. Yvonne es una mujer como hay pocas.

–Yo la quiero –se limitó a responder Étienne, visiblemente contento por cómo se lo tomaba Alice.

–Pues entonces el mundo es suyo.

Pese a ser consciente de la banalidad de la frase, a Alice no se le había ocurrido ninguna mejor. Además, en el fondo era cierta, por muy manida que pudiera estar.

–Nos alegraremos cuando le toque a usted.

«Menudo zopenco», pensó Alice, que no tuvo ni el valor de sonreír al oír la respuesta. Se volvió hacia Gaumont, no sin antes advertir que Henriette estaba cada vez más subyugada por Garnier, al que miraba con arrobo, casi ofreciéndole la boca.

Sintiendo la necesidad de respirar aire fresco, salió a dar unos pasos por el Faubourg Montmartre en busca de tranquilidad. La finalización de su gran obra le había dejado una sensación de agobio. Feuillade salió con ella. Se daba cuenta de todo. Caminaron uno o dos minutos en silencio antes de volver hacia Bouillon Chartier.

–¿Sabes qué te digo, Alice? Que el tiempo es un amigo y un enemigo. No sé si conoces la frase de Flaubert:

«Lo mejor de la vida se nos va en decir “es demasiado pronto”, y luego “es demasiado tarde”.» Tú eres joven, Alice; tienes a la vida esperándote, y no solo en las películas.

Feuillade nunca había llegado a un grado tal de intimidad. Alice lo miró, sonrió y volvió a la mesa. El champán había hecho aumentar la intensidad sonora.

Esa mañana de mayo de 1906, Alice estaba preparando un gran rodaje en el sur de Francia con Feuillade, que le había propuesto varios guiones inspirados en los mejores escritores que ensalzaban el sur, como *Mireille,* de Frédéric Mistral (adaptada en forma de ópera por Charles Gounod), o los *Cuentos del lunes* de Alphonse Daudet. Se alegraba de irse unas semanas de la Cité Elgé. Desde principios de 1906 había dirigido ella sola un centenar de fonoescenas y una veintena de películas.

–Señorita –le recordó Yvonne, asomando la cabeza en su despacho–, no se olvide de que esta mañana vendrá a verla el señor Gaumont. Quiere presentarle a un colaborador de Londres. ¿Me oye, Alice?

–Sí, Yvonne –contestó Alice sin levantar la vista del correo.

–Creo que se llama Blachy. Lo he visto esta mañana en una reunión y... ¡es muy guapo!

El comentario la hizo reír.

–Yvonne, francamente, que ya no tenemos edad para eso.

–Usted puede que no, pero yo sí. Es guapo a rabiar, se lo aseguro. Como hay pocos.

–¡Estaría contento tu marido si te oyese!

–¡Pero si lo digo por usted, señorita!

–Deja de llamarme señorita.

–Eso solo depende de usted. Yo lo que digo...

–¡Yvonne, ni que fueras una casamentera! Venga, vete.

–Vale, vale, luego seguimos hablando.

–Eso.

Entró Gaumont con un hombre vestido a la inglesa, alto, delgado, con bigote y un poco de barba en el mentón. Se le veía muy cómodo al lado del jefe. Yvonne no había mentido: era guapo. «Más que eso», se dijo Alice.

–Señorita Guy –anunció Gaumont–, le presento a Herbert Blaché, de nuestras oficinas de Londres. Es quien comercializa nuestro material en Inglaterra, y también las películas de usted.

Herbert Blaché presentó sus respetos con un leve acento inglés que sorprendió a Alice.

–Su trabajo tiene mucho éxito en Londres –añadió con una mirada penetrante.

Blaché avasallaba a Gaumont con su presencia; «envolvente», fue el adjetivo que se le ocurrió a Alice para este último mientras levantaba un poco la barbilla y se apartaba un mechoncito de la frente, sorprendida ella misma de querer gustarle.

–El señor Blaché está en Francia para estudiar en nuestros distintos talleres –siguió explicando Gaumont–. Me gustaría que usted lo instruyese en el uso del cronófono.

–Lo siento, pero dentro de unas horas salgo de rodaje con Feuillade. Solo he pasado esta mañana para preparar el material con Anatole.

–¿No ha recibido mi mensaje? –se extrañó Gaumont–. Anatole está enfermo.

–¡No puede ser! ¿Es algo grave?

–No, un resfriado.

–Tengo que ir ahora mismo a ver quién puede sustituirlo.

–No corra tanto –dijo Gaumont–. La acompañará el señor Blaché. ¡Así va formándolo en la práctica!

A Alice le costó disimular una mueca de disgusto, por muy de su agrado que fuera la perspectiva de irse con Blaché.

–Es que es un rodaje muy complejo, y... –soltó, obedeciendo a un reflejo puramente profesional.

–¿Cuándo vuelve?

–Dentro de una semana.

–Muy bien. Le deseo un buen rodaje, señor Blaché –concluyó Gaumont, estrechando la mano de este último.

Luego se fue, dejando a Alice sumida en la contrariedad.

–No se preocupe –dijo Blaché para tranquilizarla, con una sonrisa divertida–, que conozco bien el material y ya he rodado mucho en Inglaterra.

–Mejor –contestó Alice, que añadió, sonriendo también ella–: Está usted de suerte. Vamos al sur de Francia.

–Perdone que la interrumpa, señorita –se disculpó Yvonne, asomándose al despacho–. Es que el señor Gaumont se ha olvidado de darle esto. Me ha dicho que es urgente. La aviso de que no son muy buenas noticias...

Le dio el mensaje a su jefa. El mensaje de Gaumont era breve: «He recibido otra queja contra Jasset. ¿Entiende usted lo que significa?»

El rostro de Alice se crispó. Había que actuar deprisa. Le pidió a Yvonne que le trajera un café al señor Blaché, hecho lo cual se disculpó y se fue.

Herbert Blaché pudo seguir la conversación entre Alice Guy y Jasset a través de la mampara de vidrio que separaba sus despachos, y quedó impresionado por la forma gélida y expeditiva con que Alice despidió a su ayudante.

–Jasset, ya le había avisado de que no habría segundas oportunidades. Gaumont acaba de informarme de la nueva queja.

–¿Qué queja? –protestó Jasset con una suficiencia que a Alice le dio ganas de abofetearlo.

–Supongo que ha querido esperar hasta el final de nuestra colaboración en *La Vie du Christ* para informarme. No me deja usted más remedio que prescindir de sus servicios de forma inmediata. Puede usted recoger sus cosas. Está despedido.

–¿Lo dice en serio? ¡Sin mí no habría podido ni rodar la película!

–Lo que les ha obligado a hacer a esas muchachas es una indignidad, Jasset. ¡Tiene edad para ser su padre! ¡Su papel, en el trabajo, era protegerlas, no manipularlas!

–¿Y quién le dice que no se morían de ganas?

–¡Pero cómo se puede ser tan vulgar! No quiero oír ni una palabra más. Ya pasará por caja para que le den el finiquito.

Alice salió del despacho entre los insultos de Jasset.

La fuerza que emanaba de ella dejó estupefacto a Blaché. En el trabajo tenía fama de ser una sargenta, y él acababa de verlo confirmado. Alice no se había arredrado ante Jasset, que le llevaba dos cabezas. A Blaché, la escena le había parecido casi cómica. Alice volvió muy afectada por la violenta conversación.

–Perdón. Siento que haya tenido que presenciarlo, pero todo tiene un límite.

–No faltaría más. ¿Quiere una taza de café? Aún está caliente.

–Gracias.

Le tembló la mano al aceptar la taza que le daba Blaché.

–Me estaba hablando de un viaje al sur –dijo este último, retomando la conversación donde la habían dejado.

Su elegancia enterneció a Alice. Con su fingida indiferencia, Blaché le quitaba un gran peso de encima. A Alice le daba mucha rabia que pudieran tomarla por una autoritaria. Llevaba diez años peleándose para que la respetaran dentro de la empresa, y ya estaba cansada de un papel que era consciente de que la marginaba. Esa postura de mujer poderosa asustaba a los hombres que buscaban la gloria. En el mejor de los casos la rehuían, y en el peor tenían ganas de bajarle los humos. En cuanto a sus admiradores, a partir del momento en que la ponían en un pedestal ya no querían otra cosa que contemplarla con beatitud. Blaché no le dio la impresión de estar ni asustado ni excesivamente admirado. La miraba como a una persona digna de su aprecio. Era la primera vez que Alice sentía algo así desde Julien.

–Dentro de dos horas tenemos que coger un tren –explicó–, y antes de salir necesito resolver varios asuntos. ¿Sería usted tan amable de repasar con mi secretaria la lista del material que hay que preparar? Nos vemos dentro de un rato en mi despacho. Iremos a la estación en coche.

–Me alegro mucho de hacer el viaje con usted –declaró Blaché.

–También viene Louis Feuillade. Luego se lo presento. Es el autor de las tramas que tendremos que escenificar durante este rodaje.

Alice llamó a Yvonne.

–Dígame, señorita.

Esta se quedó justo detrás de Blaché, haciéndole a su jefa un guiño que significaba: «Es guapo, ¿eh?» Alice se mordió la boca por dentro para no reírse.

Al salir del despacho de Alice, Blaché se cruzó en el pasillo con Jasset, que llevaba una caja de cartón bajo el brazo.

–¿Vas a trabajar con esa bruja? –le soltó el recién despedido–. ¡Pues ojo con tus huevos!

«¡Imbécil!», pensó Blaché. En otras circunstancias habría estado encantado de estrellarle un puño en la cara.

Durante el viaje a Nîmes, Alice y Louis Feuillade le expusieron a Herbert Blaché su proyecto de rodar historias inspiradas en el sur de Francia.

–Para *Carmen* y *Mireille* hemos contratado a actores que también saben cantar.

–¿Por eso me han hecho coger discos? Ahora lo entiendo mejor... ¿Pero la idea no era hacer las grabaciones *in situ*?

–Es para lo que le hemos hecho llevarse el material, sí, pero no sería la primera vez que me encontrase con el desastre de una grabación de imagen y sonido con un aparato mal sincronizado. La última vez que me pasó, al volver a París Anatole tuvo que tirar el noventa por ciento de lo que habíamos hecho, y no me apetece nada que se repita. El ajuste de los dos aparatos que forman el cronófono es muy delicado. Usted nunca lo ha hecho, ¿verdad?

–No, nunca he usado un cronófono. Creo que es la razón de que Gaumont haya insistido tanto en que me incorporase a este rodaje. ¡Cuenta con usted para formarme!

–Sí, ya lo había entendido; lo que no comprendo es la obsesión de Gaumont por participar a toda costa en la gran carrera hacia el cine sonoro.

–El error está en separar sonido e imagen. En Estados Unidos apuestan a fondo por la idea de aplicar directamente una pista sonora a la película.

–En Francia, Henri Joly está trabajando sobre la misma idea –intervino Feuillade–, y en Alemania Ernst Ruhmer ha ideado un sistema muy original: el sonido se convierte en señal fotográfica.

–¡No conocía esta faceta tuya de apasionado por la técnica, Feuillade! –dijo Alice, divertida–. Yo que te tomaba por un poeta en estado puro...

–Es que el empecinamiento de estos ingenieros por querer cambiar el mundo con sus inventos tiene su poesía.

–Es verdad. Entonces, si lo he entendido bien, ¿Gaumont se equivoca siguiendo por el camino que se trazó desde el principio, el de separar imagen y sonido?

–No le quepa duda –se aventuró a contestar Blaché–. El futuro lo dirá.

–Mientras tanto –comentó Alice–, su tozudez me perjudica, y al público también. En cuanto pasa la magia de oír la voz de una cantante a la vez que se mueve su imagen en la pantalla, los espectadores se quejan de la mala calidad del sonido.

–Eso es porque el fonógrafo no graba solo la voz y la música, sino también el resto: el roce de la aguja en el surco y los chirridos del mecanismo –aclaró Blaché.

–Mi conclusión es que volviendo «habladas» a las películas se las privará de mucha poesía, y al público también. Bueno, señor Blaché, de momento aquí están los textos de Louis. Tiene todo el día para leerlos. Empezaremos a rodar mañana por la mañana en el anfiteatro de Nîmes.

A Alice se le hacía raro estar sola con Feuillade y Blaché. A Louis lo conocía desde hacía un año. Se daba cuenta de que la cortejaba, y era sensible a su enorme talento de escritor, y a su cultura, pero no lo encontraba atractivo. Le resultaba insoportable su acento del sur, tanto como su físico achaparrado. Su constante jovialidad le daba la impresión de que sobreactuaba interpretando un personaje de su propia creación, un poco artificial. Aun así, lo quería como si fuera de su familia. Había vivido desde demasiado cerca la fragilidad de las personas para no perdonarle su coraza de despreocupación mediterránea. ¿Quién era realmente Feuillade? ¿Por qué se aferraba tanto a sus colaboraciones periodísticas con la *Revue*? ¿Qué prudencia le impedía cruzar las puertas, abiertas por Alice de par en par, de una trayectoria destinada al éxito en Gaumont? ¿Por qué le había impuesto como director a su amigo Étienne Arnaud? Alice ignoraba por completo las respuestas a esas preguntas, que no se atrevía a hacerle con franqueza. Desde la primera mirada entre los dos hombres se había dado cuenta de que Feuillade desconfiaba de Blaché. Todo en él le daba miedo: su juventud, su libertad y sus ganas de gustar a Alice.

¿Y a ella, le gustaba Blaché? Mucho más de lo que habría querido. Se sentía atraída por él. Aprovechó que estaba leyendo para observarlo. ¿De dónde sacaba su elegancia natural? ¿Y ese leve acento británico? Louis Feuillade la sacó de sus cavilaciones.

–¿Crees que podría aprovechar esta estancia en el sur para hacer mis pinitos como director?

–¡Louis! Todo lo que escribes demuestra que es para lo que estás hecho. Ya que sabes tanto de toros, toma a tu cargo las escenas en el ruedo.

–Acepto encantado –dijo Feuillade antes de seguir leyendo *Carmen*.

Y así fue como por la mañana Louis se encontró distribuyendo las cámaras por el anfiteatro romano ante la atenta mirada de Alice. Viendo afanarse a sus colaboradores, Alice disfrutaba del sol y del momento, mientras daba vueltas a la frase de Flaubert que había citado Louis ¿Demasiado pronto? ¿Demasiado tarde? ¿Y si era ahora?

–Louis, no pongas la cámara a este lado del pasillo, que no verás al toro cuando salga del redil.

–El pasillo se llama «callejón», y el redil «toril». A los toros, además, los dejan encerrados en los «chiqueros», durante el «apartado».

–No, si aún tendrías que haber hecho carrera de toreador... Te veo más a gusto que situando la cámara.

–«Torero», Alice; «matador» o «torero». La palabra «toreador» se la inventaron Meilhac y Halévy para *Carmen*. Les iba mejor para las rimas.

–A usted lo que le ha llegado es la «alternativa» –dijo Herbert.

–Exacto. ¿Qué pasa, que también sabe de toros?

–Mi padre es de Mont-de-Marsan, y vivió en Montpellier. Se crio en el culto al toro, y me ha hablado mucho del tema.

–¿Qué es la alternativa? –preguntó Alice, sintiéndose excluida de la conversación.

–El «novillero», que podríamos decir que es como el aprendiz, se convierte en torero el día de su alternativa, en presencia de su padrino. Yo tengo una madrina –dijo Feuillade, levantando el sombrero e inclinándose ante Alice.

–¡Olé! –remató Herbert con su acento inglés, que hizo aún más extravagante la interjección.

Pese a una apariencia de complicidad, era evidente que rivalizaban entre ellos. Alice, por su parte, fingía no ver nada, aunque para ambos encarnase a la «muleta». Herbert y Louis, cada uno a su manera, la embestían para seducirla: con falsa indiferencia en el caso del bello Blaché, y con humor y facundia en el de Feuillade.

La corrida había empezado por la tarde. Iniciado ya el rodaje, Alice echó de menos a Anatole. Era posible que Herbert conociera el material, pero no debía de haberlo usado muchas veces. La joven tenía sentimientos encontrados. Por un lado, se dejaba arrastrar por el encanto de Blaché. Tenía ganas de que se interesase por ella, y no vacilaba en recurrir a unas artes femeninas que nadie la había visto nunca emplear. Por otro lado, tenía miedo de que estropease esas dos semanas de rodaje al sol. Blaché manejaba la cámara con impericia, girando la manivela a destiempo y moviendo los pies. Había puesto varias veces una mano o un brazo frente al objetivo. ¡Una calamidad! Feuillade estaba patidifuso. Si Anatole hubiera cometido ni que fuera una décima parte de los errores de Blaché, Alice ya habría pedido que le diera la estocada un picador, pero la directora seguía imperturbable, sin levantar la voz al asistir al desperdicio de decenas de metros de película. El enfado de Feuillade era doble: por sus guiones, cuya traducción en imágenes sería inservible, pero sobre todo porque se había dado cuenta del atractivo de Herbert para Alice. Iban encadenando las escenas. Alice se tomaba todo el tiempo del mundo, como si estuviera de vacaciones. Hacía melindres, y a cada toma la seguían miradas elocuentes entre ella y Herbert, igual de conquistado –no había más que verlo– que la propia Alice.

Alice, Feuillade y Blaché estaban celebrando el final de más de dos semanas de rodaje en la terraza del famoso Café Tortoni de Nîmes, donde les habían servido un moscatel de Lunel. Diez años antes, una de las salas del fondo había albergado la primera proyección cinematográfica de la ciudad. Desde entonces, el cinematógrafo había accedido al Teatro Municipal y a las salas de espectáculos del casino o el Eden. Ya no lo monopolizaban los feriantes. Pronto Gaumont y Pathé pasarían de vender a alquilar sus películas. No solo eso, sino que se disponían a invertir en un circuito de salas con su nombre.

Con las mejillas sonrosadas por el calor y el moscatel, Alice estaba acabando de contar lo cerca que había estado Decaux de arruinar el rodaje de *La Vie du Christ*.

–Me sacó tanto de quicio que le dije: «Si tuviera una cara como la de usted me echaría un saco en la cabeza.»

Feuillade y Blaché se rieron. Luego los tres compinches brindaron por Decaux y el «Espinoso», que a pesar de su racanería era quien les permitía estar esa noche en la ciudad, una Roma en pequeño que Alice no se cansaba de admirar.

Después de reírse a placer, la directora sonrió.

–Decaux me quiere hundir.

–¡Qué dices, pero si eres indestructible! –contestó Feuillade.

–¿Tan fuerte parezco? ¡Mejor! Louis, eres lo que no hay. Me alegro muchísimo de que te guste tanto el cine. Se te ocurren tantas buenas ideas que tendrás que rodar tus propias películas.

Feuillade redirigió la atención de Alice hacia Blaché.

–¿Volverás a Inglaterra, Herbert?

–No, Gaumont me ha destinado a Berlín. Vaya, que sigo con mis aventuras en el extranjero. ¡Soy su comodín políglota!

–¿Por qué sabes tantos idiomas?

–Es una historia bastante romántica. Mis padres se enamoraron, pero las dos familias se oponían al matrimonio. Mamá pertenecía a la aristocracia inglesa, y mi padre era hijo de un sombrerero del sur de Francia. Para no separarse se escaparon a Bélgica, y luego a Prusia, que fue donde aprendí alemán. Luego se fueron a vivir a Rusia.

–¿También hablas ruso? –dijo Feuillade con asombro.

–Hasta lo escribo.

Alice tomó la palabra.

–¿Tus padres pudieron casarse?

–Sí, pero sin el consentimiento de sus familias. Aunque mi madre fuera noble, también era actriz, y encima protestante: demasiado para unos comerciantes católicos de Toulouse. Y para la familia de mi madre, mi padre, como hijo de comerciante, era horriblemente plebeyo.

–Todo muy novelesco –comentó Feuillade–. Y supongo que se quisieron mucho tiempo, y que tuvieron...

–¡Un solo hijo! –concluyó Blaché sonriendo.

–Ya es bastante –dijo Alice con seriedad–. ¡Se tienen muchos hijos que no cuida nadie! –Se volvió de nuevo hacia Feuillade–. ¿Tú crees en el amor, querido Louis?

–En lo que creo, como buen hombre del sur, es en la pasión. ¿Por qué crees que nos gustan tanto los toros? ¡Porque necesitamos lágrimas, sudor y sangre! En cuanto al amor... ¿por qué no? Quizá algún día... ¡Si me pidieras tú que nos casáramos, Alice, sería incapaz de negarme!

–¡Louis! ¿Y tú, Herbert, crees en el amor?

–Me gusta la idea de la pasión, pero a condición de que sea uno de los componentes del amor, porque la pasión sin amor es como una vida sin futuro.

A Feuillade se le escapó la risa.

–¡Tienes veinticuatro años y hablas del amor como un viejo sabio! En eso coincides con Alice: nacisteis con la sabiduría de la vejez. Haréis el camino de la vida a la inversa, cosa que os envidio. ¡Al haber nacido viejos, os moriréis con la despreocupación de la juventud!

–¡Predecirme a mí, que quiero controlarlo todo, un poco de despreocupación es como un sueño! –dijo Alice con una sonrisa, antes de hacer un brindis–. Por la despreocupación, la amistad, el amor y... ¡el cine!

Hicieron chocar sus copas.

–Siento que se haya acabado el rodaje –suspiró ella–. Gaumont tiene pensado proyectar *Mireille* dentro de un mes en la Place Clichy.

Miró a Blaché.

–Me alegro de haber trabajado contigo, Herbert –declaró.

–Yo también. ¡Y eso que hace dos semanas, cuando despediste a Jasset, pensé que nunca había visto a una mujer tan dura!

–Me sabe fatal, pero es que en esta profesión los hombres no paran de darme guerra. O quieren destruirme, o quieren conquistarme. El propio Feuillade, aquí presente, me quiso engatusar cuando nos conocimos. No lo pudo evitar.

–¡Pero si solo te dije que eras guapa!

–¡Ya, pero eso a un hombre nunca se lo habrías dicho!

–¡No, evidentemente que no!

–Está claro que para una mujer tan guapa es complicado dirigir a hombres –opinó Herbert.

–¡El que faltaba! –replicó Alice–. Los hombres siempre van de seductores. Es más fuerte que ellos. Yo cuando trabajo solo pienso en trabajar.

–Y así se llega a los treinta y tres años siendo una solterona –contraatacó Feuillade.

–Qué malo eres... ¡Pero si tú tampoco te has casado!

–Bueno, que este solterón se tiene que ir a dormir. Buenas noches, tortolitos, hasta mañana.

El repentino adiós de Feuillade dejó a Alice con la incomodidad de quedarse a solas con Blaché.

–Adoro a Louis –confesó–. Como compañero de trabajo es una maravilla. Tiene imaginación a raudales, es gracioso, sensible...

–Ven –la interrumpió Blaché–, que te enseño un sitio que te gustará.

La llevó hacia la riada de espectadores que salían del anfiteatro de Nîmes para desperdigarse por las callejuelas de la antigua ciudad romana. Alice se extrañó de haber aceptado quedarse a solas con él. No se explicaba la atracción que ejercía Blaché sobre ella. Lejos de París, de su familia y de sus responsabilidades, achispada por el dulce vino de Lunel, se dejaba llevar. Nunca la habían tomado del brazo con tanta autoridad, salvo quizá su padre, de pequeña. Blaché tenía la actitud de un conquistador, sin miedo ni dudas. Alice estaba fascinada por su aplomo. Era un hombre que había adoptado como meta el placer, y cuyo gran deseo era «aprovechar la vida» en todos sus instantes. Nada más ajeno a una mujer como ella, que lo que hacía siempre con la suya era controlarla.

Herbert la llevó a un tablao flamenco y, tras acomodarla en una mesa, fue en busca de vino. En el escenario, un bailaor español bailaba con la misma pureza que había descubierto Alice durante su viaje por España. La brutal sensualidad del baile, y la intensidad de la emoción que se iba contagiando por la sala, la emocionaron hasta las lágrimas. Cuando Blaché volvió y le puso una mano en la nuca, acariciándola con suavidad, Alice sintió deseo. Recuperó la compostura y lo riñó.

–Si esto que estás haciendo es una seducción, te advierto que...

–De todas formas, eres imposible de querer.

–¿Cómo que soy imposible de querer?

–Tus deseos de libertad priman sobre cualquier otra cosa, ¿no?

–¿Qué quieres decir?

–Que un hombre necesita poseer, y tú no quieres ser de nadie.

–¿Tú tienes ganas de ser de alguien?

–No, pero sí de que tú seas mía.

–Tienes razón, es imposible.

–¿Nunca has estado casada?

–Es una pregunta indiscreta, pero bueno, la respuesta es que no.

–Entonces te pido en matrimonio.

–¿A mí? ¿Por qué?

–No me has dicho que no...

Alice frunció el ceño.

–¿Es un juego?

–Es un juego, pero serio a más no poder.

–Primero me dices que soy imposible de querer, y luego me propones matrimonio. ¿Cómo tengo que entenderlo?

–Como que la vida es movimiento, y que a mí me gustan los desafíos. Eres guapa a rabiar. Me das ganas de batirme en duelo con todos tus principios, darles en el corazón y liberar el tuyo.

–Gustas demasiado a las mujeres.

–¿Y a ti, te gusto?

–Encima trabajas para Gaumont, y yo con él no quiero tener problemas.

Blaché se acercó a Alice.

–Te deseo –le dijo en voz baja–. Antes has dicho que soñabas con despreocuparte un poco.

–Me voy.

–¡Ven!

Blaché puso dinero en la mesa, apagó el cigarrillo y cogió la mano de Alice para llevarla por las calles de Nîmes.

Fumando en su ventana, Feuillade vio a Alice del brazo de Blaché bajo los viejos plátanos que enmarcaban la entrada del Hôtel du Midi, donde pasarían su última noche antes de volver a París. Luego la oyó reír. Tenía tipo de chica joven. A Feuillade, Blaché le parecía demasiado superficial para ella. Se oyó a sí mismo llamándolo «cretino», sin que le sirviera para mitigar sus celos. Cerró la ventana y se acomodó en el escritorio para convertir con la tinta de su pluma la imagen de los jóvenes enamorados en una historia de amor con final trágico.

Se dijo que Alice tenía razón: haría cine. Ella le había transmitido las ganas y los instrumentos para hacerlo, y le estaba dando carta blanca para abrirse un hueco en la Gaumont. Lo aceptaría como un regalo de despedida del sueño, de carácter más personal, que se había formado al conocerla.

El viaje de vuelta a París fue muy distinto al de ida. Alice buscaba a Herbert, se reía y le hablaba de todo, tanto de los detalles más fútiles de la vida como de literatura. Feuillade tomaba notas, irritado por los juegos de la parejita. Llevaba sus buenas veinte páginas, con garabatos en los márgenes: un toro embistiendo a una virgen, un diestro toreando una oca con muleta, una botella de absenta que se vaciaba en la cabeza de un vagabundo... Y en cada página la misma frase: «Tengo la vela en la mano, y la cera me quema el corazón.» Alice no veía nada, o bien fingía no darse cuenta.

Alice reconocía en París los aromas de la Provenza. Iba como volando por los adoquines. Su corazón había resuelto ponerse en marcha, y su nuevo mecanismo funcionaba a toda su capacidad.

También la Gaumont iba lanzada. Léon se había obsesionado con llegar a otros países, lo cual tardó muy poco en tener consecuencias en la vida de Alice.

–Me voy a Berlín. El señor Gaumont tiene clientes dispuestos a comprar cronófonos. Está obsesionado con su aparato. Según él, Alemania es un mercado de primera. En resumidas cuentas, me voy.

Herbert ponía cara de enterrador. Alice no se inmutó. Tenía ganas de llorar, romper el lápiz que tenía en la mano e ir corriendo a preguntarle a su jefe si había decidido destrozarle la vida para siempre.

–Así que Berlín... Pues no es mal reto, Herbert. ¿Estarás fuera mucho tiempo?

Lo dijo con un pequeño nudo en la garganta, que a Herbert no le pasó desapercibido. Alice se hacía la indiferente. No quería faltar a su reputación. Herbert la conocía desde hacía poco, pero le bastó para darse cuenta de que estaba molesta, por decirlo suavemente. La miró unos segundos en silencio, como si hubieran vuelto a Nîmes.

–No lo sé. Gaumont tiene muchos clientes en Alemania, y tengo que ayudarlos a dominar el cronófono y convencerlos de que compren más películas. Es un doble encargo, comercial y técnico. Hablo alemán y conozco el aparato. Lo demás está en mis manos.

Alice, como paralizada, hizo un gran esfuerzo para mantener una actitud digna y profesional. Se levantó y le dio la mano a Herbert, que se inclinó para besársela con gran ternura. Luego se fue, y a Alice se le cayó el mundo encima.

Pasó un mes. Las cartas de Alice se mantenían dentro de la más estricta neutralidad, sin abordar más temas que las relaciones comerciales de la delegación de Berlín. Aun así, de vez en cuando se las arreglaba para deslizar discretas referencias al rodaje de ambos a orillas del Mediterráneo, recurriendo incluso a metáforas taurinas sacadas de un libro que le había prestado Louis.

¿Lo sabía Gaumont? El jefe tenía bastante picardía como para haberse dado cuenta de sus artimañas, a menos que, sencillamente, se hubiera informado por boca de Yvonne o de Feuillade. Un martes por la mañana entró en el despacho de Yvonne. No eran ni las ocho.

–El trabajo de Herbert es duro. Esos alemanes del demonio no entienden nada del funcionamiento del cronófono. Me gustaría que fuera usted a ayudarlo.

–¿Cómo?

Alice se debatía entre la felicidad de reunirse con Herbert y el rechazo absoluto a abandonar su puesto.

–Lo que oye, Alice. Es la única capaz de ir en su ayuda. Se conoce el aparato al dedillo. En Alemania nos jugamos mucho, y necesito a una profesional para que Blaché pueda hacer triunfar el cronófono. Tiene citas en Dresde, Fráncfort, Colonia y Núremberg. Él solo no lo logrará. Quiero que vaya usted a ayudarlo.

Alice entendió que Léon no daría su brazo a torcer. Por otra parte, aunque ella siempre hubiera sabido plantarle cara con respeto, esta vez le faltaban las palabras. Su atracción por Herbert mermaba su capacidad de resistencia. Aunque se negara a reconocerlo, ya estaba en Berlín.

–Pero ¿quién se encargará de las películas, señor Gaumont? No hace falta que le diga cuántos proyectos tenemos y tendremos entre manos...

–Lo sé, Alice, pero ahora mismo cuenta usted con buenos colaboradores, empezando por Louis Feuillade, que podría sustituirla durante su ausencia. Solo serán unas semanas. Arréglelo con Yvonne mientras yo se lo hago saber a Blaché. Estará contento de tenerla a su lado. Por mi parte, espero que me vendan cronófonos como churros.

A la Gare de l'Est la acompañaron Marie, preocupada, y Henriette, feliz de que se reuniera con su Herbert. El viaje llenaba a Alice de entusiasmo. Ya había dado todos los consejos necesarios a Louis, que, si bien encantado de tomar las riendas, le dio todas las garantías de que le devolvería el mando en el momento mismo del regreso. Lo cierto es que la decisión no era suya, pero a Alice no le molestaba tomarse un respiro. El puesto de directora de producciones no le ofrecía otro horizonte que el de las cámaras, los técnicos, los clientes y un sinfín de horas de despacho, escribiendo guiones, organizando calendarios de rodaje y redactando los contratos de los actores. En el rápido para Berlín se respiraba libertad. Sonrió al enfrascarse de nuevo en *El faro del fin del mundo*, la última novela publicada por Jules Verne.

Herbert, que la esperaba en el andén, la estrechó en sus brazos como si se reencontrase con una hermana. Alice estaba emocionada y nerviosa. Quizá también enamorada; o sin quizá, vista la luz que emanaba de su rostro, bañando la estación como un sol provenzal.

Herbert le expuso con todo detalle la situación, las enormes dificultades de los clientes alemanes para usar correctamente el cronófono y la gira que tenía prevista. Tardarían como mínimo dos meses en visitar diez o más ciudades, reunirse con los clientes, organizar las demostraciones y presentar los catálogos. Para Alice, que hacía películas, pero nunca había tenido que venderlas, era un nuevo desafío, que la llenaba de una mezcla de ilusión y miedo. La presencia de Herbert confería atractivo a la experiencia. Era la primera vez en su vida que Alice aceptaba dejarse llevar. Herbert había pasado toda su juventud viajando por Europa. Llegar, marcharse, correr de estación en estación y de hotel en hotel... Acostumbrado a ese trajín, lo hacía todo fácil, riéndose de naderías, disfrutando de los contratiempos y jugando con los clientes como con marionetas. Entre los dos lograron multiplicar las ventas. Se divertían, y en los hoteles, para ahorrar, dormían en la misma habitación. Alice ya no se acordaba de París, ni de los actores, ni de Anatole, ni de Decaux. Ni siquiera de Feuillade. Cumplía su misión con esmero, porque era su forma de ser, y se deleitaba en la felicidad –nueva para ella– de una escapada amorosa. Nunca se había sentido así. Tuvo la sensación de haber perdido el tiempo, aunque se consolaba pensando que en el mundo solo había un Blaché, y que no había tenido más remedio que esperarlo.

De regreso en París, Léon Gaumont la recibió exultante. El balance de la campaña alemana no podía ser más espléndido. Alice volvió a instalarse en su despacho, feliz de reanudar su adorada profesión, pero con un hueco en el corazón por haber dejado a Herbert en Berlín. Antes de despedirse, Blaché había vuelto a pronunciar la palabra «boda».

El despacho de Feuillade estaba revolucionado: varios escritores, un actor contratado para *La Vie du Christ* por Alice, que ya no se acordaba de su nombre, Étienne Arnaud sentado en la mesa e inclinado hacia Louis, en cuya mano había un fajo de textos... Alice se dio cuenta de que llegaba en plenos preparativos de una película. El tiempo se paró un segundo, mientras todos la miraban como a una aparición. Finalmente, Feuillade se levantó para darle un abrazo.

–Te he echado de menos.

–Yo a ti también, Louis. Os he echado a todos de menos.

Volvió a ocupar su puesto, secundada como antes por Louis, pero se había producido un cambio casi imperceptible. Feuillade era demasiado respetuoso para haber ido de jefe en ausencia de Alice, cuya autoridad quedó restablecida en pocos días. Aun así, el tiempo transcurrido había sido suficiente para que se asentasen nuevos hábitos, y Alice pudo advertir que no era insustituible. Tampoco le molestaba, porque sus pensamientos iban hacia Berlín. Echaba de menos a Herbert.

Mientras preparaba un rodaje con Louis y Étienne recibió el aviso de que la esperaba el jefe. Recorrió el largo pasillo que llevaba al despacho de Gaumont. La puerta estaba abierta. Léon la oyó acercarse.

–Pase, Alice –la llamó con voz autoritaria–. Debe de estar contenta, porque su *Vie du Christ* es un triunfo, y ha hecho un buen trabajo en Alemania. Forma usted un equipo de órdago con Blaché.

Estaba contento, demasiado.

–Bueno, la verdad es que lo de Alemania ha sido un poco pesado. Una o dos veces puede tener gracia enseñarles a nuestros clientes a usar un aparato que tampoco es que sea muy complicado, pero a partir de ahí me he sentido como un autómata.

–Alice, debería estar usted encantada de hacer brillar los colores de Gaumont.

–No, si lo estoy, sobre todo cuando consigo que el público venga a ver mis películas.

–A eso iba. Se me ha ocurrido algo.

«¡Ya estamos!», pensó Alice.

–El mercado del futuro es el americano. En Estados Unidos se pirran por el cine, y en términos comerciales es un territorio gigantesco. He vendido las licencias del cronófono a unos industriales de Cleveland. Hay que ayudarlos a sacarlo al mercado. Serían pocos meses, y la necesito. Nos jugamos una barbaridad.

–¡Pero Léon, si yo de inglés no sé ni una palabra! ¡Además, aquí tengo mis proyectos de película!

–Mire, las películas funcionan solas. Ya lo arreglará con Feuillade. ¿No me lo ha vendido siempre como el mejor? Pues seguro que puede volver a sustituirla. En cuanto al inglés, ya lo tengo pensado: la acompañará el señor Blaché, para ayudarla. Confío en usted, Alice.

–Pero... ¿por qué yo?

–Está soltera, no tiene hijos y es mi mejor especialista en el cronófono.

–¿Y cuándo tendría que salir?

–Blaché vuelve de Berlín dentro de un mes.

–Bueno, pues supongo que...

–Eso, Alice, supone usted bien. ¡Vamos allá! Considere la propuesta como una demostración de lo mucho que confío en usted.

–Bueno, tampoco es me dé mucha elección...

–¡Los negocios son los negocios, Alice! –dijo Gaumont, enfrascado de nuevo en sus informes.

Se había dado cuenta enseguida del provecho que podía sacarle a la suma de los talentos de la joven pareja. Alice había demostrado sus cualidades artísticas, su capacidad de organización, su dominio de los instrumentos técnicos y su olfato para descubrir nuevos talentos. En cuanto a Herbert, aunque su principal virtud fuera hablar con fluidez tres idiomas, su avasallador encanto constituiría otra baza a la hora de vender el material. Como en Alemania, la pareja formaría un tándem perfecto para ir a la conquista de Estados Unidos. La empresa de la margarita estaba lista para dar el gran salto: sacarle rédito al ingente mercado de unas salas a las que ya acudía en tromba una insaciable clientela. La explosión de los Nickelodeons estaba provocando un aumento vertiginoso de los ingresos. Gaumont quería hacerse un hueco en ese nuevo territorio, y sus conquistadores serían Alice y Herbert. Estaba muy contento de su decisión.

Alice, por su parte, se había quedado anonadada. Tuvo ganas de ir a ver a su amigo Feuillade.

–Louis...

–¿Qué pasa? –gruñó vagamente Feuillade, sumido en la lectura de su texto.

Extrañado de no haber vuelto a oír la voz de Alice, al final levantó la vista hacia ella.

–¡Qué cara pones!

–Me parece que el sapo inmundo de Decaux ha vuelto a hacer de las suyas.

–Un poco floja, la palabra «sapo». Seguro que se te ocurre algo mejor.

–Después de lo de Alemania, el muy sinvergüenza ha convencido a Gaumont de que me mande a América.

–Eso ya me gusta más. ¿Y qué? ¿Qué tienes contra los americanos?

–Quieren hundirme.

–¿¿Los americanos??

–Louis, todo lo que hay aquí lo he creado yo –dijo Alice, dejándose caer en un viejo sillón de cuero que era un recuerdo de un rodaje reciente–. Me gusta mucho mi trabajo, y quiero hacer películas, pero ahora Gaumont me manda a venderles su cronófono de feria a los americanos.

–Seguro que se te ocurre algo mejor que «feria», Alice.

–¡Para de burlarte de mí, Louis!

–Vale, vamos a ponernos serios dos minutos, si es lo que quieres. Los viajes van bien para la creatividad, Alice. Volverás de tu estancia en América con las maletas llenas de nuevas ideas. ¿A quién te llevas, a Anatole?

–No, es demasiado viejo y odia viajar.

–¿Entonces? ¿Vas sola?

–No.

–¿Pues con quién?

–Con Blaché.

Louis soltó una carcajada.

–¡Menuda actriz estás hecha! Habrase visto... Pues nada, ya tenéis la oportunidad de vuestra vida. Acabáis de pasar vuestra luna de miel en Alemania... ¡sin haberos ni casado!

–¿Estás mal de la cabeza o qué? ¡Cállate, Louis! ¡Para!

–A ver, Alice, te voy a ser sincero: en toda la Cité Elgé no hay nadie que no esté enterado. Por mi parte, estaría encantado de disuadirte, pero me di cuenta enseguida de que no tenía nada que hacer contra ese chico. Es joven y guapo, y tiene un acento delicioso, con ese toque exasperante de elegancia inglesa; es aventurero y políglota, pero lo más importante es que ha decidido que serás suya. Resumiendo, que sueño cada noche con cortarle la cabeza, y lo único que me lo impide es pensar en lo triste que te pondrías tú.

–Tiene diez años menos que yo...

–Y tú aparentas diez años menos de los que tienes.

–¡Tengo treinta y tres, y él veinticuatro!

–Si no yerran mis cálculos, la diferencia ha quedado reducida a nueve.

–¿Tú crees que...?

–Yo creo lo que veo, y lo que veo es a una mujer enamorada. Es algo que no pasa mil veces en la vida, o sea, que yo de ti haría el equipaje...

–¿Y mi trabajo, Louis, y mi trabajo? ¡Es toda mi vida!

–Pero Alice, por Dios, ¿quién te pide que dejes de trabajar? ¿Blaché? ¿Te lo pide Blaché?

–No, pero... me pide que me case con él.

–Sí, entre enamorados es costumbre –dijo Louis con cierta sequedad.

–Ya sabes lo que opino sobre el matrimonio.

–Aquí la única pregunta es si estás enamorada. Contesta con sinceridad.

–Sí.

Louis miró a Alice y le recitó sonriendo unos versos.

–«Mas, oh corazón mío, cuando perdido la hayas, / si a algún lugar vas a aguardar su llegada, / en vano has de esperarla en la desierta playa.»

–Musset a George Sand.

–Alice, ¿hay algo más importante que el amor?

–Louis, ¿hay algo más inconstante que el amor?

–¡Siempre te quedará el cine!

La puerta del despacho de Feuillade se abrió muy bruscamente. Decaux, recién llegado de un viaje profesional de varias semanas por España, se sentó enfrente de Alice.

–¡Vaya, vaya! ¡Así que va a seguir las huellas de La Fayette! ¡Prepárate, América!

–Parece encantado con la idea...

–Gaumont está convencido, y es bueno para la empresa.

Su sonrisita irritó a Alice.

–¡De momento estoy aquí! ¡Vaya si estoy!

Tras despedirse de los dos, Decaux se fue con su exasperante sonrisa.

–Te echaré de menos –le dijo Alice a Louis Feuillade, suspirando profundamente.

–¡Pffff! –dijo él–. ¡Ojos que no ven, corazón que no siente!

–¡Malo!

–Seguro que se te ocurre algo mejor, Alice.

Alice tenía un vértigo incontenible. Parecía que estuvieran disolviéndose las bases de su existencia. Se había construido un mundo a su medida, firmemente instalada al frente de un departamento de la Gaumont íntegramente construido por ella. Muy apegada a esa independencia, había ido rechazando todas las amenazas o requerimientos que pudieran poner en peligro su bella construcción, pero ahora parecía que el viento de su propia historia quisiera barrerlo todo en cuestión de semanas.

Pese a la antipatía que le inspiraba la institución del matrimonio, y a la angustia de verse privada de una libertad conquistada a base de trabajo y voluntad, no podía resistirse a la llamada del amor, de la maternidad y de la dicha de crear una familia. También sentía que Blaché y ella podían formar un poderoso equipo, como lo habían demostrado en Alemania. Se encontraba en una disyuntiva: por un lado, la atracción de una vida nueva al lado de un hombre al que quería, y por el otro el miedo a los desconocidos horizontes que se abrían ante ella.

Tres semanas después, en espera del tren procedente de Berlín, Alice engañaba a la impaciencia con un libro cuyos renglones se confundían ante su mirada. Había dejado que Henriette avisase a su madre de la aparición de un posible marido en su vida, y luego le había transmitido ella misma a Marie su decisión de casarse con la persona en cuestión. Su madre se había quedado quieta, con una leve mueca de reproche en un lado de la boca.

–¡Pero si casi no lo conoces! Un joven con pasado aventurero y orígenes complicados. Podrías esperar un poco, ¿no?

–Bueno, no hace falta que te diga que en cuestión de orígenes tendríamos mucho que decir. Además, por edad empiezo a estar al límite para formar una familia, y tú me has enseñado que el amor es un cimiento imprescindible. Yo a este hombre lo quiero. Es lo principal, ¿no te parece?

–¡Encima Henriette me ha dicho que os vais a América!

–Mamá, a Herbert y a mí nos han encomendado el éxito de la Gaumont en América. Es una aventura extraordinaria.

–¿Estaréis fuera mucho tiempo?

–Unos meses, lo que tardemos en encarrilar el negocio.

Alice había hecho todo lo posible por tranquilizar a Marie. Estaba segura de que Herbert, con su encanto –que tan bien usaba, dicho fuera de paso–, sabría ganarse a toda la familia.

La cena estaba prevista para esa misma noche. Alice miró el gran reloj: ya hacía una hora que habría tenido que entrar el rápido por la vía 11. El jefe de estación vigilaba su mundo desde una plataforma metálica. Finalmente anunció con su megáfono el rápido Berlín-Estrasburgo-París. Aguantándose las ganas de ir corriendo al encuentro de Herbert, Alice esperó al final del andén, en un esfuerzo de impasibilidad. La enorme locomotora lanzaba suspiros de vapor al recorrer los últimos decámetros de vía. Se acordó de su primer contacto con el cinematógrafo de los hermanos Lumière, y de la emoción que la había abrumado al ver entrar un tren en la estación sobre esa gran pantalla, entre los clamores de un público azorado. Al ver a Herbert le dio un brinco el corazón. Estaba en medio de la gente, con su gran bolso de cuero marrón en la mano. Alice se acercó. Estuvieron unos segundos sin moverse, hasta que se abrazaron. Alice no se atrevió a darle un beso en público. Subieron a un taxi para reunirse con Marie. Herbert sonreía, contento y despreocupado, contagiando su buen humor a una Alice transfigurada. Ella, que lo miraba con amor, supo que ya no podía prescindir de él. Una parte de su ser se resistía aún a lo que consideraba como el abandono de su libertad, pero Alice se fiaba de sí misma. Tenía una profesión y un prestigio. Sus éxitos la hacían sentirse libre, más allá de que estuviera casada o soltera. El automóvil petardeó al llegar a casa de Henriette. Desde la ventana, Marie vio bajar a su hija del coche del brazo de su futuro esposo, riéndose como una niña y saltando por los adoquines mientras Herbert recogía su voluminoso equipaje. Tenía prestancia, no se podía negar.

–¡Guapo lo es!

Julia, llegada expresamente desde Suiza para conocer a su nuevo e imprevisto cuñado, se había reunido en la ventana con Marie, que se encogió de hombros. La pareja había subido las dos plantas que llevaban al apartamento. Durante unos segundos el reencuentro de Julia y Alice acaparó todo el espacio, hasta que Herbert fue presentado a Marie. Su delicioso acento conquistó a Henriette y Julia. Marie lo observaba como un espécimen científico, intentando adivinar qué se escondía detrás de esa cara, de esa planta perfecta y de esa actitud dicharachera. Herbert fue un comensal irreprochable, que se prodigaba en anécdotas con su voz suave y bien timbrada, contando su infancia por diversos países europeos, la originalidad y el enamoramiento de sus padres y su paso por diversos colegios donde había aprendido otros tantos idiomas. Imponía su carisma sin autoridad ni vulgaridad, haciendo gala de una sencillez que fascinaba a Alice, embelesaba a sus hermanas y acabó por suscitar la aprobación de Marie. Respetuoso con las convenciones, estuvo unos minutos a solas con su futura suegra para pedirle oficialmente la mano de su hija. Marie le dio su permiso, y Alice un beso. Hacia medianoche se marcharon para regresar a la Rue des Alouettes.

La felicidad de Alice era total. Al llegar a la Cité Elge tuvo una pequeña punzada en la boca del estómago. Estaba a punto de poner fin a más de diez años dedicados al cine, con sus luchas, y a veces sus fracasos, pero sobre todo sus éxitos, sus nuevos conocidos, sus alegrías siempre renovadas al terminar una película. ¿Qué iba a ser en adelante de su vida?

¡Día de celebración! Feuillade estaba girando la manivela de una gran cámara en la que tenía apoyada una copa de champán. Alice Guy se casaba. «¡Por fin!», decían las malas lenguas.

Marie, Henriette y Julia asistían a las evoluciones de Alice, que repartía sonrisas, se paraba a hablar con todos, volvía con Herbert, lo cogía por el brazo, le daba un beso y regresaba con sus invitados.

Estaba radiante, con un vestido de encaje blanco que no tenía nada que ver con los que se confeccionaban deprisa y corriendo para las escenas cinematográficas de su invención. No, esta vez quien se casaba, después de resistirse tantos años, era ella. Estaba en el apogeo de su gloria. La niña criada en Chile, la chiquilla maltratada por la vida, la mujer que se había ganado uno por uno sus galones de profesional respetada, se permitía al fin ser feliz. Era la boda de una mujer consagrada y admirada.

Herbert hacía gala de un delicioso buen humor, sentándose de mesa en mesa e interviniendo en las conversaciones con el mismo aplomo sereno que exhibía en cualquier situación. Alice era la envidia de todas las mujeres. Su marido ejercía un magnetismo formidable, una atracción a la que pocas podían resistirse. Él hacía el esfuerzo de fingir, como si no se diera cuenta de nada. Herbert Blaché era la perfecta expresión del seductor.

Siempre se daba cuenta de si lo miraban, aunque simulase lo contrario. Sus andares felinos cuadraban a la perfección con su instinto de cazador. Marie observaba atentamente, y con algo de inquietud, a esa fiera al acecho, viendo en su yerno algunas actitudes que le recordaban a Émile, aunque no dijo nada y se guardó sus temores, entristecida por tan malos pensamientos.

Louis, feliz por Alice, pero también vagamente preocupado, se sinceró con su amigo Étienne Arnaud.

–No consigo hacerme a la idea. Alice casada con el larguirucho ese... La verdad es que me cuesta confiar en este lord de pacotilla.

–Pobre Louis... Tú lo que estás es celoso. Por cierto, no te has traído a Léontine...

–Nunca mezclo el trabajo con la vida privada.

–Claro, claro... Y así, de paso, no tienes que confesarle a Alice que llevas diez años casado.

–Bueno, Étienne, cállate ya.

Louis Feuillade ya llevaba encima unas cuantas copas de champán. Hablaba un poco más despacio de lo normal, con un acento del sur que convertía su discurso, sin duda apasionante, en un galimatías que ni el propio Étienne, acostumbrado a que las veladas con su amigo acabaran regadas con alcohol, llegaba a descifrar.

–Mira, Étienne, lo único que queda siempre, en todas partes, lo único que queda, pero de verdad, es la amistad.

–Y el amor también, Louis –dijo Étienne, tomando por la cintura a Yvonne para besarla con un entusiasmo que hizo las delicias de la joven.

–Bueno, ya, pero es que el amor duele demasiado...

Se levantó, dejando a Feuillade en íntimo coloquio con su copa de champán, y se reincorporó a la fiesta. Había una orquesta contratada especialmente para la ocasión. Después de un baile perfecto con su Yvonne, aplaudido por los invitados, Étienne invitó a Alice a un vals. Aturdida por el champán y la música, Yvonne quiso estar a solas durante unos minutos. Vio una escalera que parecía llevar a las habitaciones privadas. Del rellano partía un pasillo con varias puertas. Abrió la primera, que daba a un saloncito. Al girar el siguiente pomo descubrió una habitación. En la cama había una pareja: un hombre besando a una mujer y tocándole los pechos. Sorprendidos por la intrusa, se giraron de golpe. Eran Herbert y Sonia d'Arville, una actriz que se había invitado a la fiesta por su cuenta. Yvonne, conmocionada, bajó por la escalera a toda prisa. El vals se estaba terminando. Alice sonreía a su pareja, que le daba las gracias por el baile. Yvonne se refugió en brazos de Étienne, escondiendo la cara en su hombro para disimular un llanto que le resultaba imposible contener. Al poco tiempo reapareció Herbert con su eterna sonrisa. Alice fue con él y lo tomó del brazo antes de besarlo con ternura.

–¿A que bailo fatal en comparación con Yvonne?

–En absoluto. Bailas como sabes hacerlo todo, a la perfección.

–Para, Herbert. ¿Qué quieres, empezar a mentirme el día mismo de nuestra boda? –dijo Alice entre risas.

–Te quiero tanto... –murmuró él, estrechándola en sus brazos.

En el barco, rumbo a Nueva York, Alice se acordó de su primera travesía del Atlántico, a los cinco años, cuando su madre la llevó a Valparaíso, hacia ese Chile desconocido donde habían nacido su hermano y sus hermanas. Siempre se había sabido distinta. Todo eran misterios, empezando por su nacimiento en Saint-Mandé y siguiendo por sus primeros años en casa de su abuela, como si una fuerza invisible la hubiera mantenido a distancia de su padre, su familia y Chile. Una vez en Valparaíso había descubierto la fuerza del continente, de ese idioma desconocido, y una cercanía casi innata a los indios, como si estuvieran unidos por la sangre.

En la cubierta del gran transatlántico, caminando con Herbert, le abrió su memoria. Le habló de ese padre lejano y de rostro severo. Le habló de la hacienda familiar, de los caballos, de Teresa, de Tahiel y del asilo del Sagrado Corazón donde su madre cuidaba a los más desvalidos. De sus alocadas correrías por las calles de una colina de Valparaíso, perseguida por amigos indios de su edad. De la cara llorosa de su madre, de los gritos incomprensibles dentro de la mansión, y de su miedo cuando la última invectiva se cerraba con portazos. También de ese hombre alto y moreno, el hijo de Tahiel, un mestizo volcado en la defensa de los derechos de los mapuches; un hombre que a él la trataba con ternura, hasta el punto de hacerle regalos que luego la madre de

Alice escondía. Los había sorprendido besándose un día en que su padre se encontraba en Santiago.

–¿Tu madre engañaba a tu padre?

–Estaba enamorada de otro.

–¿Y nunca has pensado que podías ser hija del otro?

Alice bajó la cabeza, mientras se le saltaban las lágrimas.

–¡Con la cantidad de veces que pasa, amor mío!

–Mamá lo niega rotundamente, y es algo que ha hecho sufrir tanto a la familia que a mí no me puede alegrar.

–¡Este culto del sufrimiento entre las Guy...! Tu madre está viviendo una mentira, porque es la única manera posible de sobrevivir en el ambiente de la pequeña burguesía de París, que es donde se mueve ella.

–¿Por qué? –dijo Alice, secándose las lágrimas.

–¿Te imaginas la cara que pondría vuestro gran amigo Paul Brehm, que, dicho sea de paso, está loco por ella, si se enterase de que se acostó con un guerrero mapuche? –Herbert se tronchaba de risa–. ¡Ahora me cuadra más que tu madre me mire tan raro! Sabe que soy un ser libre, como seguro que también lo fue ella de joven. Las convenciones sociales me repugnan, igual que repugnaban a mis padres.

–El matrimonio es una convención, Herbert...

–Solo es un papel, del que en ningún caso debemos ser esclavos. ¡Nos hemos casado para poder viajar juntos a América, para facilitarnos la vida!

–¿Y los votos que hicimos en la iglesia?

–Los hicimos nosotros, y dependerá de nosotros cómo los apliquemos.

–Pero los respetarás, ¿verdad?

–No arrugues esta frente tan bonita, amor mío, y deja de pensar en tu pasado, que ya no existe. Aprovecha lo que estamos viviendo. ¡Es una aventura! ¡América es nuestra!

Alice sabía mejor que nadie lo mortífera que podía ser la lucha por la libertad. Pensó en Tahiel y Antonio, cuyo pueblo había sido diezmado; pensó en su madre, triturada por los vínculos del matrimonio, y en sí misma, que había sacrificado su vida privada para conseguir un trabajo en Gaumont.

Herbert, en cambio, quería ser libre para saciar sus deseos. Su única meta, por lo visto, era el placer. De hecho, le había abierto a Alice las puertas de un mundo nuevo para ella, el del gozo sexual, un tabú absoluto. ¿Y si solo le quería por eso? Observando el rostro ávido de su marido, se dijo que no. Le encantaban sus ansias de vivir, que a ella le estaban sirviendo para ensanchar su visión del mundo. Herbert le había enseñado a redescubrir el placer de comer, beber, bailar o caminar sin ninguna otra finalidad que el disfrute. Gracias a él había tenido el valor de subir de nuevo a un barco y cruzar el océano. Herbert la había sacado del recinto de la Cité Elgé, donde seguro que, dada su necesidad de referencias, habría trabajado el resto de su vida para estar tranquila.

Apretó con algo más de fuerza el brazo de su marido, que charlaba alegremente. Era su nueva ancla, su apoyo para construir una página nueva de su vida.

Esa noche, Alice descubrió que era celosa. En el gran salón donde estaban cenando, Herbert parecía electrizado por las artimañas de una falsa condesa italiana, y se tomó a broma la rabia que teñía de rojo las mejillas de su mujer.

–No te llega ni al tobillo, Alice. Eres cien veces más guapa.

–Es mucho más joven que yo, y por los ojitos que te hace se nota que le gustas.

Cansada de las monerías de su contrincante, decidió poner fin a la velada refugiándose en su camarote. En los largos y aterciopelados pasillos de primera clase la asaltó el pánico. ¿Por qué Herbert no había querido acompañarla? ¿Y si la engañaba? Parecía que tuviera fiebre. Se tocó la frente. ¿Dónde estaba el camarote? Todas las puertas eran iguales. Le daba vueltas la cabeza. Un empleado de la compañía le brindó su ayuda. Sobresaltada por su voz, se irguió y le dio las gracias.

La espera fue un suplicio. Se le ocurrían las hipótesis más catastróficas. Se acordó del viaje en barco durante el que había sorprendido a su padre con una desconocida. Su madre la había avisado: «Herbert es un seductor nato.» La haría sufrir con sus ausencias, mentiras y promesas. Era hijo de una pareja libertaria, mientras que a Alice la habían educado en un convento, y no estaba preparada para compartirlo con otras mujeres.

Cuando Herbert entró en el camarote se encontró a su mujer en el tocador, lívida frente al espejo. La levantó en brazos y se la llevó a la cama. Cada caricia, cada beso soldaban nuevamente los fragmentos dispersos del cuerpo de Alice, un cuerpo fracturado por la angustia de ser abandonada.

Instalado en pleno centro de Cleveland, en Euclid Avenue, el matrimonio Blaché empezaba a aclimatarse al nuevo entorno, Alice en un papel inédito para ella, el de ama de casa, y Herbert en el de comercial de la Gaumont. Así lo describía ella a su familia y sus amigos en las largas cartas que escribía para matar el tiempo. Una vez pasada la emoción de las semanas iniciales, en las que descubrieron la ciudad y convirtieron lo que era un piso insulso en un espacio acogedor donde vivir, Alice empezó a preguntarse muy en serio qué hacía en un pueblucho así. Los dos industriales que habían adquirido los derechos de explotación del cronófono no ponían demasiado afán en impulsar la joya de la tecnología Gaumont. Consideraban «demasiado compleja» la manipulación de los aparatos. Alice asistía a los vanos esfuerzos de Herbert por responder a las expectativas de Léon. Le habría gustado participar en las conversaciones, y ayudar a su marido a encontrar soluciones para promocionar el aparato, pero seguía sin hablar inglés, y tenía la impresión de que él quería arreglárselas solo.

Herbert tuvo que irse unos días a Detroit, donde los dos industriales acababan de alquilar una sala para proyectar cronoescenas. Alice, profundamente reacia a quedarse sola en Cleveland, y convencida de poder ser útil, se brindó a acompañarlo.

–Conozco el material mejor que nadie, Herbert –insistió.

Él la interrumpió, molesto.

–¿Me ves explicándoles que traigo a mi mujer porque se considera más competente que yo en el asunto?

–¿Qué pasa? ¿Dónde está el problema? –A Alice se le enrojecieron las mejillas–. Sí, soy más competente que tú, y...

–Déjame llevar mis propios asuntos –la interrumpió él con una mirada severa–. ¡Tú dedícate a buscar un profesor de inglés, que ya estoy harto de hacer todo el santo día de traductor!

Dio un portazo. Alice no salía de su asombro. ¿Por qué había estado tan despectivo? ¿Qué culpa tenía ella de no hablar el mismo idioma que él? ¿No le había prometido Herbert que sería su aliado en lo que llamaba «nuestra conquista de América»? Notando que empezaba a marearse, se acercó a la ventana para respirar un poco de aire fresco. Al empujar hacia arriba la ventana de guillotina vio a Herbert acercándose a un coche que lo esperaba. Salió un hombre. Después de saludarlo, Herbert besó la mano que le tendía una mujer sentada en la parte trasera del vehículo. Oyendo una risa femenina, a Alice le dio un vuelco el corazón. ¿Sería esa mujer la razón de que Herbert hubiera rechazado ir a Detroit con su esposa? Al sentarse en el asiento delantero, Herbert alzó la vista hacia la ventana del apartamento, y Alice se apartó como si la hubieran pillado in fraganti.

Los muebles del salón daban vueltas a su alrededor. Se dejó caer en el sofá, incapaz de poner orden en sus pensamientos. Veía a su madre avisándola de que era una locura casarse con un hombre nueve años menor que ella. A Yvonne, su amiga, deslumbrada por la apostura de Herbert. A Feuillade, celoso. Se puso a llorar. ¡Tantas mujeres seducidas solo con que Herbert las mirase! También ella se había dejado vencer por su atractivo. De hecho, seguía deseándolo solo de verlo. ¿Cómo podía inspirarle un apego tan visceral, incluso en momentos así? Había hecho mal en cederle todo el poder en lo relativo al contrato. Herbert estaba en lo cierto:

tenía que aprender inglés urgentemente. De lo contrario, ¿cómo iba a ayudarlo? Se secó las mejillas, muy calientes, y se levantó. La imagen de la pasajera del coche la tenía obsesionada. Le urgía concentrarse en otra cosa. Vestirse. Salir. Encontrar un profesor de inglés. Seguro que en la ciudad había alguien que pudiera informarla. Cerca del apartamento, en Euclid Avenue, le había llamado la atención un establecimiento donde tenía su sede Women Suffrage, una asociación de mujeres que militaban por el derecho al voto. Herbert le había traducido el texto del letrero de encima del dintel: «¡Entre y averigüe por qué tienen que votar las mujeres!» Seguro que con su librito para aprender inglés sabría explicarles que buscaba un profesor.

Vestida, acicalada y con su mejor sombrero de París, en el momento de irse la asaltaron unas náuseas que la hicieron meterse a toda prisa en el cuarto de baño. Hasta varios minutos después no lo entendió. Estaba embarazada.

«Para Alice, que no está sola, porque vive con ella», le había escrito un amigo pintor en el dorso del retrato que le había hecho. El recuerdo de sus palabras mitigó su sensación de soledad. Cuánto le habría gustado tener a Herbert a su lado, compartiendo ese momento... Viéndose un poco descompuesta en el espejo del tocador, sonrió y se quitó la aguja del sombrero. Luego se levantó, aunque aún le fallaba un poco el equilibrio. Por eso el vestido que llevaba, hecho tres meses antes en París, le iba un poco pequeño en la cintura, pensó al desabrocharse unos cuantos botones. Se tumbó en la cama con los ojos cerrados. «Quiero un hijo tuyo», murmuraba Herbert cuando hacían el amor. Alice se durmió con muchas ganas de tenerlo cerca. Herbert la quería. No había que seguir dudándolo.

Al final fue una noruega, Oda Andrupt, vecina de los Blaché, quien le enseñó inglés a Alice. Tras vivir unos años en París había seguido a su marido a Cleveland, donde él trabajaba de ingeniero en una compañía petrolera propiedad de John D. Rockefeller. Alice y ella se conocieron en la tienda de comestibles, donde Oda se dio cuenta enseguida de que era francesa.

–Fue por las colas de mis vestidos, ¿verdad? –dijo Alice mientras le servía un whisky–. ¡Cuando haya nacido el bebé tendré que renovar urgentemente mi vestuario!

–¡Estabas preciosa!

–¿Y si nos pasamos al inglés?

Hacía cuatro meses que se veían a diario.

–Oda, necesito ampliar mi vocabulario en el ámbito de los negocios.

–¡Esto es el reino de los negocios! Y si no, pregúntaselo a mi marido. Que sepas que aquí no se regala nada. No hay lugar para los sentimientos. El hombre de negocios solo quiere una cosa: ser más fuerte que su vecino, y hundirlo en cuanto pueda.

–Me temo que es lo que le está pasando a Herbert. Los que compraron las patentes no les sacan ningún partido. Parece que se hayan hecho con ellas solo para enterrarlas.

–Eso aquí es un clásico. Por algo estamos en la tierra del proteccionismo a ultranza. ¿Sabes qué me gustaría, Alice?

–Dime.

–Ir a ver una película. Nunca he visto ninguna. No me atrevo a entrar sola en un Nickelodeon, y por la noche mi marido suele estar demasiado cansado para tener ganas de salir. Tengo visto uno cerca de nuestra casa que parece más acogedor que los demás, menos...

–¿Popular, quieres decir?

–Exacto. ¡No me atrevía a decirlo! De día van muchas mujeres. Me divertiría mucho.

–Muy bien pensado. Así podré hacerme una idea de la producción local.

Entraron en una sala pequeña, de decoración neoclásica, con las paredes cubiertas de lánguidos desnudos femeninos y adonis con el culo al aire. Al fondo había un escenario con una cortina roja a cada lado, todo en trampantojo. En un rincón, una pianista tocaba melodías de moda, mientras doscientas personas se reían, gritaban, fumaban o masticaban perritos calientes. En la pantalla se sucedían escenas cómicas, de amor, de peleas, de carreras y persecuciones... Durante el cambio de rollos, el técnico proyectaba *illustrated songs*, interpretadas en la sala por una cantante e ilustradas con fotos coloreadas en placas de cristal que se proyectaban sobre la pantalla. Debajo de las imágenes iban pasando las letras de las canciones, para que el público pudiera cantarlas. Olga le explicó a Alice que quienes costeaban esos intermedios eran los editores de música. Era su manera de vender millones de ejemplares de sus nuevas canciones a lo largo y ancho del país. Dejándose llevar, las dos amigas entonaron junto con el público *Goodbye, girlie, and remember me!* Esa incursión en el mundo de los Nickelodeon americanos le dio a Alice unas ganas locas de reanudar su actividad de productora.

Unas semanas después, Gaumont, decepcionado por el fracaso de la implantación del cronófono en Cleveland, anunció a la pareja que había decidido trasladarlos a Flushing, cerca de Nueva York, donde acababa de abrir una sucursal para la elaboración de cronoescenas. Nueva York era el centro neurálgico de la producción cinematográfica en Estados Unidos. Alice lo vio como señal de un posible regreso a su oficio, que tanto echaba en falta.

Herbert iba y venía sin parar, preparando el traslado. Estaba tan contento por el futuro nacimiento de su hijo, y se mostraba tan solícito, que Alice había acallado (al menos de momento) sus temores.

La pequeña localidad de Flushing, en Long Island, muy valorada por los habitantes de Manhattan privados de calma y de naturaleza, acababa de verse conectada a Nueva York por el puente de Queensboro. Lugar tradicional de veraneo, compuesto por casas viejas, en algunos casos centenarias, en el plazo de un año se había llenado de solares en construcción. El objetivo de las obras era dar cabida al exceso de habitantes de Nueva York, que desde hacía poco, gracias a la nueva línea ferroviaria, disponía de un segundo acceso directo a Manhattan. El Estado se ocupaba de ensanchar, pavimentar y asfaltar la trama viaria bajo la atónita mirada de los granjeros de la zona, algunos de los cuales acababan por vender sus tierras al mejor postor. En el centro de Flushing se acondicionó una gran avenida con el nombre de «Broadway».

Flushing se había llenado de empresas cinematográficas huidas de Nueva York por la falta de espacio y lo exorbitante de los alquileres. Los productores sufrían la presión de los bomberos y los *sheriffs*, que habían puesto coto a la implantación de estudios de cine en las azoteas de la ciudad con el argumento de que el cine usaba un material enormemente inflamable, y por lo tanto peligroso.

Los decorados naturales que ofrecía la campiña en torno a Flushing eran ideales para rodar las primeras películas de *cowboys* del cine norteamericano.

En Flushing, Léon Gaumont estableció una sucursal con la esperanza de vender su famoso «cine hablado», el cronógrafo. Al lado del estudio mandó construir una fábrica de revelado y copia de películas, y al frente de esta nueva entidad, la Gaumont Flushing Plant, puso a Herbert Blaché. Tras el fracaso de la comercialización de su joya tecnológica desde Cleveland, el empresario depositaba todas sus esperanzas en esta implantación.

Alice, de vuelta en los estudios, ayudó a su marido a rodar cronoescenas en inglés para el público americano. Vender el material era cosa de Herbert, pero el mercado estadounidense se defendía. La agresividad de Edison, y un proteccionismo endémico, dificultaban mucho las cosas a los extranjeros. Gracias al estudio se podían producir películas, pero la conquista industrial estaba resultando imposible. Como las ventas del cronófono no despegaban, la pareja vivía gracias a lo ahorrado por Alice en Francia.

Simone nació el 6 de septiembre de 1908. Para Alice fue un terremoto. El parto, largo y doloroso, la dejó agotada y sin tiempo para nada que no fuese la recién nacida. Al no querer que la ayudase una niñera, pasaba largas noches sin dormir vigilando a la pequeña con la angustia de que dejara de respirar. Estaba a la vez encandilada por su hija y con un miedo atroz a no saber criarla. Herbert, loco de felicidad, llenaba la casa de gente para presentar a su «obra maestra». A Alice no le gustaba que se acercasen desconocidos a su hija. Odiaba que Herbert la hiciera pasar de brazos en brazos, y no se quedaba tranquila hasta que se vaciaba la casa.

A finales de octubre recibió la visita de su hermana Marguerite y su cuñado Lucien. Se alegró de volver a ver a su primo, con quien rememoró sus largas cabalgatas por el Bois de Boulogne, en París. Marguerite se ofreció varias veces a cuidar de Simone para que Alice pudiera descansar, pero su hermana se cerraba en banda, incapaz de dejar a la pequeña en otras manos. Le daba angustia pensar que pudieran raptarla. Por otra parte, se sentía incómoda en presencia de Marguerite, por el gran parecido que guardaba con su padre.

Un día en que estaban las dos solas, Marguerite le dio una noticia mientras acariciaba la frente de Simone, que se había quedado dormida en sus brazos.

–Nos vamos a instalar en Nueva York.

Al levantar la vista topó con la cara de consternación de Alice.

–Alice... ¿Por qué no me quieres?

Alice temía ese momento desde hacía varios días. Los maridos de las dos habían ido a tomar algo a un club del que Herbert era cliente asiduo.

–Desde que he llegado casi no me diriges la palabra –insistió su hermana–. Todas pasamos trances difíciles en nuestra infancia...

–No estoy segura de que me apetezca hablar de nada de eso –le hizo saber Alice mientras se levantaba–. Voy a acostar a Simone.

Marguerite le tendió a la niña. Alice vio que estaba llorosa.

–Perdóname –le rogó Marguerite, enjugándose las lágrimas–, pero es que verte con este bebé en brazos, y pensar que yo no tendré hijos...

Rompió a llorar.

–Ahora vuelvo –dijo Alice.

Subiendo a su habitación la asaltó una angustia tremenda en la escalera. No, no quería zambullirse de nuevo en el oscuro pasado de la historia familiar. Acostó a Simone en la cuna y se sentó en su cama, tratando de frenar el chorro de imágenes surgidas del fondo de su memoria. Volvió a ver el encono con que Marguerite la había rechazado desde su llegada a Valparaíso. Con ella nunca se había sentido segura. ¿Qué venía buscando a Flushing? ¿El perdón de Alice? Era menester protegerse de ella, y no permitir que se inmiscuyera en su hogar. Volvió a bajar con la intención de no abordar cuestiones familiares.

Marguerite la vio entrar en el salón con los ojos rojos. Alice tomó la palabra.

–Me has dicho que pensáis instalaros en Nueva York. ¿Eso quiere decir que el jefe de Lucien lo ha puesto al frente de su sucursal americana?

–Sí, quería anunciároslo él personalmente...

–Pero te has adelantado, como siempre –dijo, interrumpiéndola.

–¿Por qué lo dices?

–Estaba pensando en la costumbre que has tenido siempre de decidir las cosas sin tomar a los demás en consideración: tu boda precipitada con Lucien cuando acababa de romper su compromiso con Julia...

–Pero... ¡si Julia estaba de acuerdo!

–¿Y yo? ¿A mí me has preguntado si estaba de acuerdo con que desembarcases en mi vida después de más de quince años de silencio?

Marguerite se había quedado estupefacta.

–No, claro que no –remachó Alice con desdén.

–Pero Alice, eres mi hermana... Pensaba que...

–¿Que soy tu hermana? ¿Desde cuándo? ¡Siempre has negado que fuera hija de papá!

Alice se estaba lanzando justamente al terreno que se había jurado no abordar con Marguerite.

–¿Qué has venido a hacer en mi casa? –exclamó, desbordada por sus emociones.

–Me marcho –dijo Marguerite, levantándose–. Siempre has sido excesiva. Te inventas cosas.

–¡Mejor eso que negar la historia!

–No comprendo tu actitud, pero si en el pasado te hice daño te pido perdón. Sufro tanto por no poder ser madre que en los dolores pasados ya no pienso. Procuro aprovechar las pequeñas alegrías que me da la vida, y vivir el presente. Una de ellas era volver a verte y conocer a Simone. Sobre eso tienes razón: viniendo aquí solo pensaba en mi felicidad.

Alice se levantó y se fue a su cuarto sin mirar a Marguerite. Oyó que su hermana salía de la casa, y que el motor de su coche se ponía en marcha. A partir de ahí, silencio. La respiración de Simone. Se sintió en calma, aliviada por que se hubiera ido su hermana.

Seguro que Julia se enfadaría, y que su madre se lo echaría en cara. Henriette, por su parte, no lo entendería. ¡Qué más le daba! Lo que quería ella era que la dejasen en paz. Estar a solas con Herbert y Simone, y construirse su propia familia. Una familia unida. También quería hacer películas, y dedicarse a eso. Ya no quería perder el tiempo en palabras inútiles con Marguerite, Lucien u otros parásitos que se pretendieran con derecho a visitarla.

Se puso un vaso de whisky. Se había acostumbrado a beberlo en Cleveland, con Oda. Sonrió al evocar a esa mujer con la que solo había compartido buenos ratos de amistad. ¡Al diablo con la familia!, pensó. Tras aspirar profundamente el fuerte olor del alcohol, se tomó un buen trago y, después de seguir el lento recorrido del brebaje por su garganta, saboreó el suave calor que se iba propagando por su cuerpo. Sentada ante un pequeño secreter, abrió uno de los muchos cuadernos que llenaba con ideas de películas.

Cuando llevaba escribiendo más o menos una hora llegó Herbert.

–¿Alice?

Le notó la voz un poco preocupada. La leve embriaguez en la que estaba sumida hizo que tardara un poco en contestar.

–Alice, ¿estás aquí? ¿Qué haces a oscuras?

–Estoy bien así. Me gusta la luz de las velas.

–Ven a darme un beso –dijo él, cogiéndole la mano.

Alice dejó el lápiz y se levantó. Herbert la estrechó con fuerza.

–¿Qué ha pasado, amor mío? –preguntó suavemente.

–Ya no quiero malgastar mi tiempo con gente que no me quiere... y a la que no quiero.

–Marguerite estaba muy afectada.

–Ya la consolará su marido.

–¿Por qué la has echado de casa?

–Había venido a que la perdonase, y yo el daño que me hizo no se lo puedo perdonar.

–Lucien está muy disgustado contigo.

Alice se encogió de hombros.

–Herbert, mi familia sois tú y Simone. Aquí nos queda todo por construir. Quiero volver a hacer películas. Se me están acabando los ahorros, y los negocios de Gaumont solo nos dan para ir tirando.

–¡No exageres, que vivimos muy bien! Gano bastante para podernos permitir esta casa tan bonita, y mantenerla. A ti no te falta de nada.

–¿Y las pérdidas por lo que invertiste el mes pasado en bolsa?

–La bolsa es como el casino: no siempre se gana –alegó él, sonriendo–. Ya sabes que me encanta... Me recuperaré y te lo devolveré.

–A mí no me gustan los juegos de azar. Lo que me gusta es construir y ver cómo crecen las cosas. Además, ya no soporto que Gaumont se niegue a que ruede películas aquí. Se equivoca si cree que el público americano puede conformarse con su producción francesa.

–Ya lo conoces: espera que pongas tu dinero.

–Si pongo dinero será para producir películas por mi cuenta. ¡Si se cree que voy a pagar para ayudarlo a potenciar aquí su *business* es que tiene mucha cara dura!

–Simone solo tiene dos meses, y tú no quieres que la cuide nadie más. No puedes estar en todos los frentes. Sigue perfeccionando tu inglés, ven a echarme una mano cuando te consideres preparada y deja de torturarte. ¿Qué estabas escribiendo? ¿Puedo verlo?

Tras coger el cuaderno que le daba Alice, Herbert se sirvió un vaso y se puso cómodo en el sofá. Alice se sentó enfrente para mirarlo, un placer del que nunca se cansaba. Su elegancia la tenía igual de cautivada que al principio. Acariciaba con los ojos su mirada de concentración, y tuvo ganas de besar sus manos, largas y cuidadas. Él le sonrió y pasó de página. Alice escuchaba el leve sonido de su respiración, y observaba los movimientos casi imperceptibles de sus labios, cubiertos apenas por un fino bigote que le daba cierto aire canallesco. Herbert se desabrochó el cuello de la camisa y se quitó la corbata, dejando su cuello a la vista. A Alice le encantaba el olor de su piel en el lugar exacto en que cada mañana se ponía unas gotas de perfume.

–Lo que has escrito es una maravilla. Me impresionas –comentó él con voz un poco ronca; la voz, se dijo Alice, de cuando llegaba tarde.

Habría querido tenerlo ella sola las veinticuatro horas del día. Herbert, irritado por la idea, la tachaba de infantil. Alice tenía tanto miedo de perderlo... Se le escapó un suspiro de angustia.

–¿Qué pasa? –se extrañó él, mirándola.

–Me estaba preguntando cuánto tiempo seguirás queriéndome.

–Ven conmigo –la invitó él, dejando el cuaderno sobre un velador.

Alice obedeció. Después de un tierno beso, él la acostó en el sofá, donde hicieron el amor como dos amantes ávidos de la presencia preciosa y vital del otro.

Con un cigarrillo entre los labios, y los ojos entornados, Herbert Blaché jugaba a la *belotte* con sus tres colaboradores, dos camarógrafos franceses, Paul y Franck, y uno americano, Bill, que no hablaba nada de francés. Herbert puso sus cartas en la mesa.

–¡*Rebelotte* y los diez puntos extras! –exclamó–. Nos debéis cada uno veinte dólares.

–¡Herbert! ¿Cómo lo haces? –dijo Paul, tirando las cartas a la mesa.

–¡Odio este juego francés! Yo los veinte no los tengo. Tendrás que adelantarme la paga, Herbert –dijo Bill en inglés.

–Te la daré cuando Gaumont me haya dado a mí la mía –contestó Herbert, y añadió mirando a Bill–: ¿En qué te gastas el dinero?

–¡Pfff! Por lo que me pagas...

–¡Veinte dólares! –exclamó Franck con una sonrisa–. ¡Es como una semana de trabajo!

–Te has juntado con el que tenías que juntarte –comentó Blaché.

Alice, mientras tanto, caminaba hacia el estudio, situado en los alrededores de Flushing, en Congress Street. Iba deprisa, empujando un cochecito grande de bebé que dejaba una nube de polvo a su paso. Delante corría su perro, un bull terrier blanco. Sentada de cara a la carretera sin asfaltar, llena de baches, Simone se reía a carcajadas. Su madre, vestida a la americana, con un elegante vestido recto y fluido que le llegaba por encima del tobillo, parecía resuelta. Hablaba en voz alta y con el ceño fruncido, como si ensayara un texto.

–Esto no puede seguir así. Es lo que voy a decirle: «Herbert, esto no puede seguir así...»

–Venga, Paul, mis veinte dólares –dijo Herbert con la mano tendida hacia su camarógrafo.

Paul se los sacó del bolsillo. Los cuatro ocupaban una mesa redonda que solía usarse para las reuniones. Herbert cogió el dinero y se levantó para ir a su despacho.

–Bueno, chicos, qué se le va a hacer, el juego es el juego... ¿Bill?

Bill se sacó hacia fuera los bolsillos, que estaban vacíos.

Herbert se encogió de hombros y abrió el cajón de su escritorio para sacar una foto, un retrato femenino.

–Dentro de media hora desembarcará Nora Bayes con su marido, Jack Norworth. Será cuestión de poner manos a la obra. Bill, ¿los decorados están listos?

–Han llegado a última hora de la mañana. Ya lo he instalado todo.

Paul señaló la foto de la mesa de Herbert.

–¿Quién es? ¿Una cantante?

–¡Una estrella! Actúa en el Ziegfeld Follies, en Broadway, con su marido.

Herbert se la acercó por la mesa.

–Es guapa, ¿eh?

–¡Enseña, enseña!

Franck silbó de admiración.

–¿Me encargo yo de la cámara y tú del fono? –le preguntó a Paul.

–Vale, así podré mirarla más tranquilamente. ¡Qué tonto eres!

Alice estaba llegando al despacho de su marido. Puso en su lugar unos cuantos mechones que se le habían escapado del moño. Luego se limpió de polvo los bajos del vestido y los botines de verano con un pañuelo. En la fachada había un cartel enorme con la palabra «Gaumont» y el logo de la margarita. El cartel estaba impoluto. En una de las ventanas de la planta baja, en cambio, faltaba un postigo. La casita tenía adosado un gran estudio de cristal. A pesar del calor, Alice se estremeció de deseo al posar la vista en el flamante edificio, al que Gaumont no le sacaba todo su provecho.

–Bueno, Simone –le dijo a su hija–, ¿estás lista?

La cogió en brazos y le dio un sonoro beso en la mejilla.

–¡Fin de trayecto! ¡Que baje todo el mundo!

Dejó a la niña en el suelo. Simone, tambaleándose, se aferró al vestido de su madre. Alice la hizo subir uno por uno los tres peldaños de la entrada, sujetándola por las dos manos. Luego respiró profundamente y empujó la puerta sin llamar.

–¡Buenos días a todos!

Bill, Franck y Paul respondieron a coro, quitándose las gorras.

–Buenos días, señora Blaché.

Herbert, orgulloso de la impresionante belleza de su mujer, la saludó en francés. Simone se lanzó en brazos de su padre, que se levantó, aupándola, y le dio un beso.

–Herbert –empezó a decir Alice, sirviéndose un vaso de agua–, sabes que el cine lo inventé yo para Gaumont en Francia, ¿verdad?

–Sí –contestó él amablemente, sorprendido por cómo se abría la conversación.

–Y te acordarás –continuó ella, dejando el vaso– de que hace tres años, cuando me propusiste matrimonio, llevaba once años siendo «la» directora de cine en Gaumont.

–Es verdad –confirmó su marido, que empezaba a entender por dónde iba.

–¿Qué ha dicho? –les preguntó Bill en voz baja a Franck y Paul.

Alice, que lo había oído, se giró para acercarse a los tres jóvenes y hablar con ellos en el idioma del país, que dominaba ya a la perfección.

–He dicho que una servidora, Alice Guy-Blaché, dirigió el cine en Gaumont durante once años. He hecho centenares de películas. ¡Y no solo cronos de cinco minutos, como los que hacéis vosotros! Rodé una película de treinta y cinco minutos de la que se habló en todas partes. Y en los tres años que llevo en este país ¿qué he hecho? –preguntó, girándose hacia su marido con una sonrisa extraordinaria que lo desarmó.

Al comprender que Alice no esperaba ninguna respuesta a su pregunta, Herbert dejó que continuase.

–Habría podido hacer doscientas películas en dos años –argumentó ella con las mejillas sonrosadas de emoción–, pero no. He cambiado al bebé diez veces cada día, he lavado miles de pañales, he preparado centenares de comidas... ¡pero no he hecho una sola película!

Era Alice en estado puro, se dijo Herbert: siempre tenía que teatralizar los momentos importantes de su vida. No podía evitarlo. Daba vueltas por el despacho como una consumada actriz, ocupando todo el espacio con un solo deseo: conseguir el apoyo del público a su causa.

Alice se dirigió a su hija.

–¿A que no, Simone? Ni una sola película.

Simone lo confirmó.

–¡Película no, mamá!

–¡No me dediqué diez años al cine en París para renunciar aquí a todo! Era la primera y única mujer que hacía cine en Francia. Pues os anuncio que seré la primera que lo haga en Estados Unidos.

–¿Va a hacer cine, señora Blaché? –preguntó Paul, impresionado por la esposa de su jefe.

Bill se inclinó hacia Franck.

–¿Qué ha dicho?

Alice lo miró.

–*She says she is going to do MOVIES!* –repitió en inglés–. ¡Dice que va a hacer CINE!

–Alice –intervino Herbert con suavidad–, es una muy buena noticia, pero tenemos que preparar un rodaje, o sea, que si no te molesta...

–Os dejo –lo interrumpió ella con la cabeza erguida–. Ya he dicho todo lo que quería decir. –Después de una pequeña pausa, sucumbió a su natural curiosidad–. ¿Qué vais a rodar?

–A Nora Bayes.

–¡Otra cantante!

–Un éxito descomunal en Broadway –replicó Herbert con el mismo tono.

–¡Pues con mis películas no nos conformaremos con el éxito! ¡Triunfaremos, ya verás! Que se prepare Gaumont. ¿No ha querido que le rodara yo aquí sus películas? ¡Pues ahora verá de lo que soy capaz! Hasta la noche, Herbert –concluyó, tomando en brazos a Simone.

Después de que se fuera, Paul se volvió hacia Herbert.

–¡Qué carácter tiene tu mujer! ¡Es increíble!

–Aún no has visto nada, chaval. Te aseguro que lo de montar la empresa va en serio. La conozco. ¡Arrasará con todo! Cuando la conocí en París era una jefa de verdad, con unas cien personas a sus órdenes, y su departamento era de los más lucrativos en Gaumont. No entiendo que el viejo no le deje hacer películas para él. Se tirará de los pelos. Venga, chicos, a preparar el estudio.

Semanas después, Alice había invertido el resto de sus ahorros y el resultado de la venta de sus acciones de la empresa de Léon Gaumont, su exjefe –unos cincuenta mil dólares–, en fundar la Solax Company. El logo de la compañía representaba un sol naciente, de largos rayos negros y blancos, y una alta cordillera en primer plano: un paisaje familiar, recuerdo de infancia de Alice en Suiza. La imagen, estilizada, quedaba dentro de un círculo.

El 21 de octubre de 1910 empezó a rodar *The Doll*,[1] su primera película americana, para la que contrató en Broadway a una niña de cuatro años, Magda Foy, y a dos actores, Blanche Cornwall y Mace Greenleaf, el núcleo inicial de la compañía permanente de actores de la Solax Stock Company.

Alice empezó el rodaje con escenas de interior en el estudio de Gaumont. El decorado representaba un dormitorio de una casa obrera de principios del siglo XX. Sobre la cama de hierro había un edredón fino; en el suelo, una alfombra vieja, y en la pared un crucifijo.

Mientras Alice preparaba a sus actrices para la primera escena, Herbert hablaba en las inmediaciones del plató con la madre de Magda Foy.

1. «La muñeca.»

–Su hija es una preciosidad. ¿Desde cuándo actúa en Broadway?

–Desde los tres años.

–¡Si llega a ser tan guapa como usted, la llevaremos al estrellato!

–Gracias, señor Blaché.

Alice estaba dando los consejos finales.

–Actuad como en la vida real. ¡Olvidaos del teatro! Tenéis la cámara muy cerca. Actuáis para ella. Es como si los espectadores estuvieron sentados a un metro de vosotras, o sea, que nada de gesticular, ni de hacer muecas. Sobre todo, nada de mirarme a mí. ¡Naturalidad!

Se volvió hacia los técnicos.

–¿Está todo el mundo listo? Atento, Paul... ¿Ya gira?

–Ya gira.

–¡Acción! –exclamó Alice–. ¡Magda! Ahora entras tú... Acércate a la cama de mamá... eso... y dile que no se preocupe. Explícale que vas a vender tu muñeca para comprarle medicamentos. Blanche, tú acaricia la mejilla de la niña. Estás muy conmovida. Toses. Magda, tú estás triste por ver enferma a tu mamá. Blanche, cuando Magda se levante para salir de la habitación te pondrás a llorar. Magda, levántate y aléjate de tu madre. Sóplale unos cuantos besos... Sonrisas bonitas, un poco tristes... Así. Otra vez. Más besos. Perfecto. Ahora sal. ¡Blanche! Tú toses y te dejas caer de cansancio en la almohada. ¡Corten! ¡Ha estado muy bien! Bill, apaga las luces. ¡Abrid las puertas, que aquí no se puede respirar! Gracias, Blanche –añadió–, ha salido perfecto. Estás hecha para la cámara. Te dejo que te refresques un poco y repetimos la escena.

Cogió en brazos a la pequeña Magda.

–¡Magda –dijo–, has estado maravillosa! Me encanta cuando pones cara de pena. ¡Te sale tan bien...! Si consiguieras llorar cuando le mandas los últimos besos a tu madre sería fabuloso.

–Vale, a mí llorar me sale muy bien. ¿Te lo enseño?

–Luego, cuando estemos rodando.

De pronto Alice puso cara de preocupación. ¿Dónde estaba Herbert? Lo había visto hablando con la madre de la niña antes de desaparecer del plató. Lo buscó con la mirada mientras seguía hablando con su pequeña protegida.

–Me gustaría hacer contigo otra película. Ven, que te la explico mientras nos tomamos una limonada.

Mientras se llevaba a Magda a la cocina del estudio vio a Herbert, que iba hacia su despacho. Herbert entró y cerró la puerta.

Herbert echó el pestillo. La madre de Magda se giró y le sonrió. Él se acercó y le pasó una mano por el cuello hasta tocarle los pechos. La joven cerró los ojos, dejándose besar.

–Es la historia de una niña de tu edad. Su hermana mayor, a la que adora, está muy enferma. El médico anuncia que se morirá cuando se hayan caído las hojas de los árboles.

–¡Da mucha pena! –le dijo la niña con los ojos empañados.

–La niña, que lo ha oído todo, está desesperada, y cuando empiezan a caerse las hojas las recoge para volver a colgarlas en los árboles.

–¿Cómo lo hace?

–Las cuelga de las ramas con cintitas para el pelo.

–¿Y entonces su hermana no se muere?

–Se pone bien gracias al médico, que encuentra una cura, y al amor de su hermana pequeña.

Magda dio una palmada de alegría.

–¡Parece un cuento de hadas! ¡Mamá! ¡Mamá! ¿Dónde está mamá? ¡Quiero contárselo!

–¡Paul! ¿Puedes llevar a Magda al escenario? Ahora vengo, cariño; voy a buscar a tu madre, que está hablando con el señor Blaché –le dijo Alice a la niña.

Fue al despacho con el pulso acelerado. Después de vacilar un poco dio unos golpes en la puerta e intentó entrar, pero estaba cerrada con pestillo. Su mirada se cruzó con la de Paul, que la apartó. Franck fijó la vista en la caja de su cámara para poner película nueva. Alice soltó el pomo para ir hacia el plató. Le temblaban las piernas.

–¡Todos a sus puestos! –exclamó–. Seguimos. ¡Las luces, Bill!

Una luz blanca, cegadora, inundó bruscamente el plató.

–¡Me lo habías jurado! –chillaba Alice, devorada por los celos.

–Tranquilízate, amor mío...

–¡He visto que te encerrabas con la madre de Magda!

–Me he quedado a solas con ella para hablar del contrato de Magda –se defendió Herbert, sirviéndose una copa–. He cerrado la puerta para que no nos molestase nadie.

Alice, fuera de sí, se lanzó sobre él y empezó a darle golpes en el pecho.

–¿Por qué me haces esto?

Él la sujetó por las muñecas y la atrajo hacia sí.

–¿Qué te hago, Alice? –preguntó con calma.

–¡Acostarte con la madre de la cría esa! –dijo Alice, rompiendo a llorar.

Herbert le puso una mano en la boca para que no siguiera hablando. Luego le dio un beso y la abrazó.

–Solo te quiero a ti, amor mío.

–Herbert, no me abandones... –sollozaba ella.

El abrazo le sentó bien.

–¡Calla! Escucha... ¡Has despertado a Simone!

–Ve tú, Herbert. No quiero que me vea así.

Alice, temblorosa, cogió un cuaderno donde apuntaba ideas de guiones.

–Ya me ocupo yo de Simone. Toma.

Herbert le dio un vaso de whisky.

Después de ver salir a su marido, Alice bebió un poco y empezó a escribir: «Quería más a ese hombre que a su propia vida...» Tiró el lápiz por la sala y se levantó para ir al baño, llevándose el vaso. Ya no soportaba la imagen hinchada por las lágrimas que le devolvía el espejo. No podía seguir así. Vació el vaso de whisky en el lavamanos y se refrescó la cara. No, no aceptaría vivir lo mismo que se habían infligido sus padres mutuamente: una doble vida orquestada por la mentira. Se estaba acordando de todo. Cada nueva transgresión de Herbert reabría la llaga de los sufrimientos de su infancia: unos padres que se destrozaban, se engañaban, sufrían, se vengaban... Todos esos recuerdos los había consignado en su diario, y Herbert, a quien se lo dejaba leer todo, estaba al corriente de su triste historia. Era él quien la había alentado a poner por escrito los recuerdos de una niñez, según él, «fuera de lo común». Oyó que abría la puerta del dormitorio.

–¿Alice? ¿Estás aquí? –preguntó Herbert con dulzura–. Simone ya se ha vuelto a dormir. Creo que tenemos que hablar.

La frase le sentó a Alice como un gancho de boxeo. No se atrevía ni a moverse, asaltada por el pánico de que Herbert quisiera dejarla. Él se acercó al cuarto de baño.

–¡Alice! ¡Sal, no seas infantil!

Una vez que la tuvo delante se quedó impresionado por lo afectada que la vio.

–Cuando te conocí en Gaumont, en 1906, me pareciste una sargento... y ahora pones cara de gatito abandonado. Ven a mis brazos.

–Solo si me juras que no has tocado a la madre de Magda.

–¿Qué edad tienes para torturarte por algo de tan poca importancia?

–Para mí la fidelidad es importante.

–Ya, ya me había dado cuenta.

–¿Entonces?

–No me he acostado con la madre de Magda y se acabó. ¿Cómo puede ser que una mujer así, tan poderosa en el trabajo, y tan resuelta, se rebaje en privado a estas escenas de celos tan patéticas?

–¿Te parezco patética?

–No, me pareces sublime, y te admiro. Lo envidio todo de ti menos esta manía tuya de querer controlarlo todo, empezando por mi vida.

–Entre nosotros no quiero secretos, Herbert. Ya los he sufrido demasiado.

–Alice, para de llorar y, en vez de buscar fallos en mí, fíjate en lo que te aporto y en lo que estamos construyendo juntos. Mañana firmaremos en la Motion Picture Patents para que Solax pueda producir y disponer de la mejor red de distribución. He hecho todos los trámites con los esbirros de Edison para que puedas montar tu compañía y rodar tus películas. ¡Lo hemos conseguido, Alice!

Alice esbozó una sonrisa.

Herbert siguió hablando.

–Nos uniremos al círculo de los grandes productores: American Pathé, Kalem, Selig, Vitagraph, Essanay, Biograph... El único que aún cree que puede prescindir del acuerdo con el trust de Edison para funcionar en Estados Unidos es Gaumont, ¡y ya has visto el resultado! Se nos acumulan los juicios, no avanzamos... No veo la hora de que me libere de su contrato para trabajar contigo a jornada completa. Yo creo en ti, Alice. Fíate de mí.

Los sueños de futuro de Herbert disiparon la angustia de Alice. Habían bastado unas palabras para que se tranquilizase. Herbert estaba de su lado. Siguieron hablando de la importante cita del día siguiente, y luego ella le dio a leer sus últimas ideas de películas. Se rieron juntos al imaginarse la cara que pondría Gaumont al darse cuenta del gran error de no mantener a Alice a su lado. Eran dos cómplices felices por embarcarse en la aventura del cine americano, donde intuían su porvenir en común. Ganarían mucho dinero y se comprarían una mansión, una vida de ensueño para ellos y sus hijos.

–¿Nuestros hijos? ¿Cuántos quieres que tengamos? –dijo Alice, saliendo de entre las sábanas arrugadas por sus efusiones amorosas.

–Siete.

–¿Siete? ¡Lo dirás en broma! ¡Pero si tengo treinta y siete años! ¡No voy a pasarme el resto de mi vida teniendo hijos!

Se echó a reír.

–¡Pero qué crédula llegas a ser! Te recuerdo que puedes contar con mi ayuda para criar a nuestros hijos. En eso también te apoyaré, como en tus películas. ¡Venga, a dormir, que mañana es un gran día!

–Te quiero –murmuró Alice, durmiéndose contra el cuerpo cálido y tranquilizador de su marido.

En una sala llena de humo, Alice y Herbert miraban las caras de sus compañeros de mesa, la decena de productores que, al igual que ellos, acababan de sumarse al trust de Edison, la Motion Picture Patents Company (MPPC). Todos contaban anécdotas sobre los métodos empleados por Edison para que imperara su ley.

–Para evitar engaños, Edison tiene una brigada de detectives privados a sueldo que van por los rodajes comprobando que no se cometan infracciones contra el monopolio de su jefe. Si ven algo fraudulento, destruyen ahí mismo el material.

–Yo le he sufrido en mis carnes. ¡Y no será por no haber contratado a camarógrafos capaces de salir por patas, con la cámara y todo, cuando se acercaran los chivatos!

–Yo en el estudio escondo las cámaras, y a los camarógrafos, en grandes baúles de madera de los que solo sobresale el objetivo, para que en caso de juicio los actores no puedan testificar sobre la procedencia del material. Imaginaos... Conozco a otros que usan cámaras falsas con el sello «Edison» que ruedan sin película, cerca de otra escondida en una gran maleta.

Todos los asistentes se tronchaban de risa. También Alice se divertía con esas anécdotas, más parecidas, a su modo de ver, a historias de gánsteres que de productores de cine. Aprovechó que volvía la calma para hacer una pregunta.

–¿Quedan productores que se resistan al trust de Edison?

–Sí, Carl Laemmle. Edison le ha puesto el apodo de «el Pirata». Sigue negándose a soltar un solo dólar.

–¿Y cómo lo consigue? –intervino Herbert.

–Creó la Independent Moving Pictures (IMP) para producir su película sobre la leyenda india de Hiawatha, muy popular en Estados Unidos.

–¡Y se buscó a unos guardaespaldas para proteger su material de los agentes de Edison!

Alice, que acababa de gastarse sus últimos ahorros en la creación de Solax, se dijo que había hecho bien en no alinearse con la IMP en una guerra contra Edison, con las elevadísimas costas judiciales que podía comportar. Herbert le había aconsejado desde el primer momento afiliar la Solax a la MPPC e invertir en material aprobado por el trust. Las luchas entre los futuros gigantes del comercio cinematográfico superaban a Alice, que no pretendía levantar un imperio a la manera de Carl Laemmle, el futuro jefe de la Universal, o de Samuel Goldfish, el fundador de la Goldwyn, o de William Fox. Ella lo que quería era rodar sus películas en libertad, como el genial Griffith, que trabajaba desde 1908 para la Biograph. Sus elogios a la creatividad de Griffith eran proporcionales al desdén que le inspiraban los grandes productores obsesionados por el potencial económico del nuevo sector. Tampoco los que estaba conociendo esa mañana despertaban en ella una especial admiración. Solo hablaban del business, sin dedicar ni una palabra a la creación. Salió de sus cavilaciones al ver llegar a un periodista de unos treinta años, despeinado, que tomó la palabra a bocajarro, sin tan siquiera disculparse.

–Se ve que esta mañana hay aquí una francesa. Tengo que entrevistarla.

Todas las cabezas se giraron hacia Alice, que notó que se ruborizaba, como siempre que le ponían el estigma de ser mujer.

–Sigue tú, Herbert. Luego nos vemos.

Se disculpó y salió entre las ávidas miradas de los productores, seducidos por su belleza y su elegancia «francesa». Con una mezcla de orgullo y celos, Herbert retomó el debate sobre el futuro del trust.

–Señora Blaché, me llamo Nick Travor y soy periodista del *New York Clipper*. Es usted la primera mujer que viene a Estados Unidos para hacer películas, y la primera que se pone al frente de una productora. ¿Es el dinero lo que la atrae de este nuevo negocio?

–¡Qué pregunta tan directa! Pues también lo será mi respuesta: no, no rindo culto al dinero, y mi educación me inculcó el respeto a los valores morales. Me esfuerzo por encontrar un buen equilibrio entre el dinero y la creación.

–¿Entonces qué la trae al mercado estadounidense?

–Mi pasión por los relatos, las historias. Me gusta escribir, inventar y llevar mis ideas a la pantalla. Lo he hecho durante diez años en Francia, y para mí es una nueva aventura explorar la sociedad y la cultura americanas. Me gusta descubrir, y dar a conocer mis descubrimientos a los demás. ¡Aunque también me gusta divertirme!

–¿Qué entiende usted por eso?

–Las emociones son fundamentales. Todos tenemos la necesidad de soñar, y el cine es una manera nueva y extraordinaria de hacer soñar, como el teatro, la literatura y los espectáculos en general.

–En la industria estadounidense del cine trabajan muchos franceses, considerados como los mejores técnicos del mundo. Usted podría haber trabajado para algún productor americano. Siendo así, ¿por qué ha creado su propia productora? Dirigir equipos es una profesión más propia de hombres...

–Lo que cuenta es la experiencia, la competencia y los resultados, al margen del sexo de quien dirija. He creado la Solax para poder tomar mis propias decisiones en materia de producción. ¡Igual es que estaba harta de que me las dictase un hombre!

–El cine se resiente de una imagen deplorable entre el público americano ilustrado, que lo considera una diversión vulgar. ¿Usted qué opina?

–Para que se desarrolle la industria del cine será imprescindible que amplíe su público a las clases medias. Ya ha empezado a hacerlo, con películas de contenido más elaborado y medios técnicos irreprochables. No hay más que ver lo que hace Griffith: ¡qué lejos estamos de esas farsas picantes, y a menudo vulgares, a las que se refiere usted!

–¿Cómo piensa elevar el estatus social del cine y hacerlo aceptable para ese público en potencia, e incluso más allá, para un público culto?

–Como ya lo hacía en Francia: ofreciendo frescos históricos, por ejemplo. En 1906 hice una película larga sobre la vida de Jesús que en Francia tuvo mucho éxito. También ofreceré adaptaciones de obras literarias, que son una de mis especialidades. A mi entender, también hay que tratar temas que cuestionen la sociedad de hoy en día.

–¿A qué se refiere?

–Al lugar de las mujeres en la sociedad, o al trabajo infantil. El cine puede denunciar las injusticias y ensalzar los actos de valentía...

–Esta mañana, justamente, el trust acaba de anunciar que ofrecerá nuevos productos cinematográficos que comercializará como «diversiones morales, educativas y sanas». ¿Qué le parece?

–¡Que estoy en sintonía con el momento actual! Se pueden tratar temas serios con un gran sentido de la diversión; es una alquimia que me gusta mucho, y para la que creo tener talento.

–Muchas gracias, señora Blaché. Si me lo permite, aún le voy a robar algo de tiempo. Necesito hacerle una foto. Si me hace el favor de acompañarme...

Alice puso en marcha la Solax en octubre de 1910, con una serie de películas en la que predominaban los temas «sociales» y se salvaguardaba la moral, tratada siempre con un toque melodramático. *The Doll* narraba el sacrificio de una hija de familia obrera para salvar a su madre enferma con la complicidad de un director de fábrica sensible al destino de sus empleados. *Her Father's Sin*[1] era la historia de un hombre que asesina a su mujer y deja huérfana a su hija, a la que, afortunadamente, saca de la miseria una caritativa dama. *What Is to Be, Will Be*[2] contaba la de Molly, enamorada de Jacques, un marinero que al término de un viaje muy largo se la encuentra casada con otro: el amor de la pareja sigue inalterable, aunque Molly se mantiene fiel a su marido.

La directora de la Solax rodaba una película por semana. Al poco tiempo, viendo lo pequeñas que se le quedaban las instalaciones de Gaumont en Flushing, pensó en buscarse unos terrenos donde construir su propio estudio. El negocio iba viento en popa. Sus películas se vendían muy bien en el mercado estadounidense, y en Francia eran distribuidas por Gaumont.

Herbert Blaché estaba muy contento de que a su mujer se le diera tan bien mover cielo y tierra. Él seguía vinculado por contrato a Léon Gaumont, que no encontraba la manera de hacer triunfar su invento en un país radicalmente proteccionista, pero estaba impaciente por sumarse a su mujer en la aventura de la Solax. ¡Prometía ser un negocio de lo más jugoso!

1. «El pecado de su padre.»
2. «Lo que tiene que ser será.»

Alice estaba preparando un rodaje con Paul y Bill cuando irrumpió Herbert con un periódico en la mano.

–¡Es un exitazo, Alice! A ver, chicos, escuchad el artículo de *Moving Picture World*: «Después de solo seis meses en el mercado, las películas de la Solax están triunfando por todo lo alto. La señora Blaché escribe, dirige y produce ella misma sus películas. Esta francesa ha conquistado al público americano después de doce años trabajando en la Gaumont, en París, donde dirigía la producción de las películas. Joven, enérgica, competente, ambiciosa... Habrá que seguir a esta brillante productora. ¿Quién sabe? Tal vez la figura dominante del cine del mañana sea una mujer, y en tal caso bien podría tratarse de la señora Alice Blaché.»

–¡En esta foto salgo fatal! –exclamó Alice.

–¿Crees que podríamos aumentar el ritmo a dos películas por semana?

–Sí, pero tendría que buscarme directores.

–¡Delega! Los westerns y las películas de guerra pueden rodarlas Paul y Franck. Chicos, ¿estaríais preparados para hacer películas?

–¡Por supuesto! –respondieron a coro Paul y Franck.

–Ya decidiré yo si estáis preparados o no –replicó secamente Alice–. ¿Y tú cuándo te pones? –le dijo a su marido.

–Tampoco puedo dejar colgado a Gaumont de un día a otro... No se hace, y menos siendo el que lleva tres años pagando las facturas.

–El cronófono nunca triunfará. Edison lo tiene todo bien atado.

–Es verdad –empezó a decir Paul–; ayer vi a Billy Bitzer en Murphy's y...

–No entiendo nada –lo cortó Bill.

–¡Haz un esfuerzo, Bill! Llevas dos años trabajando con nosotros. ¡Yo tardé menos de seis meses en aprender inglés!

A Alice se le hacía cada vez más difícil aguantar a los empleados de Herbert. No le parecían bastante eficaces. Herbert le hizo una mueca de reproche. No habían sido seis meses, sino un año lo que había tardado en aprender inglés.

–¿Quién es Billy Pitzer? –preguntó.

Paul y Alice lo corrigieron al alimón.

–¡Billy Bitzer!

–Es el camarógrafo jefe de Griffith –explicó ella.

Franck siguió con sus explicaciones.

–Billy me dijo que se les presentaron los espías de Edison en el rodaje, abrieron las cajas de las cámaras y echaron a perder todas las películas.

–Griffith se va a California –añadió Paul–. Quiere montar allá su estudio. Dice que está hasta las narices de hacer películas en la calle, como los que hacen zanjas.

–¿California? ¡Genial! –exclamó Herbert.

–¿California? –se extrañó Alice–. ¡Pero si el cine se hace todo en Nueva York!

–Volvamos a lo que nos ocupa: Gaumont. He recibido carta suya, y está muy enfadado contigo –dijo Herbert.

–¿Y a santo de qué está enfadado?

–En seis meses has ganado mucho más que él en cuatro años.

–¡Qué tonto eres! –dijo Alice con una sonrisa, dándose cuenta de que lo decía por chincharla.

–Sabe que usas su estudio con mi connivencia, y que representa mucho más que el alquiler mensual que le paga Solax. Tendrás que darte prisa en construir tu estudio, porque si no te pondrá palos en las ruedas. Te recuerdo que es el distribuidor de tus películas en Francia.

–¿Tenemos bastante dinero para construirlo?

–De sobra, Alice. ¡En estos últimos seis meses has hecho más de cincuenta películas!

–Vale, pero en Flushing no podemos quedarnos; si pretendemos cortar del todo los vínculos entre nuestro negocio y la Gaumont tenemos que irnos de aquí. Todas las grandes compañías de Nueva York se están instalando en Fort Lee. ¡Hasta los franceses!

–Pues... construyamos en Fort Lee. Bill, ¿a Fort Lee cómo se llega?

–Cogiendo el ferri en el lado oeste de la calle 125, al lado de Murphy's, el bistró del cine de Nueva York. ¿Por qué?

–Ya te lo explicaré –contestó Herbert.

Herbert provocó una discusión con Léon Gaumont que acabó mal. Al industrial, que estaba de visita en Flushing, le parecía que Blaché no daba la talla para enfrentarse con Edison y los grandes productores y distribuidores que dictaban su ley.

La conversación con Alice fue otro desastre. Gaumont estuvo glacial, y ella contestó con indiferencia. Cuando él le reprochó haberse aprovechado de su empresa para sus conquistas, ella le recordó que antes de irse de Francia había levantado la Gaumont prácticamente desde cero. Léon la había enviado a América exclusivamente como esposa, prefiriendo a Herbert como representante de la compañía. Ahora que asumiera las consecuencias. Él, furioso, le exigió que no siguiera usando el estudio para sus películas, y ella aceptó sonriendo. Fue entonces cuando Léon Gaumont comprendió que Alice lo dejaba para siempre. Tras despedir a Herbert, puso en marcha una campaña de desprestigio de las películas de la Solax en la prensa, alegando que su calidad técnica era «muy discutible». La prensa, más interesada por la *success story* de la primera mujer que hacía cine en Estados Unidos que por los sinsabores del productor francés, se desentendió de las acusaciones.

Por su parte, Alice dio vueltas durante mucho tiempo a la última frase que le había espetado Gaumont antes de despedirse.

–Es quien es gracias a mí, Alice. Parece que se le ha olvidado, pero a mí no se me olvida nada; y si dentro de unos años viene a verme con las alas chamuscadas, no se extrañe de que no le abra la puerta.

El 25 de marzo de 1911, Alice y Herbert Blaché acudieron junto a Paul a su cita con un promotor inmobiliario en Murphy's, famoso bar neoyorquino situado en un extremo de la calle 125 y bautizado con el apellido de sus dueños. Era donde se congregaba todas las mañanas el mundillo del cine antes de desplazarse a Fort Lee, al otro lado del Hudson. Murphy's quedaba a unos cien metros del embarcadero de los ferris que enlazaban Nueva York y Nueva Jersey.

Alice se internó en el bar, dejando una estela de comentarios.

–¡Es Alice Blaché, la francesa de la Solax!

Entre los autores de dichos comentarios destacaban dos hombres, dos técnicos franceses que trabajaban para la Biograph.

–¡Se ve que está forrándose! –dijo uno de ellos–. Qué belleza... ¿Los que van con ella quiénes son?

–No lo sé –contestó el otro–. ¡Mira, han quedado con Joe! Esto huele a compra de terrenos en Fort Lee.

Paul señaló a un hombre sentado junto a las ventanas que daban al Hudson. Alice y Herbert lo saludaron y tomaron asiento. El promotor inmobiliario desplegó un plano de Fort Lee sobre la mesa.

–El ferri os deja enfrente de Edgewater. ¡Ojo, que apesta, os aviso! Es por las plantas químicas. De todas formas, hay tíos de Nueva York que en Edgewater hacen rodajes y todo. Los muelles, las estaciones de mercancías, los barcos... ¡Van muy bien como escenarios!

Siguió el trayecto por el plano con el dedo índice.

–Esto de la izquierda es el Palisades Amusement Park, el parque de atracciones más grande del país. A la derecha se bordea el Hudson hasta que la carretera sube por esta colina y llega al punto más alto de los acantilados de Palisades: ciento sesenta metros de altura durante ochenta kilómetros a la orilla del Hudson. Al pie de los acantilados hay playas de guijarros, y por encima bosque virgen, un decorado ideal para películas de vaqueros e indios. Siguiendo por el norte se cruza la campiña, con sus granjas, sus huertos... Bucólico a más no poder. En la meseta desde donde se dominan los acantilados está Fort Lee. Antes era un pueblo muy tranquilo, pero desde 1907 no paran de construir. Este es el terreno que les vendí a los franceses de Éclair, que acaban de empezar a levantar su estudio. El que os propongo está medio kilómetro más abajo, justo al lado, aquí.

–Habrá que ir a verlo –dijo Herbert.

–¡Solo veréis un patatal! Además, os aviso de que me los quitan de las manos. Cada día les vendo algún terreno a los productores de Nueva York. Con las nuevas normas de seguridad se está volviendo imposible rodar en Manhattan. ¡Dicen que hasta prohibirán los estudios en las azoteas! Hay que reconocer que los estudios modernos son enormes.

–A nosotros nos gustaría echar un vistazo al terreno –insistió Alice–. ¿A qué hora sale el próximo transbordador?

–Si no me dais ahora mismo una paga y señal, puede que esta noche, al volver, os encontréis con que ya lo he vendido.

De pronto corrió un runrún por la sala. Acababa de entrar una belleza de físico perfecto, maquillada como si acabara de bajar del escenario. La acompañaban su ayudante y su equipo de rodaje.

–¿Quién es? –preguntó Herbert, acercándose a su esposa.

–Florence Lawrence, la famosa «Biograph Girl». Ha rodado más de cincuenta películas con Griffith.

–Carl Laemmle acaba de despedirla de la IMP –puntualizó Paul.

–¡Ah, la famosa resucitada! –exclamó Herbert con una sonrisa.

–¿Por qué lo dices? –preguntó Alice, extrañada.

–¿No te acuerdas? –explicó él sin apartar la vista de la actriz–. El año pasado, para promocionar su nueva película, Carl Laemmle hizo correr la noticia de que había muerto en un accidente de coche, y todos los periodistas se lo tragaron. ¡Las necrológicas estaban que ardían! Luego el genio de Carl puso anuncios en todos los periódicos: «¡Os hemos engañado! ¡Florence Lawrence está bien y acaba de rodar para nosotros!»

–Ah, sí, es verdad, qué mal gusto...

–Es muy guapa.

–¡Guapísima! –confirmó Paul.

–Si queréis me voy –dijo Alice.

Se acercó a su mesa un hombre. La elegancia con que iba vestido contrastaba con la tosca indumentaria de los técnicos y los obreros ataviados para un día de trabajo entre el polvo de las carreteras de Fort Lee.

–¿Señora Blaché? Me presento: Darwin Karr.

–Buenos días.

–Tengo el proyecto de adaptar un texto de Edgar Allan Poe, *El pozo y el péndulo*.

–Es un muy buen relato.

–Tengo ganas de interpretarlo en el cine, y me gustaría hacerlo con usted.

Herbert le tendió la mano.

–Soy el señor Blaché, el marido de la señora Blaché.

Darwin Karr, que no se había dignado ni a mirarlo, le estrechó la mano.

–No los molesto más –dijo el actor, sonriendo a Alice–; tenga, mi tarjeta, y espero que hasta pronto.

La mirada de Alice se cruzó con la de Herbert, cuyos celos saltaban a la vista, y se puso a reír.

–¿Quién es este fantoche? –dijo él, irritado.

–Una estrella de Broadway. Guapo, ¿verdad?
El promotor se estaba impacientado.
–¿Bueno, qué, firmamos?

En espera de la construcción de un estudio de última tecnología en Fort Lee, y de la mudanza de toda la familia, prevista para el verano de 1912, Alice decidió reestructurar la Solax e hizo levantar en Flushing un pequeño estudio en los terrenos de la casa que acababa de comprar en Congress Street, muy cerca de la Gaumont. Contrató a Wilbert Melville, un capitán de la marina que había luchado en el Caribe, en la guerra de 1898 contra España, para que la ayudara a rodar películas bélicas. Melville le presentó a un actor pasado a la dirección, Edgar Lewis, de treinta y seis años, al que Alice contrató como ayudante para la dirección de sus películas de aventuras y del oeste.

En abril de 1911 quedó todo listo. El estudio estaba rodeado por un parque, y tenía cerca un lago, entorno natural perfecto para los rodajes en exteriores. Alice también mandó construir un conjunto de decorados para los westerns, con fachadas de hoteles, cantinas y tiendas típicas del Oeste americano.

Tal como le había prometido a Herbert, cada semana salían no una sino dos películas de la Solax: westerns (*Drama en la frontera mexicana*, *Una hija de navajo*), cintas de guerra como *Casi un héroe*, comedias dramáticas de las que tanto le gustaban a ella, como *Una terrible catástrofe* o *Marcado de por vida*. ¡Treinta y dos en tres meses! Contrató a otro director de refuerzo, Edward Warren, y aumentó sus reservas de actores.

Una mañana de otoño llamaron a su puerta, y al abrirla se llevó la sorpresa de encontrarse con un rostro conocido: era Henri Ménessier, su decorador fetiche en la Gaumont, llegado para probar fortuna en Estados Unidos, como centenares de técnicos del cine francés. Para Alice fue una alegría enorme reencontrarse con ese artista aventurero que poco antes de salir ella para Estados Unidos se había despedido de la Gaumont para viajar. Lo contrató *ipso facto*.

Herbert llevaba las finanzas y las relaciones con el trust y los distribuidores. Admiraba la pasión y la energía nunca vistas que invertía su esposa en rodar sus películas: Alice volvía a ser como la había conocido, cuando trabajaba en Buttes-Chaumont. Le resultaba tanto más admirable cuanto que él no se imaginaba en modo alguno pasando noches en vela escribiendo o montando películas, a veces fotograma a fotograma. Alice estaba en todos los frentes. Quería controlarlo todo y llegar a la perfección. Él lo entendía, y la apoyaba, pero aspiraba a una vida más ligera: juego, fiestas, estar con su pareja, viajar... Además, le gustaban las mujeres. Tenía la necesidad de seducir, de embriagarse con aventuras de una sola velada, de una sola noche, que le daban la sensación de ser libre.

Este deseo de libertad, herencia de sus padres, grandes viajeros, era la base sobre la que había construido su vida Herbert Blaché. Su madre, actriz, había actuado en todos los escenarios de Europa, acompañada en todo momento por su siempre enamorado esposo. Era una pareja basada en la idea de que la fidelidad era un engaño, y la libertad el único espacio posible para una pareja. El padre de Herbert dejaba a su mujer la libertad de desempeñar su profesión, al tiempo que, gracias al matrimonio, la protegía de la fama de inmorales que llevaban como sambenito las actrices. Más allá de su talento, la madre de Herbert era respetada en su vida de mujer. La pareja se cimentaba en la necesidad común de libertad. Los celos no hacían mella en la fortaleza de amor y respeto que habían edificado juntos contra la opinión y voluntad de sus familias. Herbert había crecido rodeado por dos padres amantísimos y un montón de amantes de ambos sexos que lo trataban bien. Esta libertad reivindicada por Herbert era una fuente permanente de discordia en el matrimonio Blaché. Por su parte, Alice seguía atada a las penas del pasado.

Le gustaba la energía de Herbert, su impulso permanente, su insaciable deseo, pero lamentaba que no lograse encauzarlos como ella en el trabajo. Gracias a los beneficios de la Solax, a Herbert no le faltaba de nada, ni se privaba tampoco de nada. A Alice le decía que la fidelidad era un artificio, y que los hombres tenían pulsiones sexuales que satisfacer. No así las mujeres, que para llegar a su plenitud necesitaban sentirse protegidas y seguras. A la pregunta de Alice de si le habría permitido a ella serle infiel, Herbert respondía, siempre entre risas, que a ella el sexo no le interesaba bastante como para justificar el temor a una escapada. Alice, ofendida, se preguntaba por la imagen que tenían de ella los hombres. En el mejor de los casos la trataban de igual a igual, como a un hombre, y en el peor manifestaban su desdén por esa fémina que los desafiaba en su propio terreno. Si expresaban algún deseo, era el de luchar contra ella. Los únicos que la miraban lujuriosamente eran los actores, deseosos de seducirla como mujer para trabajar con ella como directora. ¿Y si para Herbert también era un instrumento para conseguir sus fines, hacerse rico con los frutos del trabajo de ella, y darse la gran vida?

Herbert tenía veintinueve años, y ella treinta y ocho.

–¡Ciento nueve películas y un segundo bebé! –dijo Herbert, acariciando la barriga de su esposa–. Sería un buen título.

–Te aviso de que será el último.

–Supongo que no me hablas de tus películas...

–No, eso sería como pedirte a ti que apaciguaras tus ganas de echarte encima de cualquier cosa que se mueva.

–Alice, que no te sienta bien la vulgaridad...

–¡Con lo bonita que es cuando la llevas tú del cuello!

–¡Buena réplica! Me la apunto.

–Pues apunta también que si es niño le pondré Don Juan en homenaje a su padre.

–¿Y si es niña?

–El donjuanismo es una especialidad masculina.

–Y yo que creía que me había casado con una mujer libre...

–Confundes libertad y libertinaje. Mi libertad fue elegirte a ti.

Alice sabía que contra Herbert tenía el combate perdido de antemano. Él cogió entre sus manos el rostro muy serio de su esposa.

–Cuando estoy contigo soy solo tuyo –dijo.

Alice se apartó.

–¡Tienes la boca llena de sus besos –dijo con todas sus fuerzas, embargada por el asco y una rabia irrefrenable–, y son mis actrices! Mis actrices, ¿lo oyes? ¿Tanta falta te hacía acostarte con Blanche? ¿No te bastó con la madre de Magda?

Herbert se levantó.

–Haré mis propias películas –dijo desdeñosamente–. Así te callarás.

Alice habría querido poder callarse para que Herbert no se fuera, para que se quedase con ella, abrazándola toda la noche, pero lo cortó con virulencia.

–Lo de rodar tus propias películas no te lo impide nadie. Yo lo único que te pido es que no te acuestes con MIS actrices.

Herbert se volvió amenazador, frío y desdeñoso.

–Si quieres quédate encerrada en tus principios, y si quieres ódiame por mi infidelidad, pero no me des órdenes. ¡Soy libre de acostarme con quien me dé la gana y cuando me dé la gana, más allá de que te guste o no!

Salió dando un portazo. Alice cogió su cuaderno de notas y lo arrojó contra la puerta, chillando. Su gesto de rabia dejó paso a un río de lágrimas. Se levantó para recoger el cuaderno y lo apretó contra su cuerpo mientras se apoyaba en la puerta, resbalando hacia el suelo. Presa de una terrible angustia, se sumió en uno de los recuerdos más violentos de su vida.

Tenía cinco años, y estaba acurrucada contra la puerta de su cuarto en Chile, apretando con fuerza un libro ilustrado. Abajo, en el salón, se oían los gritos de su padre.

–¡Me habías jurado que no volverías a verlo!

–¡Déjame! –gritaba su madre.

–¡Voy a matarlo! ¡No tendrá a mi hija! ¡Alice es mía!

–Alice no es hija tuya. Quiero el divorcio. ¡Déjame, que me haces daño!

A través de sus lágrimas reconoció en la ventana la cara del indio, que le pedía por señas que le abriese. Cerró los ojos con todas sus fuerzas y se apretó las orejas con las manos.

La sacaron del sueño tres golpes en la puerta de su habitación. Se levantó con dificultad para abrir. Era su hija, Simone. La tomó en brazos y se puso otra vez a llorar, estrechándola contra su cuerpo. Le hablaba en español, diciéndole palabras de amor.

–Mamá, no entiendo lo que dices.

Alice sonreía a través de las lágrimas.

–Indita mía, mi amor...

–¡Mamá, que no soy india!

–Eres guapa como una indita. Duerme conmigo, ¿vale?

Se acostaron. Alice le cantó una nana sudamericana.

De madrugada oyó volver a Herbert. Salió del dormitorio en camisón y se acercó. Él la tomó en brazos y se la llevó a su cuarto.

–¿Has visto? –le dijo Herbert a Alice, tirando a la mesa un número de *Moving Picture News* de 1911–. «Ha llegado a Éclair Étienne Arnaud, uno de los directores más eminentes del mundo.»

–Ya está: Étienne e Yvonne han decidido vivir su «sueño americano».

–Éclair también ha contratado a Émile Cohl para hacer películas de animación.

–¡Y todos empezaron en Gaumont! Cohl es un verdadero genio. Y pensar que Gaumont dejó que se marchara... El único que se ha quedado desde que nos fuimos es Feuillade.

–¡Puede que venga en el siguiente barco!

–No creo; Feuillade tiene mucho talento, pero no le gusta la aventura. Está muy apegado a su Languedoc. Se ve que no para de insistirle a Gaumont para que le deje crear un estudio en el sur.

–Tiene razón. Para hacer nuestras películas hace falta tanta luz... ¡Por eso Griffith se va cada vez más a rodar a California! Allá la luz es gratis.

–California está al final del mundo –suspiró Alice–. Herbert, ¿no te gustaría ir estas Navidades a París? Echo de menos a mi familia.

–Preferiría que lo dejáramos para el verano que viene. No me gusta la idea de coger el barco en pleno invierno, con la niña, y tú embarazada. El océano está plagado de icebergs, y los vientos son muy fuertes.

–Tienes razón. Además, mira esto: es el nuevo plan de rodaje para diciembre. Tengo que hacer once películas. Estoy esperando a que Ménessier me entregue los decorados de *The violin maker of Nuremberg.*[1]

–¿Sabes qué me gustaría?

–¿Qué?

–Ir a cenar con Étienne e Yvonne.

–No me atrevía a decírtelo –contestó Alice con una sonrisa–. ¡Necesito tanto que me den noticias de París!

–Pásame tu planificación de jefe de Estado, a ver cuándo podemos organizarlo.

–Acuérdate de que mañana estaré en Nueva York. Melville y yo hemos conseguido el permiso para rodar escenas a bordo de un barco de guerra que ha atracado en el puerto. Y el viernes, si pudieras acompañarme a Washington...

–¿Para qué?

–Rodaremos escenas de caballería con el 15.º regimiento de artilleros para mi película sobre la revolución americana. Estoy invitada a almorzar en el comedor. También han organizado un polo en mi honor. Preferiría que estuvieras.

–Estaría bien que este tipo de rodajes lo delegases en tus ayudantes.

–También vendrán. ¡Necesito dos cámaras!

–¿Y en la oficina quién se queda?

–He contratado a una secretaria francoamericana que empezará mañana. Tengo tres días para formarla y presentarle a todos los equipos.

Embarazada de su segundo hijo, Alice también había reorganizado su vida familiar con la contratación de una niñera, Célestine, que además de ocuparse de la pequeña Simone la ayudaría en los preparativos de la llegada del bebé y la gran mudanza a Fort Lee. Por nada del mundo estaba dispuesta a renunciar a su trabajo, como lo había hecho con Simone.

Iba a cumplir treinta y nueve años. El embarazo hinchaba el óvalo perfecto de su cara, y su barriga, cada vez

1. «El lutier de Núremberg.»

más pronunciada, la obligaba a llevar vestidos de cintura alta. Odiaba esa silueta «imperio» que la envejecía, y estaba obsesionada con la idea de que su marido la abandonara, a pesar de que Herbert pasaba mucho tiempo con ella y se encargaba de todos los trámites ligados al traslado de la Solax. De él fue la idea de organizar una sesión de fotos en Fort Lee, en medio de las obras, para anunciar su llegada a ese nuevo Eldorado del cine. Posaron para la prensa con su hija en los escalones del estudio en construcción, anunciado como el mayor y más moderno de Fort Lee.

Herbert solo tenía veintinueve años, y estaba loco de alegría ante la perspectiva de ser padre por segunda vez. Para ayudar a Alice colaboró con ella en la dirección de varias películas, como *The violin maker of Nuremberg*, un mediometraje de dos rollos. En el reparto aparecía la pequeña Simone Blaché junto a Blanche Cornwall y Edgar Lewis, que para ese rodaje cambió su labor de camarógrafo para volver a la interpretación. También salía Gladden James, un joven galán descubierto por Alice que triunfaría por todo lo alto.

La película recibió encendidos elogios de *Moving Picture World*: «He aquí una de las películas más bellas y mejor dirigidas que hemos visto. [...] La película es profunda, y la imagen magnífica. Los actores ponen la piel de gallina, y el ambiente de realismo, creado por la señora Blaché, lleva la emoción a lo más alto.»

–¡Alice, aquí te has convertido en una estrella! –dijo Yvonne–. ¡Todo el mundo habla de ti! Étienne y yo fuimos a ver *The violin maker of Nuremberg* y es una maravilla.

–Gracias, Yvonne. ¿Y tú, estás contenta de haberte instalado en Fort Lee?

–Preferiría que viviéramos en Nueva York. La casa es cómoda, ya lo ves, pero Fort Lee es un poblacho. Yo el campo lo odio. Me deprimen tantos árboles, y mejor que no hable de las fábricas, laboratorios y estudios que salen como setas. He visto las obras de la Solax. ¡Impresionante! Es el doble de grande que el estudio de Éclair. Lo único que me consuela es que pronto llegaréis vosotros.

–Por desgracia no será antes de agosto. Seguimos buscando casa.

–Cohl acaba de comprarse una muy bonita cerca de la Solax.

–Sí, ya lo sé. ¡Ha sido más rápido que nosotros!

–Aún tendré que esperar siete meses para volver a veros...

–Yo llevaba cuatro años sin noticias vuestras.

–¡Esa es mi Alice, siempre tan rencorosa! ¿Quieres un poco más de champán?

Alice asintió.

–Dame noticias de Gaumont. ¿Cómo está Feuillade?

–Desesperado de ver que se van yendo todos los talentos de la casa. Ahora Bosetti está en Pathé.

–¿Gaumont no quiso quedárselo?

–¡Lo que no quería era pagarle más!

–¿A pesar de sus éxitos?

–Tú lo conoces mejor que yo: cuando le piden un aumento se queda consternado, y si te atreves a decirle que la competencia es más generosa, te da puerta tratándote de ingrato.

–¡Esta aversión al éxito ajeno es una insensatez! ¿Y entonces Feuillade por qué se queda?

–Gaumont y él están de acuerdo en una cosa: los dos creen que el futuro de la producción pasa por rodar grandes frescos históricos que puedan gustar a todos los públicos, tanto el francés como el americano.

–Si Feuillade ha conseguido que Gaumont se comprometa a dejarle rodar las películas tal como le gustan lo entiendo, porque no tiene precio. Me encanta su serie *Bébé*, con el pequeño Clément Mary. Ha sido el primero en atreverse a poner a un niño como protagonista de una serie. ¡A mí me parece fabuloso!

–A Louis le encantan los críos. Étienne rodó con el pequeño Clément y estuvo a punto de volverse loco. Al final del día tenía ganas de matarlo.

–Yo en Solax tengo una niña, Magda Foy, que es un encanto. No soportaría trabajar con niños maleducados.

–Ya oigo el coche de Étienne. Antes de que lleguen nuestros maridos, cuéntame qué tal con Herbert.

Yvonne aún se acordaba de la escena que había presenciado involuntariamente el día de la boda. Alice, sorprendida por la franqueza de la pregunta, masculló que era un marido ideal y un padre perfecto para su hija.

–Étienne y yo no queremos tener hijos. A él le gusta demasiado su libertad, y a mí la mía –soltó Yvonne, levantándose.

Alice observó la esbelta silueta de su joven amiga mientras iba hacia la puerta de la casa, y envidió la década que las separaba. Se le hizo un nudo en el estómago al ver que las manos de Herbert la tomaban por su fina cintura para darle un beso.

–¡Fuera esas manos! –intervino Étienne, dando un golpe a las de Herbert.

Levantó a Yvonne del suelo y le dio un beso, antes de seguirla hasta el sofá, donde se sentaron los dos.

–Mis respetos, señora Blaché –dijo tras besar la mano de Alice–. Herbert me ha enseñado las obras de Solax, y estoy impresionado, aunque no sorprendido. Enhorabuena por buscarse medios a la altura de su ambición. Admiro a los que saben construirse su destino, como usted.

–¿Pero qué me está diciendo? –preguntó Alice, divertida por la grandilocuencia del discurso de Arnaud.

–¡La primera directora de cine de la historia, y la primera mujer al frente de una productora norteamericana!

–Bueno, tampoco es que sea Juana de Arco, ni Calamity Jane...

–Vale, pero sabe perfectamente que ya ha entrado en la historia de los pioneros de esta nueva industria. No hay un solo director o productor que concite el interés de la prensa como usted. Herbert me ha dicho que no pasa una semana sin que se hable de usted.

–Es verdad, y en esos momentos me doy cuenta cada día de la suerte que tengo de ser mujer. Despierto curiosidad. ¿Pero sabe qué es lo que más los fascina?

–¿Su belleza? ¿Su carácter?

–No: que pueda ganar tanto o más dinero que mis equivalentes masculinos.

–Brindemos por su éxito, Alice, y no nos olvidemos de nuestro amigo Feuillade, que cuenta cada céntimo para hacer sus películas para Gaumont mientras usted se gasta más de cien mil dólares en regalarse a si misma un estudio de ensueño.

–¿Ves como se puede?

Alice le estaba enseñando a su actriz a echar el lazo.

–¡No te pido que consigas pasarlo por el cuerpo de tu compañero de escena, solo que hagas el gesto!

La actriz estaba montada en un pequeño caballo de cowboy.

–¡No me sale! ¡Además, tengo frío!

–Jane, baja del caballo y dame tu ropa, que esta última escena la haré yo. ¡Edgar!

El camarógrafo bajó de la tarima de madera donde estaba la cámara para los planos generales. Iba arrebujado en un grueso abrigo de lana, y llevaba manoplas.

–Edgar –le dijo Alice–, voy a sustituir a Jane, porque no hay manera de que se le pase el pánico. Invertiremos el plano. El fugitivo y Jane ya no vendrán hacia nosotros. El ladrón entrará corriendo por la derecha de la cámara. Unos segundos después apareceré yo a caballo y le echaré el lazo.

Se dirigió a su actor.

–John, escucha: cuando te eche yo el lazo cáete, aunque no acierte. No se dará cuenta nadie, porque será un plano general. Edgar, enlazaremos la escena con primeros planos de los actores: primero uno de Jane tirando el lazo con un golpe seco, y luego otro de John en el suelo. Acabaremos con otro plano general de los vaqueros yendo a felicitar a Jane por su captura. Luego irán todos juntos hacia la cámara y saldrán por tu izquierda. ¿Queda claro? Bueno, pues voy a ponerme un pantalón y unos *chaps*.

Justo cuando Alice hacía su entrada al galope en el encuadre apareció Herbert en el plató con Simone de la mano, y tardó unos segundos en entender que quien iba a caballo era su esposa. Alice tiró el lazo y lo pasó por el cuerpo del actor, haciéndolo caer.

–¡Corten! ¡Que no se mueva nadie! ¡Jane, ven a ponerte en mi sitio!

Jane recuperó su chaqueta y su sombrero y montó sobre el caballo pinto, que piafaba.

–Cuando dé la señal acabamos la escena. Los hombres os reunís con ella al galope, disparando al aire. ¡De momento que no se mueva nadie! ¡Venga, a cambiar las cámaras de sitio!

–¡Ya están listas las cámaras! –exclamaron los dos camarógrafos.

–¡Se rueda! Ahora tú te giras, Jane. ¡Muy bien, así! Los hombres a celebrar la victoria. Eso es. ¡Corten!

Herbert se acercó a su mujer.

–¡Cómo puedes ser tan inconsciente como para montar a caballo! –le susurró con rabia al oído–. ¡Te recuerdo que estás embarazada, Alice!

Ella se encogió de hombros, mientras los vaqueros la aplaudían. Herbert se apartó al ver que uno de ellos se acercaba.

–¡Menuda experiencia ha sido rodar esta película con usted, señora Blaché!

–Gracias, pero sin vosotros no habría podido. Me habéis enseñado muchas cosas, ¡empezando por echar el lazo!

–Le hemos traído un regalito para celebrar que es el último rodaje del año.

El hombre le dio algo envuelto en una tela aterciopelada. Alice cogió el paquete y lo despojó de su envoltorio rojo.

–¡Qué bonito!

Era un pequeño revólver de mujer, con la culata de nácar blanco.

–Está cargado. ¡Ahora le toca a usted actuar, señora Blaché!

Todos los hombres levantaron sus brazos armados hacia el cielo. Alice los imitó.

–¡Cuando yo diga! –gritó el cowboy–. ¡Fuego!

Alice levantó el brazo, y todos dispararon al unísono.

–¡Yo también quiero probar, mamá! –dijo Simone, intentando escaparse de los brazos de su padre.

–Vale, pero que sujete tu padre la pistola al mismo tiempo.

Herbert cogió la mano de la niña y dirigió el arma hacia arriba. En el momento de la detonación, Simone chilló de miedo y alegría.

Al abrir la ventanilla del coche para fumar, Herbert, que estaba de camino a Nueva York, oyó los titulares del *New York Times* en la voz de un vendedor callejero.

–¡La mayor catástrofe en la historia de la navegación! ¡Se ha hundido el *Titanic*! ¡Mil doscientos cincuenta muertos!

Paró el coche y se compró un ejemplar, fechado el 16 de abril de 1912. En primera plana salía una foto del monstruo marino y de su capitán, E. J. Smith, zarpando del puerto de Queenstown.

También figuraba la lista de supervivientes, entre los que Alice reconoció el nombre de una actriz, Dorothy Gibson. Herbert le preguntó de qué la conocía, aunque todo «el ambiente» supiese que era la amante de Jules Brulatour, el director general de los estudios Éclair en Estados Unidos.

Veintinueve días después del naufragio del *Titanic*, el 14 de mayo de 1912, los estudios Éclair sacaron la primera película sobre la catástrofe, titulada *Saved From the Titanic* y protagonizada por Dorothy Gibson, que se interpretaba a sí misma. La película había sido dirigida con el máximo secreto por Étienne Arnaud.

El público acudió a las salas en tropel para ver el rostro de la superviviente. La cinta, sensacionalista de por sí, se benefició en el último momento de otro empujón publicitario: horas antes del estreno, Dorothy Gibson tuvo un accidente con el coche privado de su jefe y fue llevada al hospital con heridas de poca gravedad. Al haber encontrado en la guantera los papeles del señor Brulatour, los policías estaban convencidos de que la herida era la esposa del gran jefe de Éclair, de modo que llevaron al domicilio de este último las pertenencias de quien estaba al volante, es decir, Dorothy Gibson. Cuando la señora Brulatour abrió la puerta a los agentes, se encontró cargada de golpe con los efectos personales de la amante de su marido. Este vodevil regocijó a los cronistas de sociedad e hizo reír a todo el mundo en el ambiente, salvo a la propia señora Brulatour, que pidió el divorcio.

Durante la reunión de producción, Alice anunció que se inspiraría en la noticia para un argumento de denuncia contra los maridos promiscuos.

Una vez solos, Herbert trató de convencerla de que la historia podía desembocar en un segundo matrimonio.

–Matrimonio solo hay uno, el que se hace a los ojos de Dios. Es un vínculo sagrado que no puede deshacer ningún hombre. No me cabe duda de que el señor Brulatour volverá a casarse, pero para mí la boda no tendrá ningún valor.

Herbert se echó a reír.

–¡Qué manera de hablar! ¡Pareces un ratón de sacristía!

–Es lo que pienso.

–Alice, cuando te conocí eras bastante enemiga de la Iglesia. ¿No te acuerdas de cómo despotricabas contra las matanzas en nombre de Dios organizadas en Sudamérica, y contra tu infancia en el convento, con sus reglas absurdas y sus malos tratos...?

–Soy enemiga del dogma, pero creo en una fuerza superior; creo en su bondad, su amor y su fidelidad.

–¿Te refieres a Dios?

–Pues claro. ¡No querrás que hable de ti!

–Muy gracioso, y muy malévolo.

–No más que tus infidelidades.

–¡Te estoy siendo fiel desde hace meses! –dijo él, montando en cólera.

Alice estuvo a punto de replicar, pero se calló. Tenía por delante un día de trabajo. Aggie, su secretaria, estaba en el despacho de al lado, y podía oírlos. No era momento de montar un drama.

–No nos peleemos. Sabes que nunca te abandonaré. Mis correrías no tienen la menor importancia. Te quiero. Hemos formado una familia, y hablamos a diario sobre el porvenir de Solax. ¿Por qué iba a destruir todo eso? Lo único que podría hacerme huir es tu tozudez.

–¿En qué sentido?

–Me iré el día en que ya no seas capaz de perdonarme.

–¿O sea, que nunca cambiarás? –dijo Alice con un suspiro.

–Seguiré siendo fiel a lo que soy: tu marido y el padre de tus hijos.

–Y el amante de mis actrices.

–Y tu amante.

–O sea, que es todo o nada.

–En eso no somos tan distintos. ¡Ojalá fueras un poco menos infantil sobre este tema!

Lo fulminó con la mirada.

–¡No me vengas otra vez con mi supuesto miedo a la sexualidad!

–¿Prefieres que saque otra vez el tema de tu arrogancia narcisista?

–No escupas sobre mi talento, que a ti también te beneficia.

–¡No solo no escupo, sino que lo admiro! –dijo Herbert, abrazándola.

–Déjame trabajar –se quejó ella, quitándoselo de encima–. ¿Has visto los últimos episodios de la serie de Billy Quirk?

–¡Son perfectos, graciosísimos! Tuviste razón en no ceder a mis dudas. ¿Me escuchas, Alice?

–Se ve que Brulatour está preparando los planos de un nuevo estudio para Éclair el triple de grande que el de ahora.

–¿Quién te lo ha dicho?

–Tu amigo Étienne Arnaud seguro que no, porque se guardó muy mucho de contarnos que estaba rodando una película sobre el *Titanic*... No, me lo ha dicho Ben Carré, un amigo de Ménessier que es camarógrafo jefe y decorador en Éclair. Se queja de que no tiene bastante trabajo, y me propuso venir aquí como refuerzo.

–¿Lo has contratado?

–No, qué va... ¿Para qué, para que nos espíe y les pase nuestras ideas a Éclair? He preferido contratar a Lucien Tainguy. Creo que lo conoces, ¿no?

–Sí, es un técnico de primera. ¿Sabes que en Francia trabajó con Méliès? En 1902 hizo *El viaje a la Luna*.

–Sí, pero a mí me confesó que prefiere las comedias, los dramas y las películas realistas. Voy a contratarlo para *The Girl in the Armchair*. La rodaremos toda en estudio, y Ménessier me dijo que Tainguy era muy bueno con las luces.

–Vale. Yo me voy a Fort Lee; nos han ofrecido una nueva casa, y voy a visitarla. Iré con Simone. Hace buen día, y a ella le encanta ir en coche. ¡Ya te lo contaremos esta noche!

Herbert rodeó la mesa de Alice y le dio un beso lleno de ternura.

–Cuídalo –le aconsejó, poniendo una mano en la barriga de Alice.

–Y tú a Simone.

Saliendo de las oficinas de Solax, Herbert se cruzó en el gran parque con el director de producción, Melville. El ex capitán de marina le hizo un pequeño saludo militar.

–¿Qué –le preguntó–, ya ha visto las escenas de carga de caballería que rodamos aquí la semana pasada?

–¡Por supuesto! La hierba aún se acuerda... ¡Parece que haya habido un bombardeo!

–Lo estamos pensando.

–¿Cómo que lo están pensando?

–He quedado dentro de un rato con un especialista en explosiones. A la señora Blaché y a mí nos gustaría hacer saltar por los aires los viejos decorados de calle antes de mudarnos a Fort Lee. ¡Así podremos usar las escenas en nuestras próximas películas de guerra!

–Melville, no haga nada sin haberme avisado. Es una orden. A mi mujer le falta un mes para dar a luz. Hay que vigilarla.

–¡No es de azúcar, como dice ella! Estese tranquilo, que a nuestra jefa la queremos demasiado para cargárnosla. ¡Que tenga usted buen día!

Melville hizo chocar sus talones y siguió hacia el estudio. Alice nunca reparaba en medios para conseguir sus fines. Herbert no podría impedirle que supervisara las escenas de explosiones. «La queremos demasiado», había dicho Melville. No se podía negar que todos sus equipos la querían y la respetaban mucho. Se dijo que ojalá no fuera tan rígida con él.

Pensó en Mary, con quien había quedado en Fort Lee. Era una mujer de la edad de Alice, casada y con dos hijos. Su marido era el dueño de La Villa Richard, un famoso restaurante con baile encaramado a las Palisades, en pleno bosque, refugio de las parejas ilegítimas que se escapaban de Nueva York para una velada o un fin de semana. A Herbert le gustaba el ambiente del local, donde era frecuente asistir a intercambios de parejas, y donde los hombres con ganas de aventura invitaban a chicas ligeras de cascos. En verano se hacía el amor en el bosque y en los coches, o en el modesto Rambo's Hotel, un refugio donde podía uno cruzarse con equipos de rodaje que se quedaban dos o tres días a hacer una película. Los más pudientes ocultaban sus amores clandestinos en el Cella's Park Hotel, donde se escondían actores y actrices de moda. Herbert se encontraba con Mary en casa de ella. De los niños se ocupaba la niñera, y Simone estaba encantada de pasarse el día jugando, paseando y cocinando con las gemelas de la señora de la casa, poco mayores que ella. Herbert sintió que se le endurecía el miembro al pensar en Mary. Le gustaban sus juegos sexuales. Era una mujer que había convertido el placer en uno de sus pasatiempos favoritos. De vez en cuando, para dar más morbo a sus encuentros, invitaba a alguna joven a participar en sus juegos. Mary no era la única amante de Herbert, pero sí la única a quien veía con frecuencia desde que estaban instalados en Flushing.

Al quedarse sola, Alice pidió que Aggie le sirviera una taza de café, y aprovechó para leer el folleto de villas en Fort Lee que se había olvidado Herbert.

Miró atentamente la foto de una casa con base de piedra y paredes de madera verde oscuro. La agencia indicaba seiscientos metros cuadrados útiles, catorce habitaciones grandes, siete de ellas dormitorios, un suntuoso salón con biblioteca adjunta, un comedor, una escalera grande de roble y una bodega para vinos. En la finca, seis hectáreas de terreno ajardinado, había muchos frutales, y un camino ancho al que daban sombra dos hileras de árboles centenarios. «Decididamente, Herbert tiene delirios de grandeza», pensó. Se imaginó montando una pequeña cuadra con algunos caballos en la finca. ¡Qué gusto daba soñar! ¿Y por qué no? Los medios los tenía.

Entró Melville en su despacho.

–¡Mis respetos! –vociferó.

Durante la guerra del Caribe, el estruendo de los cañones le había afectado el oído. Por la mueca de Alice entendió que se había pasado, de manera que bajó la voz para anunciarle que ya tenía al especialista en fuego y explosiones. Alice mandó llamar a sus tres directores, con sus respectivos asistentes. Una vez reunidos se pasaron toda la mañana hablando de las posibles maneras de filmar las explosiones y los incendios de los decorados de Solax en Flushing, hasta que se pusieron de acuerdo en darse un mes para buscar ideas de argumentos en los que se pudieran incluir esas imágenes espectaculares. Enfrascada en los planos de la falsa calle que había construido dos años antes, al poner en marcha Solax, Alice se olvidó en cuestión de segundos de Herbert, de la magnífica mansión victoriana y de los ponis para su hija.

El 30 de junio de 1912, Alice trajo al mundo a Reginald, tan rubio como morena era Simone. Herbert estaba tan contento que se olvidó de ir a inscribir al recién nacido. Paseaba a su hijo sin parar desde la planta baja hasta el desván, desgastando el suelo de madera de la nueva casa de Fort Lee. Reginald solo se dormía en brazos de su padre. En cumplimiento de su sueño, Alice hizo construir una pequeña cuadra en el espléndido parque, y se compró un caballo para ella y un poni para Simone.

El nacimiento de Reginald la devolvió a su infancia. De vez en cuando la asaltaban dudas y temores. Lo que más miedo le daba era que Herbert tuviera otro hijo con alguna de sus amantes.

Tenía la sensación de haber heredado las locuras de sus padres: la pasión y los celos. Quería apasionadamente a Herbert, que la hacía estar cruelmente celosa. Quería poseer, como su padre, y estaba dispuesta a perderlo todo por amor, como su madre. Las mismas cualidades que la habían hecho lanzarse en brazos de Herbert (su despreocupación, su liviandad, su ímpetu vital y su deseo inagotable) le daban un miedo atroz. Si tanto aborrecía la infidelidad, ¿por qué se había casado con un hombre infiel?

Herbert le decía que en el fondo era como él, desbordante de deseo, pero que sus principios y su educación le impedían saciarlo.

Este exceso lo canalizaba Alice en sus películas. «Tú me engañas con tu trabajo; tu "amante de verdad" es el cine», le decía él, no del todo en broma.

Encima de una mesa había un hombre atado, amordazado y con un péndulo que amenazaba con cortarle el cuello. Entraron en la sala decenas de grandes ratas que se lanzaron sobre las cuerdas.

–¡Está perfecto, Darwin! No te muevas... En cuanto notes que se aflojan las cuerdas, te levantas, te quitas la mordaza y sales del plano pasando muy cerca de la cámara.

Alice estaba dirigiendo a Darwin Karr, que en cuanto pudo se levantó y se despojó de los últimos roedores que aún tenía encima.

–Sal del plano, Darwin. ¡Ahora! ¡A tu derecha!

El actor lo hizo a toda prisa, hasta apoyarse en la valla que rodeaba el plató.

–¡Bravo! Edgar... seguimos rodando un poco y... ¡corten!

Se oyeron aplausos llegados de todas partes. Herbert Blaché, que había asistido al rodaje, fue a saludar a Darwin Karr.

–¡Enhorabuena, chico, has estado fabuloso! ¡Alice, chapó! ¡Qué escena! ¡Me he quedado boquiabierto!

Le dio un beso a Alice.

–¡Cuidado! –exclamó de pronto Edgar–. ¡Las ratas! ¡Están invadiendo el estudio! ¡Se ha caído la valla!

El camarógrafo levantó una de las placas metálicas que formaban la valla improvisada. Los técnicos se pusieron a correr tras la decena de ratas que se habían escapado.

–¡Cerrad todas las puertas!

–¿Cómo piensas quitártelas de encima? –preguntó Herbert.

–Tenemos gatos preparados.

–¿Gatos?

Soltaron por el plató dos gatos que tras un momento inicial de desconcierto se escaparon dando brincos, asustados por la cantidad de ratas que amenazaban con morderlos, y buscaron refugio en los pasillos.

–¿Y su bull terrier, señora Blaché? Serviría, ¿no? –se aventuró a decir un técnico.

–¿*Coco?* ¿Tú crees? Está en mi despacho...

–Voy –dijo.

Nada más aterrizar en la parte vallada, el perro fue atacado por los roedores, y acabó saltando para ponerse fuera de su alcance, como los gatos.

–La única solución que queda es la de los garrotes –propuso el regidor.

Alice asintió, notando que se mareaba. Perdió un poco el equilibrio y se sentó.

–¿Vienes con nosotros, Alice? ¡Aquí no vamos a quedarnos!

Herbert se disponía a salir con Darwin Karr.

–Marchaos, que vengo en un par de minutos.

Los hombres habían empezado a dar golpes a las ratas.

Alice tuvo vértigo. Cerró los ojos con el pulso acelerado. Su secretaria, Aggie, que había asistido al rodaje, intervino.

–Madame Blaché, no debería quedarse. Venga.

–Gracias, Aggie –dijo Alice, cogiéndose de su brazo.

–Debería descansar. Trabaja usted demasiado, señora Blaché. ¿Por qué no me encarga más cosas? Deme sus notas manuscritas, que se las pasaré a máquina.

–Es que al transcribirlas suelo hacer bastantes cambios.

–Podría dictármelos.

–Suelo hacerlo tarde, por la noche.

–Madame Blaché, yo estoy soltera; no tengo obligaciones, y de tiempo voy sobrada. Me encantan todas las historias que se inventa. ¡Le aseguro que para mí sería un orgullo ayudarla, aunque fuese a la una de la madrugada!

–¿Qué edad tienes?

–Veinte años.

–Los que tenía yo cuando entré en el oficio. Está bien, Aggie, pero hazte a la idea de que los meses que vienen dormirás poco, porque las películas duran cada vez más, y me las piden todas las semanas.

–Gracias por su confianza, señora Blaché.

Saliendo del estudio, Alice vio a Herbert y Darwin Karr sentados alrededor de una mesita delante de los palcos, fumando puros con dos periodistas que habían venido a ver el rodaje.

–Aggie, quiero quedarme un rato sola, respirando a mis anchas. Tú vuelve con Herbert y Darwin Karr, y asegúrate de que no les falte de nada a los periodistas. Vienen tantos a nuestros rodajes que al final nos acostumbramos, pero al menor paso en falso no tendrán compasión.

–Descuide, señora Blaché. ¿Se encontrará bien?

–Sí, muy bien. ¡Venga, fuera de aquí!

Cuando Aggie llegó junto a los periodistas, Darwin Karr estaba poniendo por las nubes a su directora.

–Es una suerte trabajar con ella. Insufla tanta energía a todo el plató... Tiene una presencia luminosa. Nos inspira a todos, desde el iluminador hasta el actor.

–En los rodajes no acostumbra a haber tan buen humor –dijo el reportero de *Moving Picture World*–. Nosotros estamos acostumbrados a los gritos de los directores.

–La señora Blaché siempre dirige con tranquilidad. Ya han visto lo concentrada que está. Es porque sabe exactamente lo que quiere. Lo tiene todo en la cabeza. Es mágico. A mí me recuerda a los mejores directores de orquesta, que son los que lo consiguen todo con el mínimo de gestos.

–¿Esta mañana ha conseguido todo lo que quería de ustedes?

–Todo. ¡Si no, no habría dicho «corten»! No conozco a nadie más perfeccionista. Esta mañana estaba tan resuelta a dar una impresión de realidad que no ha reparado en medios para conseguirlo. Ya lo han visto.

–Sobre lo que ha dicho antes de que se concentra en el plató –añadió Blaché–, es verdad que cuando gira el motor reina un silencio excepcional, pero si pasa algo gracioso o insólito la primera en reírse es ella.

–Su mujer tiene mucha personalidad, señor Blaché. ¿Eso en la vida cotidiana no plantea dificultades?

–Alice es un torbellino, tanto dentro como fuera de Solax. Arrastra a todo el mundo en la estela de la pasión que siente por su oficio, sus hijos y la vida en general.

–¿No es un poco difícil aceptar a una mujer tan fuerte?

–Es guapa e inteligente, tiene espíritu de iniciativa y triunfa. No tengo más remedio que admirarla. No solo la acepto, como ha dicho usted, sino que estoy orgulloso de ella.

–Perdonen, señores –dijo Aggie–, pero es que la señora Blaché desea saber si necesitan algo.

–¡Su presencia! Nos gustaría hacerle unas preguntas.

–Les pide disculpas, pero se ha ido a descansar.

–¡No estéis tan decepcionados, chicos! Estáis en vuestra casa. ¡Volved cuando queráis! –los conminó Herbert.

–¿Podríamos hacerle una foto al señor Karr delante del estudio?

–Aggie, ¿me haces el favor de acompañar a estos señores?

Aggie sorprendió en los ojos de Herbert una emoción que nunca había visto en ellos. Mientras se llevaba a los periodistas y al actor hacia el estudio, vio que Blaché caminaba deprisa hacia los decorados exteriores. Fue entonces cuando percibió la silueta de Alice en el suelo. Estuvo a punto de gritar de miedo, pero apretó el paso, consciente de que había que evitar que los periodistas presenciasen el incidente.

El médico había dicho que no era nada grave, que Alice había tardado demasiado poco en volver a trabajar después del parto. Herbert no se apartó de su lado en toda la noche. Alice se dijo que nunca la quería tanto como cuando tenía miedo de perderla.

Estaba exhausta, y el tremendo calor de principios de agosto no le facilitaba las cosas. Sin embargo, había que seguir produciendo, y encima películas cada vez más largas. El día siguiente ya estaba en pie para rodar la historia del legendario bandolero calabrés *Fra Diavolo*, protagonista de una ópera de Auber y personaje de Alejandro Dumas. Lo interpretaba el gran cómico de la Solax, Billy Quirk, acompañado por la nueva estrella de la compañía, Darwin Karr. El resto del reparto estaba formado por la compañía «de la casa», incluidas Blanche Cornwall y la pequeña Magda Foy.

Era una película de tres rollos, para la que hacían falta tres días de rodaje. Herbert exigió hacer las veces de asistente de dirección. Quería estar en primera fila para apoyar a su mujer, debilitada por el mareo del día anterior. Justo después dirigió su primera película en solitario, *Dublin Dan*, de tres rollos, producida por Alice.

Entre el 13 y el 23 de agosto de 1912, Herbert Blaché supervisó el gran traslado del material técnico, y de su familia, a Fort Lee. Hasta final de mes, Alice encadenó los rodajes de una decena de películas cortas.

A principios de septiembre se pusieron en marcha los estudios de Fort Lee.

Todo era oscuridad en la sala del New Amsterdam Theater, lugar emblemático de la alta sociedad de Nueva York. Después de unos acordes previos, la pianista de la Solax estaba acompañando con sus improvisaciones, sin taparla, la voz del comentarista, situado en el borde derecho del escenario, donde una lámpara de lectura iluminaba un poco el texto del que leía.

–¡Bienvenidos a Solax, el estudio de cine más moderno de Estados Unidos! Con sus cinco platós de rodaje que pueden usarse simultáneamente, Solax tiene capacidad para producir tres mil setecientos metros de película al día. Las paredes y el techo de cristal se pueden retirar completamente, lo cual permite iluminar el estudio con luz artificial si se oscurece el cielo.

Alice llegaba tarde. Acababa de entrar con Aggie en el pasillo de más de veinte metros por el que se accedía a la sala. Paró a su secretaria en el vestíbulo.

–Aggie, mira los frescos; mira qué elfos tan elegantes, y qué derroche de flores, hojas e insectos increíbles... ¿Y la vidriera de aquí arriba? ¡Me encanta este teatro! ¡Me quedaría a vivir!

Con su vestido prestado por Alice, la joven secretaria estaba radiante.

–No te imaginas lo guapa que estás. ¿Ya te lo han dicho?

La piel casi blanca del rostro de la joven se coloreó de rojo. Aggie bajó la cabeza.

–¡No, no, de eso nada! –exclamó Alice–. ¡Lo que tienes que estar es orgullosa de lucir tanto! ¡Y cuenta con que te lo repetiré hasta que lo hayas entendido! Mira, Aggie, si quieres pasar más tiempo conmigo para aprender el oficio tendrás que curtirte. Ven, vamos a las bambalinas, que es desde donde tengo que hacer mi aparición.

En el momento en que las dos mujeres llegaban al fondo del escenario, el comentarista estaba describiendo las salas de secado de película de la Solax.

–En estas ruedas gigantes se pueden poner hasta mil ochocientos metros de película a la vez. Alrededor del gran estudio hay varias salas, una de ellas solo para el atrezo. ¡Hay tanto que daría para recrear interiores de casas hasta el infinito!

–Espero que les guste, porque es la primera vez que una productora invita a la prensa al estreno de una película que refleja sus actividades. ¿Tienes mi polvera?

–Tenga –contestó Aggie–. Lucien Tainguy ha hecho maravillas. Ha sido buena idea instalar la cámara en una carretilla para dar la impresión de que somos nosotros los que entramos en las salas y abrimos las puertas.

–Una idea genial. Bueno, ya me ha entrado el miedo escénico –suspiró Alice–. Consígueme una copa de champán, o un vaso de whisky, o lo que te parezca.

Pegada al telón, la directora de la Solax torcía el cuello para ver las imágenes de la pantalla gigante. La película estaba mostrando el taller de los carpinteros y los pintores de decorados. Luego el pasillo al que daban las oficinas de los decoradores, repletas de objetos de valor, vajilla fina, joyas...

–Los camerinos de las estrellas se encuentran en la planta baja –siguió explicando el comentarista–, y ofrecen toda clase de lujos: bar, mesas de juego... Se ha pensado en todo para amenizar la espera, que en los rodajes puede ser muy larga. «Camerino de Blanche Cornwall»... ¿Nos atrevemos a llamar? Como están viendo ustedes, la señora Cornwall ha añadido efectos personales.

–Me gusta mucho esta parte. Desacraliza un poco a nuestras estrellas, pero al mismo tiempo las hace simpáticas –le dijo Alice a Aggie, que acababa de volver con una copa de champán.

–Actualmente, Solax cuenta con toda una compañía de actores famosos: Vinnie Burns, Blanche Cornwall, Darwin Karr, el gran cómico Billy Quirk, Fanny Simpson, Marion Swayne... ¡y la pequeña e intrépida Magda Foy! Todos ellos han triunfado en las películas de la Solax, y seguirán haciéndolo en las siguientes producciones del estudio. La crítica es unánime: «¡Las películas de Solax son de las más bellas y mejor dirigidas que hemos visto!»

El regidor del plató se acercó a Alice, cuyo corazón se puso a latir muy deprisa.

–Me toca, Aggie. ¡Deséame suerte!

–Es usted la mejor, señora Blaché.

Las luces del cine volvieron a encenderse entre aplausos ensordecedores. Alice salió al escenario.

–¡Anda, pero si ha recuperado su tipo de jovencita! –comentó una periodista.

–Hasta parece más menuda que antes de tener a su hijo –añadió otra.

Alice llevaba un vestido de seda negra, con los hombros al descubierto, y unos guantes largos. Un collar de perlas de tres vueltas daba luz a su cara. Saludó a la prensa y se declaró dispuesta a contestar preguntas.

–En dos años ha llegado a ser la mujer mejor pagada de Estados Unidos.

–¿En serio? –contestó Alice con picardía.

–¿En Francia también lo era?

–Mire, yo en la Gaumont entré muy joven. ¡A duras penas tenía veinte años!

–¿Qué hacía exactamente?

–Fui la primera mujer del mundo que dirigió una película de ficción, y seguí siendo la única durante quince años. Mi primera película es de 1896.

–¡No han pasado ni veinte!

–Tampoco tenía yo más. Lo primero que me dijo el señor Gaumont cuando nos conocimos fue «parece usted muy joven».

–¿Y usted qué contestó?

–Que la juventud es una enfermedad de la que se cura uno deprisa.

La sala se llenó de risas.

–¿Por qué se fue de Francia?

–Por amor, una enfermedad muy francesa. ¡Y esa nunca se cura!

Las risas arreciaron.

–¿Se puede trabajar y ser buena madre? –preguntó una periodista.

–Eso habría que preguntárselo a mis hijos, Simone y Reginald.

–¿Están en la sala?

–Reginald tiene cuatro meses, y Simone acaba de cumplir cuatro años, o sea, que espero a estas horas ya estén en la cama.

Los lápices corrían por las páginas blancas de las libretas: «La señora Blaché, muy en forma, y con un vestido negro que le sienta de fábula, usa de maravilla el humor, arma de la que ha hecho su gran baza en un mundo sin piedad como es el de la industria cinematográfica.»

–¿Su marido tiene celos de su éxito? –añadió otra.

–No, señora, los celos no son su fuerte.

–¿Qué quiere decir?

–¡Que tiene tanto éxito con mis actrices que ni se le ocurre!

–Hay que reconocer que es muy atractivo...

–¿Por qué se cree que me casé con él?

El público se volvió a reír. La periodista continuó.

–¿Qué proyectos tiene?

–Acabo de adaptar una historia sobre una famosa bailarina del Moulin Rouge de París: *Shadows of the*

Moulin Rouge,[1] un drama romántico entre una joven y un hombre al que, como acaba descubriendo, sigue toda la policía de Francia. Estoy buscando a la actriz. El papel del bandido lo interpretará Darwin Karr. ¿Verdad, Darwin?

Darwin Karr se levantó, seguido por la luz de un foco, y los espectadores lo aplaudieron efusivamente.

–También voy a rodar un largometraje para niños y sus padres, con una chica que será una gran estrella: ¡Vinnie Burns!

Alice señaló a Vinnie, que estaba en la sala. El foco se posó en el precioso semblante de la joven cómica, de veintiún años, aunque aparentaba quince.

–La película se llama *Beasts of the Jungle,*[2] y la rodaré con animales salvajes, incluida una tigresa, *Princess*.

Apareció la tigresa con un arnés y cruzó lentamente el escenario hasta pararse a los pies de Alice.

–Es la historia de una niña perdida en la selva, y de su amistad con una tigresa.

La aparición del gran felino había hecho enmudecer de admiración a los espectadores.

–Otra película para el gran público y para los niños: la adaptación del famoso libro *Dick Whittington and His Cat,*[3] con decorados fastuosos y un reparto estelar.

Mientras Alice seguía desgranando la lista de las películas en fase de preparación, en la pantalla aparecían las caras de los actores contratados para cada una de ellas.

–También estamos preparando una gran película cómica: *A House Divided,*[4] sobre un matrimonio que a causa de una serie de malentendidos decide vivir por separado en la misma casa sin dirigirse nunca la palabra. Esta película la rodaré con Billy Quirk y Marion Swayne, que nos acompañan esta noche.

Una salva de aplausos saludó la presencia de las dos estrellas.

1. «Las sombras del Moulin Rouge.»
2. «Fieras de la jungla.»
3. «Dick Whittington y su gato.»
4. «Una casa dividida.»

–¿De dónde saca tantas ideas, señora Blaché?

–Mi padre era librero en Valparaíso, Chile; tuve una niñez muy novelesca, y he leído mucho. Parte de mis ideas las tomo de los libros. ¡Las otras son de mi propia cosecha!

–Nació en Chile, ¿verdad? Cuéntenos...

–Mi historia personal es demasiado larga para contarla esta noche. Tengo que ir a acostar a *Princess*. –La tigresa estaba bostezando–. ¡Ya ven que está agotada! ¡Buenas noches a todos!

A la salida de la rueda de prensa, Alice volvió a pasar por el vestíbulo del teatro para responder a las preguntas de los periodistas. Sus actores se prestaban al juego de los fotógrafos, delante de grandes carteles promocionales especialmente impresos para la función. A Alice le pareció que era el momento de irse, de modo que le pidió a su asistenta que llamara a su chófer, Jack. Después de pedirle al responsable de promoción que le confirmase que las estrellas de la Solax tendrían quien se ocupase de ellas al salir del teatro, le dio las buenas noches a Aggie.

–Jack pasará a buscarte para llevarte a tu casa. Buenas noches, Aggie, hasta mañana. A las ocho en punto tengo que hacer balance contigo antes de irme a rodar.

Alice se dejó guiar por su chófer a través del gentío que obstaculizaba el paso en el largo corredor de salida. Sobre la fachada del New Amsterdam Theater brillaba el nombre de Solax. Alice, que se había quedado sola, no pudo disfrutar del momento por culpa de la angustia. Su único deseo era refugiarse en el hotel.

–¿Te ha dicho mi marido dónde pasaba la velada? –le preguntó el chófer, que estaba saliendo de la calle 42 por la Séptima Avenida.

–En el casino, señora, en Seagate. ¿Quiere que la lleve?

–No, gracias, Jack... Prefiero volver al hotel. Mañana tengo que salir temprano. Me esperan en Fort Lee.

Volvió a hundirse en el asiento, pensando ansiosamente en el gigantismo de esa ciudad que tanto miedo le había dado en 1907, al llegar. El fragor de los metros elevados, la multitud compacta de las calles, los rascacielos que intentaban arañar el cielo, el flujo ininterrumpido de la circulación, el calor inclemente del verano, los vientos glaciales del invierno... Excesos en todo, pensó, hasta en la manera exasperante que tenían los americanos de hablar alto en cualquier situación, como esa misma noche, durante la rueda de prensa.

Solo aguantaba Nueva York del brazo de Herbert. ¿Por qué siempre que estaba sola se sentía al borde del abismo? Se le formaba un nudo en la garganta, y tenía prisa por volver al hotel Astoria, donde tenían sus rutinas de pareja. Era el único establecimiento chic de Nueva York que aceptaba a mujeres no acompañadas. «¡Un paso adelante en la libertad de las mujeres!», había proclamado en su momento el propietario, John Jacob Astor.

«¡Sobre todo, para Herbert, una buena manera de dejarme tirada en un hotel sin que parezca una golfa!», se dijo, cada vez más angustiada. Tenía los ojos empañados. Se estaba imaginando las peores hipótesis sobre la ausencia de su marido en la rueda de prensa y su escapada a Seagate: tenía una nueva amante, iba a abandonarla, Alice era demasiado mayor para él... ¿Cómo se las arreglaría sin Herbert?

Una vez en el hotel subió con prisas a su habitación e hizo que le trajeran un vaso de whisky. Habría querido regresar de inmediato a Fort Lee, para estar con los niños y la niñera, Célestine. Herbert había dejado un paquete de cigarrillos en su mesita de noche. Alice cogió una y se impregnó del olor del tabaco de su marido.

Le dolía todo el cuerpo, agarrotado por la angustia. Sabía que no conciliaría el sueño hasta que hubiera vuelto él. ¡Con la falta que le hacía descansar! Estaba adelgazando. Se había dado cuenta esa noche, al ponerse el vestido y tener que apretarse el cinturón para que no le bailara la seda.

Se acabó el vaso y pidió otro. El alcohol y el tabaco acabaron de ponerle los nervios de punta. ¿Sería capaz de suicidarse para no seguir sufriendo? Pensó en Simone y Reginald, y se odió por ser tan débil. «Tan enferma», pensó. Echaba de menos a su madre, que una vez le había escrito, como excusa para no ir a verla: «Los viajes largos remueven demasiados recuerdos difíciles.»

Herbert volvió de madrugada y se encontró a su mujer con los ojos muy abiertos en la oscuridad. La tomó en brazos y la llevó a la cama, contándole lo que había hecho en el casino. Alice no le preguntó nada. Se iba recomponiendo lentamente al son de su voz. Esperó a que se deslizase contra ella el cuerpo caliente de su marido para caer en un profundo sueño.

–Buenos días, señora Blaché –dijo Aggie al llegar al despacho–. Le he traído su vestido.

–Quédatelo, que te lo regalo.

–Muchas gracias –contestó, dándose cuenta de que no era el momento de discutir con su jefa.

Le preparó un café.

–Esta mañana, cuando Herbert y yo hemos vuelto a casa, Reginald tenía mucha fiebre –dijo Alice mientras cribaba la prensa–. ¿Podrías llamar al médico, para que vaya urgentemente a verlo?

–Ahora mismo lo hago.

–Si receta algo, pídele a Jack que vaya a comprar los medicamentos. Y tenedme al corriente. Pasaré por casa justo después del rodaje.

–De acuerdo, señora. Ya han llegado las copias de los guiones. Los actores de *A Fool and His Money*[1] han llegado hace una media hora. Están en los camerinos, preparándose.

–Gracias. Haz que lleven bocadillos y cerveza a los equipos de rodaje de los «Billy», que hoy hay que rodar dos más, y no habrá pausa... Bueno, me voy. Hasta luego.

Herbert ya estaba en la parte delantera del estudio, con Billy Quirk y sus técnicos.

1. «Un tonto y su dinero.»

–Buenos días, Billy –dijo Alice, acercándose al plató, donde estaban trabajando con ahínco los decoradores.

–Buenos días.

La cara del actor estaba tensa por los nervios que lo acometían antes de cada interpretación.

–¿Tienes todo lo que necesitas?

–Sí –farfulló Billy, que intentaba relajarse dando saltitos.

–Pues buen rodaje. Yo estoy en el plató de al lado.

–¡Buenos días a todos!

Herbert se acercó a Alice.

–No vas a tener regidor de plató. John ha avisado de que hoy no vendrá.

–¿Por qué?

–Se niega a trabajar para negros.

–¿Cómo?

Una compañía de bailarines de cake-walk afroamericanos salió alegremente de los camerinos, vestidos y preparados para rodar. Herbert se encogió de hombros en señal de impotencia. El responsable de la compañía, James, que estaba tomando un café delante de los camerinos, había oído sus palabras.

–¡No se preocupe, señora Blaché, que estamos acostumbrados!

–Me da una vergüenza espantosa, James.

–No pasa nada. Hemos estado ensayando como locos, y estamos listos.

–Pues nosotros también. ¡Señores técnicos, todos a sus puestos! Señoras y señores actores, hagan el favor de acercarse. Acuérdense de que no estamos en el teatro, o sea, que nada de grandes aspavientos, ni de mímica; sean lo más naturales que puedan, ¿de acuerdo? ¿Está aquí nuestra pianista? ¡Ah! ¡Buenos días, Gladys! ¿Está preparada?

–Buenos días. Sí, señora Blaché.

–Vamos a ensayar desde el principio, desde la entrada de los hombres en la sala, donde son recibidos por las anfitrionas. Los bailarines se colocan detrás del telón, que se levanta cuando dé yo la señal. Como esta mañana no está

John, les pido a todos la máxima concentración. Coordinaré yo misma las entradas. Les recuerdo que estamos rodando una comedia dramática sobre las consecuencias de la adicción a los juegos de azar. En esta primera escena hay que estar muy graciosos, casi como en una farsa. Tenemos que hacer que los espectadores entren en la magia y el placer del juego. ¡Gladys, entra cuando dé yo la señal!

Herbert aprovechó la potencia sonora del piano para hablarle al oído.

–Estás loca, Alice. ¡Nadie ha hecho nunca una película con actores negros! Te vapuleará la prensa.

–James Russell es una estrella de Broadway. Los periódicos lo han elegido rey del cake-walk. ¡Ya, Gladys! ¡Que entren los hombres!

–¿Y crees que la gente saldrá de casa para ir a ver una película con negros?

–¡Entra, Gladys! ¡Ahora las anfitrionas! Los bailarines detrás del telón... ¡Quietos, que no tengo que veros!

–Los negros están considerados como los limpiabotas de los americanos –continuó Herbert–. En el sur, si hacen alguna tontería todavía los linchan. ¿Y crees que tú conseguirás convertirlos en estrellas de cine?

–¡Cállate, Herbert! No lo sé... ¡Entra, Gladys! ¡Arriba el telón! ¡Ya, William! Me he comprometido a hacer esta película, Herbert; no corremos ningún riesgo, porque la paga la compañía. Atentos, bailarines... ¡Entra, Gladys! ¡Muy bien! Está perfecto. Lo quiero igual cuando rodemos. Edward, ¿estás preparado? –le preguntó a su camarógrafo jefe–. ¿Está aquí tu asistente? Buenos días, Carl. Perdona, Herbert, pero es demasiado tarde; ya sabes que nunca me desdigo de mis compromisos. ¿Pero tú has visto lo buenos que son?

Le brillaban los ojos. Herbert se encogió de hombros.

–Pues nada, buen rodaje... Cuando hayas acabado no hace falta que llames a tu regidor para pegarle un rapapolvo, que ya lo he despedido yo.

–Gracias, Herbert, te agradezco el apoyo.

Alice se volvió hacia los actores.

–Vamos a rodar con dos cámaras. Os recuerdo que no tenéis que mirar nunca a la cámara. Cuando yo diga...

¡Se rueda! Gladys, te toca. Atención... Entran los hombres... ¡Ya!

Aggie se acercó a Alice, que estaba mordisqueando un bocadillo con los equipos de rodaje de la tarde.

–¿Querías verme, Aggie? ¿Cómo sigue mi hijo?

–Va todo bien. Ha pasado el médico y no ha encontrado nada anormal. Célestine dice que la fiebre va de baja. Su marido también me ha dicho que no se preocupe, que estará toda la tarde en casa.

–Creía que tenía que hablar con regidores...

–Ya ha encontrado uno, que empieza mañana.

–¡Perfecto!

–Señora Blaché, ha llegado su cita de las dos.

–¿Quién era?

–William Brady, el productor teatral.

–Se me había olvidado totalmente. ¡Bueno, pues tenlo esperando cinco minutos más, que voy a ver si esto tiene algún remedio con la peluquera! –dijo Alice, intentando meterse unos mechones rebeldes en el moño.

Al cabo de unos pasos se giró.

–¡Aggie!

–Dígame, señora Blaché.

–¡Te has cortado el pelo! ¡Qué locura! ¡Pero si tenías una melena pelirroja que era una maravilla!

–¿No le gusta? –dijo Aggie, entre preocupada y molesta.

Alice se había quedado mirando la cara de su asistenta, que había cambiado el moño por un corte cuadrado que ondulaba alrededor de su cara.

–No me lo puedo creer –dijo con una sonrisa–. ¡Con el pelo corto aún estás más femenina! Yo no me atrevería. Admiro tu audacia. Solo falta que camines más erguida. Deberías hacer ballet –añadió, alejándose de nuevo–. La mayoría de mis actrices han hecho baile clásico, y es como han conseguido tener un porte tan soberbio.

¿Pero por qué diantre quería la señora Blaché que Aggie tuviera un porte «soberbio»? El pelo se lo había cortado porque así no tenía que cuidarlo tanto y ganaba un tiempo muy valioso para llegar cada mañana puntualmente a la oficina. Se miró caminando en un espejo grande, pendiente de traslado al taller de decorados, y llegó a la conclusión de que sus andares eran efectivamente poco «femeninos». Con pantalón quedaría mejor, pero se dijo que eso, en América, aún era un sueño, hasta para las mujeres con el pelo corto.

Cuando Alice entró en su despacho se encontró a William Brady fumando un puro enorme. Tenía un físico imponente. Le calculó unos cincuenta años. Él se quitó el sombrero para saludarla, sin sacar la otra mano del bolsillo.

–Un placer, señora.

–¿Quería usted verme, señor Brady? ¿En qué puedo ayudarlo?

–Tiene usted delante a uno de los mayores productores teatrales, señora, y como me consta su talento para las adaptaciones literarias al cine he pensado que podríamos hacer negocios.

–¿Qué me propone?

–Adaptar en régimen de coproducción obras de éxito montadas por mí en Nueva York. Yo aporto los textos y los actores, y usted se encarga del resto.

Alice observó a Brady. Lucía un terno hecho con tela cara, y tenía la desenvoltura de quienes llevan mucho tiempo ganando grandes sumas de dinero. Cómodamente arrellanado en el sillón de enfrente del de Alice, daba la impresión de encontrarse a sus anchas. La directora de Solax estaba impresionada por la pertinencia de sus palabras sobre las «fórmulas» que convertían un texto literario o teatral en un éxito de público.

–Yo de su oficio no sé nada, pero me interesa cada vez más –añadió Brady–. A juzgar por los números que se publican en la prensa, el negocio le está siendo bastante provechoso. ¡Se ha convertido en una figura clave casi de la noche a la mañana!

–Señor Brady, llevo diecisiete años en la profesión.

–¿Qué pasa, que empezó de niña? –dijo Brady, riéndose.

–Conmigo no sirven de nada los halagos. Mi tiempo es muy valioso, me imagino que como el de usted.

–A la vista está que a usted el tiempo no la afecta.

–Mejor que intentemos acordar un porcentaje para poner en marcha nuestra colaboración, si le parece.

–El setenta por ciento de los ingresos para mí y el treinta restante para usted.

–Ahora soy yo la que se ríe, señor Brady.

–¡Piense que aporto éxitos asegurados!

–Sale muy caro hacer películas. Ese éxito que dice usted ya lo tiene prácticamente amortizado, mientras que yo aún tendría por delante toda la inversión. Seguro que sabe que casi ya no hacemos películas cortas, de las que se rodaban en uno o dos días. El mercado reclama largometrajes. En el caso de *Beasts of the Jungle*, mi último éxito, hizo falta todo un mes de rodaje, y la película me costó dieciocho mil dólares.

–El sesenta por ciento para mí y el cuarenta para usted.

–Mi próxima gran producción de cine familiar es una adaptación literaria: *Dick Whittington and His Cat*, un éxito seguro, por lo conocido que es el libro. Ménessier, mi decorador, está recreando el Londres medieval, y también está convirtiendo un velero de grandes dimensiones en un barco pirata que haremos estallar. Se calcula que el presupuesto será de treinta y cinco mil dólares.

–Ya la he entendido, señora Blaché. Le propongo lo siguiente: una primera colaboración a medias basada en una comedia contemporánea sin grandes decorados. Usted rueda de día, y por la noche me devuelve a mis actores, a quienes pagaré yo; vaya, que están amortizados. ¿Le parece bien?

–Me parece bien. Podríamos empezar dentro de un mes. ¿Hasta entonces tendrá algo que ofrecerme?

–Algo encontraré. Quedemos la semana que viene para cenar, y así lo hablamos.

–Yo no ceno. Las veladas las dedico a...

–¡Alice! ¡Acabamos de llegar a un acuerdo, y quiero mi cena!

–Si es una orden, señor Brady –dijo ella entre risas–, no se mueva, que voy a llamar a mi secretaria. ¡Aggie!

Alice y William Brady se veían prácticamente a diario desde su primer encuentro. Oficialmente estaban preparando sus futuros rodajes, pero nadie se llevaba a engaño: la estima que se tenían iba más allá del interés profesional. Brady parecía totalmente prendado de la señora Blaché. Los rumores sobre una incipiente relación corrían con fuerza tanto dentro como fuera de la Solax. Aggie avisó de ello a su jefa, que se zafó con un encogimiento de hombros. Brady le gustaba, sí; era inteligente, culto y con visión para los negocios. Le recordaba a su amigo Feuillade por su ingenio despierto y su sentido del humor. Había encontrado en él a un amigo en quien apoyarse.

Una noche, Brady la invitó a La Villa Richard, sobre los acantilados del Hudson. El restaurante tenía unas vistas espectaculares de Manhattan. De modo que era aquí donde pasaba Herbert sus veladas, pensó Alice al cruzar la puerta con el alma en vilo. Había hecho mal en aceptar ir con Brady a un sitio así.

–¿Te apetece un poco de champán? Noto que ya te arrepientes de este momento de intimidad conmigo.

–¿Por qué me has traído, si sabes que soy incapaz de estar a gusto en un lugar así?

–Por la esperanza de que te abandones al placer de lo prohibido.

–¿De qué me estás hablando?

–Sabes que te deseo, Alice.

–Me parece que es un tema que he dejado muy claro, William.

–Blaché no te quiere. Ni siquiera te respeta.

–¡Brady! ¿Quieres que nos enfademos? ¿Y tú a tu mujer la respetas, diciéndome que me deseas?

–A Grace déjala en paz, que no le estoy haciendo ningún feo. Nuestro amor se fue al nacer nuestro hijo Clark, y hace años que no vivimos juntos.

–Pues yo quiero vivir todo el tiempo posible con el padre de mis hijos.

–¿Todavía le deseas?

–Sí, y nunca he deseado a ningún otro hombre.

–Pareces una criatura hablando de su primer amor. Alice... ¡pronto cumplirás los cuarenta! ¡Vales mil veces más que él!

–Me parece estar oyendo a mi madre.

–Ya.

–No te lo tomes como una decepción. Soy monógama por naturaleza.

–Y Blaché polígamo.

–Que yo sepa no está casado con ninguna otra mujer, ni tiene más hijos que los nuestros. Herbert tuvo una educación muy libre, que yo, dicho sea de paso, no apruebo. Sus infidelidades me duelen, pero no puedo imaginarme la vida sin él. ¿Por qué insistes, William?

–Eres guapa, inteligente, culta, aventurera... Hay pocas como tú.

–¿¿Aventurera??

–Sí, aventurera. Fuiste la primera mujer que se atrevió a embarcarse en la aventura del cine, y durante años has sido la única en la profesión.

–En mi vida personal no soy aventurera. ¡Ni muchísimo menos! De no ser por Herbert nunca habría venido a vivir a América. ¡Me habría muerto en mi sillón de directora de la Gaumont!

–¿Y qué? Vi tu *Vie du Christ* cuando se estrenó, en 1906. Era de locos pensar que una película así, con cientos de figurantes, decorados reales como la vida misma y escenas de una belleza y una fuerza alucinantes, la hubiera hecho una mujer. ¡Era como estar en Palestina y sufrir junto a Cristo! Desde que llegaste te he estado observando y me fascinas. ¿Y el estudio que te has construido? ¡El más grande y moderno de Fort Lee! ¡Ni yo, que llevo más de veinte años haciendo fortuna en el teatro, me atrevo a meterme en este negocio! En cambio, tú te lanzas de cabeza, arrasando con todo: la prensa, los mejores actores, los grandes productores, como yo... ¡Y funciona! Tus películas son auténticas joyas. Tus personajes están esculpidos a la perfección. Los decorados son fastuosos, y en todo hay una vida y una naturalidad que llegan al alma. Encima es moderno... increíblemente moderno viniendo de una mujer como tú, tan encastillada en sus principios.

–¡Algún defecto tenía que haber en una foto tan bonita!

–No te equivoques. A mí tus principios me enternecen. Tu fidelidad cerril, tu respeto a la familia, la falta total de seducción en tu manera de relacionarte con los hombres... Tu desinterés por el dinero...

–¡Pero qué dices! ¿Cómo voy a desinteresarme del dinero, con la falta que me hace para mis películas?

–¿Pues entonces por qué dejas que Blaché se juegue vuestras ganancias en la bolsa? ¿Por qué le dejas que controle tanto vuestra economía? A mí me ha dicho que le gustaría ponerse al frente de Solax. ¡No se lo permitas, que es capaz de arruinarte en una noche!

–No quiero que sigas hablando de Blaché con ese tono. Nunca ha arruinado a nadie, y su apoyo en el trabajo me resulta imprescindible.

–No dirás que no te he avisado, Alice. Le llevo veinte años, y puedo decirte que yo a esta clase de hombres la conozco. De más joven era actor, ¿verdad?

–¿Cómo lo sabes? ¡Nunca lo cuenta! Su madre era actriz. Él hizo sus pinitos de muy joven, pero no ha querido dedicarse profesionalmente a la interpretación.

–¡Es marrullero y seductor!

–No empieces.

–Alice, por ti me divorciaría mañana mismo. Herbert es incapaz de crear el imperio que te mereces.

–No, si no quiero un imperio; yo lo que quiero es seguir siendo independiente y hacer las películas que me gustan.

–En esta profesión hay demasiado dinero en juego para que quede sitio para todos. Tarde o temprano te absorberá algún gigante. Tu idea de independencia es una quimera que puede costarte tu carrera.

–Si hago ese cine que tanto te gusta, y que me ha dado el éxito, es gracias a mis quimeras, como dices tú.

–Pero qué guapa eres... De eso tampoco eres consciente. Si no, lo utilizarías.

–No quiero utilizar. Prefiero dirigir. Todos los que me conocen bien saben lo tozuda que soy, y que nunca cambio de opinión, te lo aseguro. Sigamos siendo amigos.

–No tengo ganas de ser tu amigo. No creo en la amistad entre hombres y mujeres.

–Tienes razón, existe tan poco como la igualdad entre ellos. Vosotros siempre queréis el poder, en cualquier circunstancia. De hecho, yo tampoco creo en la igualdad entre hombres y mujeres.

–¿Por qué?

–Porque nunca se aceptará que una mujer sea mediocre, mientras que hombres mediocres hay tantos... Si tú engañas a tu mujer, Brady, les parecerás a todos aún más seductor, mientras que si yo engaño a mi marido, ¿sabes qué dirán de mí? Que soy una golfa, una de esas mujeres artistas sin sentido de la moral.

–¿O sea, que si no cedes es para proteger tu imagen, no por amor?

–Por las dos cosas. Ya ves que no sirve de nada insistir. ¿Esta noche perderé a un amigo?

–No, porque nunca lo he sido. Has desengañado a un amante.

Alice se sentía traicionada, y terriblemente sola. El ambiente se volvió irrespirable. Siempre le habían parecido exasperantes esos juegos de seducción. La actitud de Brady le parecía fuera de lugar. Le resultaba inconcebible que se pudiera desear o amar en contra de la voluntad de la otra persona. Brady encendió un puro. No parecía molesto por el silencio. La miró sonriendo. No daba su brazo a torcer: Alice acabaría cediendo.

–Tengo que irme a casa, William. Mañana empiezo a trabajar muy temprano.

–Te acompaño –le propuso él, levantándose.

–No, pediré un coche en recepción. No insistas. Hasta pronto –dijo ella, tendiéndole la mano.

El 1 de julio de 1913, para celebrar los cuarenta años de Alice, Herbert Blaché organizó una recepción en el parque de la preciosa mansión victoriana donde vivía la familia. Un centenar de invitados disfrutaban de suntuosos bufés bajo los árboles centenarios de la propiedad. Los camareros, todos de frac, circulaban con bandejas de plata cubiertas de copas de champán. Las actrices de la Solax lucían sus mejores galas, vestidos ligeros y fluidos, con perlas y encajes, adornados con camelias rosas o blancas y complementados con delicadas cintas de seda que ceñían las cinturas o caían en cascada desde sus sombreros de verano.

El día había sido tórrido. Al atardecer se levantó una brisa tibia que agitaba suavemente las plumas de los tocados. Dentro de un quiosco de música que era una copia exacta del de los jardines del Luxemburgo de París, construida por Ménessier para un rodaje, una orquesta de cámara amenizaba la fiesta con sus notas.

La joven Vinnie Burns, recién llegada al estrellato gracias al éxito de la película *Beasts of the Jungle*, paseaba su físico aniñado del brazo del coprotagonista, Darwin Karr. *Princess*, la tercera implicada en la comedia familiar, contemplaba el trajín de los curiosos agolpados delante de su jaula con la indiferencia de las fieras saciadas. En primera fila de sus admiradores estaban Simone y Reginald.

Alice llegó en coche, con su marido al volante, entre los aplausos de los invitados. Unos minutos después, Herbert se puso enfrente de la orquesta para pronunciar un discurso.

–Queridos amigos, os he convocado para celebrar el cumpleaños de Alice y su éxito en Solax, productora de la que he pasado a ser el presidente.

Levantó la copa e invitó a Alice a unirse a él en el quiosco, entre un coro de vivas.

Mientras Herbert se deshacía en elogios sobre la Solax, un periodista susurraba al oído de un colega sus observaciones sobre las palabras del nuevo presidente.

–Su película con actores negros ha sido un fracaso. Los distribuidores se han cerrado en banda, menos en los guetos.

–¡Ya, pero qué éxito con *Beasts of the Jungle*! Está siendo el bombazo del año. Es mona esa Vinnie Burns. La señora Blaché la llevará al estrellato.

–No estés tan seguro –contestó el primer periodista, lo más bajo posible–. Dicen que el señor Blaché y ella... Ya me entiendes. Vaya, que me extrañaría que se la quedase.

–¿A esa la conocéis? –preguntó un fotógrafo que había estado muy atento a la conversación, señalando con la barbilla a una actriz joven.

–Es Claire Whitney –contestó un periodista de *Moving Picture World*–, la protagonista del próximo melodrama de la señora Blaché. Está ambientado en París, en los bastidores del Moulin Rouge. ¡Enseña todo el rato las piernas!

–¿Y esa chica de allá?

–Es la asistenta personal de la señora Blaché. ¡Dicen que está enamorada de su jefa!

–Bueno –dijo para terminar Herbert Blaché–, si los periodistas tienen alguna pregunta, que la hagan ahora. ¡Si no, todos a disfrutar de la fiesta!

Mientras la prensa acaparaba a Alice, Blaché se marchó con discreción. La directora saludó la llegada de Brady, siempre con su puro en la boca.

–Este es William Brady, uno de los productores teatrales más importantes de Estados Unidos. Tenemos muchos proyectos. Bueno, señores, me parece que he respondido a todas sus preguntas. Muchas gracias.

Alice bajó los escalones del quiosco para ir al encuentro de Brady, al que tomó del brazo.

–Hace unas semanas que no sé casi nada de ti. No me esperaba verte, pero estoy encantada.

–Y yo tan ofuscado como el primer día.

–Tengo la manera de que se te pase: mira, la de allá es Claire Whitney. Reconocerás que es irresistible.

–La única belleza de esta fiesta eres tú, querida.

–Creía que a los cuarenta años las mujeres empezaban a estar de capa caída.

–Si supieras cuántos hombres me confiesan que te desean...

–Y tú les respondes que soy mujer de un solo hombre, ¿verdad?

–No, no les digo nada; ya lo haces tú sola, con una radicalidad cruel.

–Tengo mis principios, ya lo sabes.

–De sobra, para mi desgracia.

–No hurgues en la herida. Cambiemos de tema. Estaba pensando en Claire Whitney para la adaptación de *The Lure*[1] con Lucia Moore. Podría hacer de su amiga, ¿no?

La actriz posaba seductoramente para los fotógrafos.

–¡Es perfecta! La verdad es que tienes un don para descubrir a las mejores actrices.

A pocos metros, Aggie observaba a Alice y Brady. No soportaba que el productor hubiera ocupado un lugar tan importante en la vida de su jefa. La asqueaba pensar que pudieran acostarse juntos. Brady le parecía un hombre libidinoso, y demasiado mayor. Solo había diez años de diferencia, pero a Alice se la veía tan joven de su brazo...

1. «El cebo.»

Sintiéndose observada por su asistenta, la directora le sonrió. Aggie se giró de golpe con el pulso acelerado, fingiendo que buscaba a alguien con la vista, y reconoció la elegante silueta de Blaché, que estaba entrando en la mansión con Vinnie Burns detrás.

–¡Aggie! ¿Adónde vas tan deprisa? –exclamó Alice, poniéndole una mano en el hombro.

La joven dio un respingo.

–Es que... ¿Se ha ido el señor Brady?

–Lo he dejado con Claire Whitney. Se están conociendo. Quiero que la acepte en un papel para *The Lure*. Brady lleva semanas haciéndome la corte. Yo le he ofrecido mi amistad, pero no la quiere. No te imaginas la pena que me da. Ven, vamos a beber un poco de champán, a ver si nos refrescamos. Quería preguntarte una cosa...

–¿Qué?

–¿Aceptarías venir a vivir a Fort Lee? Me gustaría darte más responsabilidades. Lo hemos hablado largo y tendido con Herbert, y está de acuerdo conmigo: tienes madera de productora, y nos gustaría delegar algunos rodajes en ti. Herbert se pasa a la dirección, y necesitamos a alguien que se encargue de las producciones delegadas. ¿Estarías de acuerdo?

–Oh... ¡Gracias, señora Blaché! La Solax... ¡es mi vida!

–Habrá que buscarte alojamiento en Fort Lee. Con tus nuevas responsabilidades no puedes seguir viviendo en Nueva York. Te necesitamos aquí. En invierno, los transbordadores no son nada fiables, y para acabar los montajes te verás obligada a trabajar hasta tarde, incluso de noche, a veces. Pero bueno, qué te voy a decir...

–Me... me pondré a buscar hoy mismo.

–Son casi las ocho. De momento te quedas con nosotros. Hemos organizado una cena con nuestros amigos y colaboradores más estrechos. ¡Tú ya formas parte de ellos!

–Gracias, señora Blaché... Gracias, no tengo...

–¡Brindemos! También habrá que buscar a otra asistenta que te sustituya. Lo dejo en tus manos.

Aggie hizo chocar su copa con la de Alice. Estaba al mismo tiempo loca de alegría y aterrada. Siguió a Alice con la mirada, aturdida y con el corazón en un puño. Su jefa no tenía la menor sospecha del amor que sentía por ella. Alice iba de invitado en invitado, acariciándole a una la mejilla, y alabando el talento de otro. Aggie pensó que era su cumpleaños, pero que se encargaba ella de todos, como siempre.

En el primer piso de la casa, Herbert Blaché hacía el amor con Vinnie Burns. La pequeña Simone, que había subido en busca de un libro ilustrado, no hizo ruido al ver por la puerta entreabierta del cuarto de baño a su padre besando con ardor los pechos de la joven actriz. Retrocedió con sigilo y bajó otra vez al jardín, tratando de acallar los latidos de su corazón.

–Mamá... ¿Por qué siempre me cuida Célestine?

Alice y su hija estaban en la cocina, en uno de los pocos momentos de intimidad de los que disponían. Estaban haciendo galletas.

–Porque yo trabajo, Simone.

–¿Y por qué trabajas?

–Porque me gusta.

–A mí no me gusta que trabajes, porque estás con demasiada gente y me obligan a estar quieta.

–Pronto irás al colegio, y verás que allí también hay que portarse bien.

–Entonces no me gustará el colegio.

–Pues acabarás siendo una ignorante.

–¿Qué quiere decir?

–Quiere decir que no podrás apañártelas tú sola en la vida.

–No pasa nada, porque yo lo que quiero es vivir siempre contigo.

–¿No querrás casarte?

–Sí, con papá.

–Eso es imposible.

–¿Por qué?

–¡Porque ya está casado, conmigo!

–Entonces ¿por qué les da besos a otras mujeres?

Simone recibió una bofetada que la dejó estupefacta, pero sin llorar, tocándose la mejilla. Era la primera vez que su madre le levantaba la mano. Alice no había podido controlarse. Las palabras de Simone la habían dejado sin aliento. Estuvieron un momento calladas.

–No vuelvas a decir eso nunca, Simone –le ordenó Alice a su hija–. Nunca.

–«Se dedica a la misma profesión que su marido, pero está claro que no necesita que la ayude.»

Blaché, furioso, daba vueltas sin parar por el despacho de su esposa, mostrando un ejemplar de *Moving Picture News*.

–¡No puedo tolerar este tipo de publicaciones!

–¡Pero si no tiene importancia, Herbert!

–¡Quiero saber quién se esconde detrás de esta campaña de destrucción de mi imagen!

–Nadie. Dentro de una semana se le habrá olvidado a todo el mundo.

–Estoy seguro de que es una maniobra de Brady. ¿Qué te crees, que no me doy cuenta de los tejemanejes que os traéis?

Salió del despacho de su mujer dando un portazo.

La réplica no se hizo esperar. Poco después, en *Moving Picture World*, Herbert anunció que se pondría al frente de una nueva empresa, la Blaché American Pictures, con su propia compañía de actores. «Mi productora reclutará a estrellas de Broadway para los papeles protagonistas, y dirigiré personalmente nuevas producciones que se anunciarán en breve.»

A pesar de las declaraciones separadas en la prensa, las dos compañías coexistieron. Compartían los mismos espacios de producción, y la primera película dirigida por

Blaché, *The Fight for Millions,*[1] recurrió a actores de la compañía de Alice, como Darwin Karr y Marion Swayne.

El matrimonio Blaché se reunía a diario para dar el visto bueno a sus ideas para guiones. Cada uno de los dos tenía que rodar un largometraje al mes.

–Tengo una idea de película para denunciar el trabajo de los niños en las fábricas –anunció Alice.

–Tus argumentos son demasiado serios –contestó Herbert–. Nuestro público no está formado solo por intelectuales. ¡También hay campesinos, menores y vaqueros!

–Puedo tratar un tema serio en clave de comedia. ¡Lo he hecho decenas de veces!

–Lo que funciona de verdad son las películas de acción.

–Mira –replicó Alice, irritada–, tú haz tus películas de guerra y de vaqueros y déjame hacer a mí las mías. ¡Necesito hablar de cosas que me afectan! Anteayer asistí a una vista del tribunal nocturno de Nueva York. Abre bien los oídos y dime si no daría para un buen argumento de película: a una chica de quince años, con un bebé en brazos, la encausan por haber sido pillada haciendo la calle.

La interrumpieron tres golpes en la puerta del despacho de Herbert. Claire Whitney asomó la cabeza.

–¡Ah, os molesto! ¡Perdón!

Viendo su preciosa cabecita rubia, Alice se sintió invadida por un frío mortal. Por nada del mundo la dejaría a solas con Herbert.

–No, Claire, qué va, pasa, pasa. Llegas en buen momento. Quería ofrecerte un nuevo papel. William Brady, de la World Film Corporation, me ha propuesto adaptar *The Lure*, que está haciendo furor en Broadway, con Lucia Moore.

Entendiendo de inmediato la artimaña de su esposa, Herbert puso los ojos en blanco y suspiró, antes de coger un puro y encenderlo.

1. «La lucha por los millones.»

–Siéntate, Claire, que te lo cuento –siguió Alice–. Es la historia de una joven, Charlotte Baker, a quien su novio, Paul, que en realidad es un proxeneta, droga y se lleva a un burdel. Para encontrarla, su familia se pone en contacto con un detective muy famoso, Bob Mc Cauley, que la encuentra prisionera en una casa de citas donde hay más chicas encerradas, entre ellas la mejor amiga de Charlotte. Me gustaría que interpretases a la mejor amiga de Charlotte, otra joven que cae en la trampa de Paul.

–¡Gracias, señora Blaché! Trabajar con la señorita Moore... ¡Qué maravilla!

–¡Con un argumento así –le dijo Herbert hoscamente a su mujer– tendrás problemas gordos con la censura!

–No me da miedo, Herbert. Estoy curada de espantos. ¿Me dejas que te invite a comer, Claire?

–Claire y yo teníamos que trabajar en un proyecto de película...

–Eso ya lo hemos hablado, Herbert. Claire es una de mis actrices. Ofrécele el papel a otra, o espera a que yo haya terminado de rodar con ella. ¡Venga, Claire, que te llevo al Astoria con el Packard de Herbert!

De camino le explicó a la señorita Whitney, suavemente pero con firmeza, que tendría que elegir: o su carrera en la Solax o una aventura con el señor Blaché. ¿Lo entendía bien? La joven balbuceó que tenía muy claros sus intereses, y que jamás se permitiría tal cosa. A sus veintitrés años ya llevaba unos cuantos actuando en Broadway.

–En Broadway tu carrera se ha estancado. Tienes una cara hecha para la cámara. Escúchame bien: te voy a convertir en una estrella de la pantalla. Después de ver nuestra primera película, *The Rogues of Paris*,[1] la crítica destacó tu «potencial». En esa película, Vinnie Burns se te come, pero ha traicionado mi confianza. No hace falta entrar en detalles. Eres la que la destronará. Ya tengo cinco proyectos de películas para ti, Claire, y necesito tu colaboración... inteligente. ¿Te ves a la altura del reto?

1. «Los granujas de París.»

–Señora Blaché, su marido no puede evitar tener relaciones de seducción con...

–Vas a permitirme que te corte. Mi marido nunca ha obligado a ninguna señorita a caer en sus brazos. De lo contrario, me habría separado inmediatamente de él. No le cargues tus fallos a Blaché.

–Tiene razón, señora Blaché. Perdóneme si le he hecho pensar que me gustaba su marido.

–No se hable más. Permíteme un cumplido: me ha impresionado tu rigor en el trabajo. Sigue así y harás carrera por todo lo alto. No quieras conquistar a nadie para llegar antes, porque no te hace ninguna falta.

–Gracias, señora Blaché; no olvidaré lo que me acaba de decir.

Alice sonrió. Parecía que Claire había entendido la lección.

En su despacho, lleno de carteles de películas dirigidas por Alice, Aggie estaba llorando. Alice apuntaba a dos hombres de la Sales & Co con el pequeño revólver blanco que le habían regalado sus amigos vaqueros.

–¡O se van o disparo! No tengas miedo, Aggie, que está todo controlado.

–Venga, señora Blaché –se burló uno de los hombres–. ¡Pero si no está ni cargado!

Alice amartilló el arma y disparó a los pies del hombre, que se echó para atrás, estupefacto. Aggie dio un grito de miedo.

–Vamos, Fred –dijo el segundo hombre, poniéndose lívido–, que está loca. Lo dice todo el mundo. Es como un tío. Se nos podría cargar y todo.

–¡Vale, vale, ya nos vamos! –cedió el primero, que apretaba contra el pecho un fajo de papeles–. ¡Pero baje la pistola, por amor de Dios!

–¡Los libros de contabilidad! ¡Devuélvamelos! Déjelos ahí... encima de la mesa. Es la última vez que se presentan aquí sin haber sido invitados. La Solax no se vende, ni a ustedes ni a nadie. Lárguense, y díganle a su jefe que la próxima vez lo resolveremos en los tribunales.

Después de que se fueran los dos hombres, Alice se volvió hacia Aggie.

–¿Estás bien, Aggie? Siento lo del disparo.

Le dio un ataque de risa contagiosa.

–¿De dónde ha salido ese revólver? –preguntó Aggie, secándose los ojos.

–Me lo regalaron hace años durante un rodaje.

–¿Siempre está cargado?

–¡Siempre! A menudo trabajo aquí sola por la noche, y me quedo más tranquila si lo llevo encima. Toma, bébete este vaso, que te sentará bien. ¡Brindemos por nuestra independencia!

–¿Y el parqué? ¿Ha visto el agujero?

–Ya les pedirás a los carpinteros que lo arreglen.

–¿Cómo consigue estar siempre tan tranquila?

–¿Te he parecido tranquila?

–Sí, bastante.

Se tomaron los vasos de un trago. La mirada de Alice se ensombreció.

–¿Sabes dónde está Herbert?

–Se ha ido a rodar a Seagate. Está haciendo los exteriores de *The Fight for Millions*.

–Con Vinnie.

–Tengo noticias de Gene Gontier –dijo Aggie para cambiar de tema–. Ya sabe a quien me refiero, ¿no? La buscadora de localizaciones. Ha encontrado a una tribu india para su proyecto.

–Ya me lo explicarás mañana, Aggie, que estoy agotada. Vámonos. Te dejo en casa.

Alice estaba haciendo las maletas. La última traición había colmado el vaso. A los dos meses del estreno, *The Lure* ya llevaba ingresados trescientos mil dólares, y solo era el principio. Alice había sabido de antemano que la película sería un éxito, y que daría mucho dinero. La visita de un agente judicial, que reclamaba sumas astronómicas, le había revelado que Herbert había renegociado el contrato a la baja con Brady para cubrir sus deudas, y las decenas de pagarés de los bancos, y había tenido el efecto de un mazazo.

Brady no quiso saber nada. El contrato estaba firmado. *Business is business.* Que se arreglara con su marido. Se burló de Alice, recordándole que era ella quien había optado por vivir con un hombre inconstante en amores y negado para los negocios, y que él había tratado de ayudarla, pero que Alice se había empecinado en cerrarle las puertas. Brady se lo estaba cobrando con creces. ¿Aún estaba enamorada de Herbert? ¿Sabía que la arruinaría? Solo le quedarían ojos para llorar, fue lo último que dijo el productor, cuyas palabras se caracterizaron de principio a fin por una brutalidad inaudita.

–¿Para cuánto tiempo se va? –preguntó Célestine, muy agitada.

Alice se encontraba en un estado de extremo nerviosismo, con los ojos hinchados.

–No lo sé, Célestine. ¿Ya están hechas las maletas de los niños?

–¿Y al señor qué le digo?

–Toma, entrégale esto.

La mano de Alice tembló al darle un sobre a la niñera.

–Señora, ¿cuándo volverá? Cuídese, se lo ruego.

Alice hizo el viaje como fuera de sí misma, sin ningún contacto con sus emociones. Miraba a sus hijos como si fueran de otra, y les respondía de forma maquinal. Sus gestos eran automáticos. Tras dos días de viaje llegó a Robeson County, en Carolina del Norte, y se encontró con Gene Gontier, la *location woman*.[1] Gene trabajaba con muchos productores de Fort Lee, y había recibido de Alice el encargo de buscar una comunidad india que aceptara que la filmasen. Originaria de Carolina del Norte, conocía mucho a los lumbee, un grupo que tenía la peculiaridad de ser mestizo, con orígenes amerindios, africanos y europeos.

La sorprendió ver que Alice bajaba del tren con dos niños, pero no era muy proclive a hacer preguntas. Su presencia alivió la sensación de enorme vacío que acompañaba a Alice desde su partida de Fort Lee.

Se metieron en lo más profundo de un gran bosque de pinos.

–Hemos llegado –anunció Gene–. Mi casa queda al final del camino. Esta es la cabaña.

Era una casa grande de troncos a la que le habían añadido un muro de ladrillo rojo, rematado por una chimenea de la que salía un poco de humo.

Alice acostó a Reginald en una cuna vieja. Se había dormido hacía horas, agotado por el largo viaje. Gene metió más leña en el hogar.

–El fuego debería durar hasta mañana. No salga sola a buscar leña a la leñera, que ayer me encontré dentro

1. Buscadora de localizaciones.

una serpiente de cascabel. Bueno, la dejo instalarse. Estaré esperando fuera.

Salió, cerrando la puerta.

–¡Es una vaquera de verdad! –dijo Simone–. Mamá, ¿te has fijado en que camina como si aún tuviera un caballo entre las piernas?

–¡Cállate, Simone! ¿Y si te oye?

Su madre frunció el ceño.

–Hace fresco –añadió, acariciándole suavemente la mejilla–. Si quieres puedes dormir vestida. Métete en la cama grande.

Gene fumaba en el umbral. Alice se reunió con ella y le dio un sobre.

–Tome, el dinero. Me quedaré unos días. ¿Cuándo podrá llevarnos hasta los lumbee?

–Mañana. Su fiesta es dentro de tres días, pero se tarda uno entero en llegar caminando. Cogeré burros para los niños.

–Perfecto, gracias, Gene.

–Mañana por la mañana les dejaré huevos y leche en la puerta. Buenas noches, señora Blaché.

Alice volvió a entrar en la cabaña. Lejos de Fort Lee empezaba a relajarse un poco. Pasó una mano por el pelo rubio de su hijo, fino y suave como el de su padre. Aspiró profundamente para expulsar la desazón que se apoderaba de ella cada vez que pensaba en su marido. No había nada que temer. Se las arreglaría, incluso sola.

Se acostó junto a su hija, que la estaba esperando para dormir. El fuego de la chimenea alumbraba el rostro de Simone.

–Te quiero, tesoro mío.

–Y yo a ti más, mamá.

Alice durmió poco, y se levantó con el alba. Se puso el abrigo y salió sin hacer ruido. La luz del sol naciente se filtraba por la niebla que inundaba el bosque alrededor de la cabaña. Siguió el camino que llevaba a los campos de alrededor de la granja de Gene. Se llenó los pulmones de un aire puro, cargado de olores verdes y frescos, y al cerrar los ojos retrocedió treinta y cinco años en el tiempo.

–Cada vez que se te quede la rabia dentro, hija, sácala así.

El indio soltó un grito que salía de su barriga. La pequeña Alice se tapó las orejas y se puso a reír.

–¿Estás enfadado conmigo? –preguntó, mirando al hombre.

–¡Qué va! Estoy enfadado con la injusticia.

–¿Qué es la injusticia?

–La injusticia es cuando se les impide a los hombres ser libres.

–¡Pero tú eres libre, porque estás aquí fuera!

–Ven.

El indio le cogió la manita. Bajaron tan deprisa por la cuesta que Alice tuvo la sensación de volar.

La sacó de sus ensoñaciones la voz de Simone, que gritaba de miedo.

–¡Mamá, mamá!

–Estoy aquí, Simone. ¿Tu hermano aún duerme?

–No lo sé.

–Ven, que vamos a preparar un desayuno bien rico.

Alice cogió la mano helada de Simone, y para que se le pasara el miedo a estar sola le habló de los lumbee, a los que pronto conocerían.

Blaché se despertó zarandeado por la porra de un policía.

–¡Arriba, que te espera el juez!

Se levantó con dificultad del catre de madera donde acababa de pasar la noche, en una celda de desintoxicación de Brooklyn, y se llevó las manos esposadas a la boca. Tenía el labio hinchado, reventado. El agente se encogió de hombros.

–¡Hay que ser animal para pegar a un policía! ¡Venga, arriba, que tengo otras cosas que hacer!

–No me acuerdo de nada –dijo Blaché con una mueca de dolor.

El detenido salió de la celda. Primero lo llevaron justo al lado, al despacho del sheriff, y luego al del juez, rodeado en el estrado por dos secretarios judiciales. Fueron pasando acusados. La mirada de Blaché se cruzó con la de una prostituta que no le quitaba la vista de encima. La apartó. El policía lo hizo ponerse detrás de una baranda de madera.

–Conducción en estado de ebriedad –declaró el juez–, e insultos a un agente de la ley, seguidos por golpes y lesiones. Señor Blaché, lo irresponsable y peligroso de su actitud no nos deja más remedio que condenarlo a un mes de cárcel y mil dólares de multa. Al no tener antecedentes penales, podrá conmutar la pena de cárcel por una multa de seis mil dólares. Si en los próximos seis meses vuelve a ser detenido, irá directamente a la cárcel.

–Gracias, señor juez –masculló Blaché.

Salió del tribunal, y el policía lo llevó otra vez a ver al sheriff.

–¿Puedo llamar por teléfono?

–Ahí tienes las cabinas. Date prisa, que tenemos que llenar papeles.

–¡Pero qué imbécil! –se mofó Brady al otro lado de la línea.

–Bueno, Brady, ni que no te hubiera hecho nunca ningún favor...

–¡Seis mil dólares! ¡Sí que sale cara una noche de juerga!

–Pues bien que te han aprovechado, que me conste, mis noches... Como no vengas a buscarme con el dinero, me paso un mes entre rejas.

–Ya voy. De todas formas, amigo mío, seis mil dólares es mucho dinero, y como sé que nunca me lo devolverás tendrás que cederme una parte de tu empresa como garantía.

–¡Brady, que estoy en la comisaría! Ven a buscarme. Ya hablaremos luego.

–¿Y tu mujer?

–No sé nada de ella.

Unos treinta indios con la indumentaria tradicional lumbee cantaban y bailaban dando golpes en el suelo al compás del ritmo grave y sordo creado por las percusiones. Simone los contemplaba. Reginald, sentado en las rodillas de su madre, se levantó para ir con otros niños de su edad.

Una india se acercó a Simone y le tocó la cara. Luego le dijo algo en su idioma a Alice, que le pidió a Gene que se lo tradujese.

–Se llama Polly Ann. Dice que tu hija le recuerda a la suya, Hannah, cuando era pequeña. La tuvo con un blanco, Bill Brew.

El semblante cobrizo de la india hizo pensar a Alice en el de Tahiel. Era un recuerdo tan lejano...

–Aquí hay muchos descendientes de indios mezclados con blancos –explicó Gene–. Viene de los tiempos de la colonización, pero no en todos los casos. Polly Ann y Bill también tuvieron un hijo varón, y como nació blanco la comunidad le puso el nombre de «White Simon». Está aquí delante.

–¿Habla inglés? –preguntó Alice.

–Sí, fue a un colegio americano exclusivo para hijos de indios. Venga, que se lo presento.

–¿Vienes, Simone?

Simone cogió la mano de su madre.

–¿Puedo dejar solo a Reginald?

–¡Sí, tranquila, que en su rubito se ha fijado todo el mundo! Si se escapa no llegará muy lejos.

White Simon rondaba los cuarenta años, y tenía unas facciones parecidas a las de los indios mestizos de Valparaíso. Alice le explicó su proyecto de película y le pidió información sobre esos famosos colegios hechos para americanizar a los hijos de indios.

–La idea la tuvo un oficial del ejército –contestó él–. En esa época decían que un indio bueno era un indio muerto.

–¿De qué época estamos hablando?

–Empezó hacia 1880. El objetivo era aislarnos de nuestra cultura. Cuando llegábamos al internado nos rapaban la cabeza y nos prohibían hablar en nuestro idioma.

–¿Qué edad tenías tú? –quiso saber Simone.

–Poco mayor que tú, unos seis años. Me enviaron a más de doscientos kilómetros de mi aldea. Una de las reglas del programa era esa, el alejamiento forzoso. Así nuestros padres no podían visitarnos, y nos saltábamos todas las fiestas rituales. Solo volvíamos una vez al año, y los más viejos ya ni nos reconocían. Ya no formábamos parte de la comunidad. Así fue como nos vimos excluidos de nuestro propio hogar, a la vez que los blancos seguían rechazándonos. Mi padre había encontrado un nombre para los niños como yo: los llamaba «la gente perdida».

Miró a Alice tras un breve silencio.

–Tú también formas parte de la comunidad de la «gente perdida».

Alice se quedó callada, hasta que se volvió hacia su hija.

–Simone, por favor, ve a ver dónde está tu hermano.

La niña salió.

–Tu hija tiene sangre india, como tú –continuó White Simon–. Pero no es sangre de aquí. ¿De dónde vienes?

–No lo sé muy bien –reconoció Alice, confundida.

–Ve a ver a mi hermana Hannah, que puede llevarte muy lejos en tus recuerdos. Gene te acompañará.

–Célestine, ¿tienes noticias de la señora? –preguntó Blaché.

Era el quinto día de ausencia de su mujer.

–No, señor.

–Si da señales de vida llámame por teléfono.

Subió a su coche para ir a la Solax. Era el día en que tenía que empezar el rodaje de *Kelly from the Emerald Isle.*[1] Tras el enorme éxito de *Beasts of the Jungle* y *Dick Whittington and his Cat*, *Kelly* era la tercera gran película familiar ideada por Alice, y prometía ser sonada.

En ausencia de su mujer, Blaché resolvió que la dirigiría él mismo. Estaba convencido de que Alice volvería muy pronto. Estaba preocupado, pero no cedía al pánico, porque sabía que Alice necesitaba su hogar. Era incapaz de vivir sola. Había tenido que refugiarse en casa de una conocida. ¿Pero quién? Para que no corriera la noticia de la fuga de Alice, Herbert no se había puesto en contacto con Yvonne. De todas formas, Étienne lo habría tenido al corriente. Volvería pronto. Seguro que sí. Oficialmente se había ido a Nueva York, a casa de su hermana Marguerite, que acababa de dar a luz: una mentira más en boca de Herbert, tan ducho en las artes del disimulo que nadie puso en duda su buena fe.

1. «Kelly de la isla Esmeralda.»

Aparcó en el centro de Fort Lee, junto al Athletic Club. Habían acordonado la zona para proteger el rodaje de los mirones. Esperó al final de la escena para bajar del coche y acercarse al camarógrafo.

–Hola, Edward. ¿Cómo va la cosa?

–Vinnie es una lianta, pero bueno, aparte de eso todo bien.

–¡Herbert! ¡Herbert! –gritó Vinnie al verlo.

Él le mandó un beso con la mano.

–¿Todos preparados para la escena de la pelea?

–Estamos listos –dijo Edward.

–Coge la primera cámara, y tu asistente la segunda. Todo el mundo a sus puestos. Venga, deprisa, que hay cada vez más gente.

Herbert se dirigió a los actores, Joseph Levering y James O'Neill.

–Buenos días, señores. Cuidado con la cara, que en la mía pueden ver cómo sientan los golpes. De esta escena necesitaré tres tomas, o sea, que no peguen con demasiada fuerza. Vamos allá.

Los actores se pusieron en sus sitios. Al otro lado del cordón de seguridad, los mirones vivían la escena con pasión, animando a los actores.

–¡Dale!

–¡Mátalo!

–¡Ojo, que lo tienes detrás!

Se oyó gritar a una mujer.

–¡Venga, chaval, pega duro!

Alice entró en la tienda de Hannah, que la invitó a sentarse en una estera. La anciana cogió un puñado de hierbas secas y las echó en un cuenco. Luego depositó un tizón en llamas debajo de las hierbas, que desprendieron un humo blanco muy fragante. Era un olor suave y dulce. Finalmente desató el cordón de una bolsita y, sin mediar palabra, como hasta entonces, se la tendió a Alice.

–Coge un puñado de huesecillos y tíralos por la alfombra.

Hannah se quedó mirando un buen rato los huesecillos, hasta que empezó a describir lo que veía.

–De pequeña tenías dos casas, muy alejadas la una de la otra. Te crio una abuela blanca. Tú tenías la piel oscura, como tu hija. Has tenido dos padres, uno indio y el otro blanco. El indio no es de aquí, sino del sur... Tu padre blanco hizo que te fueras de ese país para volver con los blancos. Te separó de tu padre indio, pero también de tu madre. Para sobrevivir te pusiste a soñar. Mira, esto es el sitio ocupado por los sueños. Actualmente es tu trabajo: fabricas sueños. Tu marido es blanco, como tu hijo. Es joven. Él no sale en el sueño, pero los fabrica, como tú. Le gusta poseer a los seres. A ti te posee. ¿Quieres volver a ver la cara de tu padre indio?

Alice asintió.

–Túmbate. Cierra los ojos. Escucha mi voz...

Después de unos minutos, Alice se vio trasladada a Valparaíso, a una fiesta popular. Debía de tener seis años, y en sus brazos había una muñeca de colores vivos. Su madre la arrastraba por la multitud. Estaban siguiendo a un hombre indio que iba delante de ellas, hasta que se refugiaron dentro de una casa. Alice quería al hombre, que le sonreía y la llamaba «hija».

Apareció otro hombre. Era Émile Guy. Tenía un revólver, que descargó contra el indio. Este se desplomó en el suelo, fulminado. La madre de Alice miraba con miedo a su marido, gritando. La mirada de Alice iba y venía entre su madre y los dos hombres. De pronto su padre la recogió del suelo y huyó con ella. Lo último que vio Alice fue a su madre inclinada hacia el cuerpo del indio, con las manos apoyadas en su torso ensangrentado. El hombre se llamaba Antonio, y era su padre.

Simone estaba volviendo con su hermano pequeño a la tienda de Hannah, que le hizo señas de que entrara. Alice estaba llorando. Tomó en brazos a sus hijos y les anunció que volverían a Fort Lee. Necesitaba ver de nuevo a Herbert. Necesitaba estar en sus brazos, y oírle jurar una y mil veces que nunca la abandonaría. El dinero carecía de importancia. Lo que contaba era que los niños tuvieran un padre. Herbert los quería, y a ella también. Ojalá no estuviera resentido con Alice por haberse ido sin decir nada. Se lo perdonaría. Era mejor que ella. Sabía perdonar.

Alice quería olvidar sus visiones. ¿Y si todo era fruto de su imaginación? Su madre lo negaba, y sus hermanas también. Al tratar de borrar la obsesiva imagen de la cara de Antonio, la que se le apareció fue la de Ayún. El hijo de Antonio. Le estaba volviendo todo de golpe. El chapuzón en el estanque de agua helada del asilo del Sagrado Corazón, el descubrimiento de sus cuerpos desnudos, la caza de lagartijas... No podían ser invenciones suyas. Curiosamente, se sintió menos sola.

–¡Mamá! ¡Mamá! ¡Hemos llegado! –exclamó Simone, sacudiendo el hombro de su madre.

Alice se despertó. El tren estaba entrando en la estación de Nueva York. En el andén estaba Herbert. El primero en verlo fue Reginald, que lo llamó a través del cristal. Blaché subió al tren y le dio un beso a Alice, seguido por un largo abrazo. Simone los observaba con frialdad. Reginald daba saltos alrededor de su padre para que lo cogiera en brazos.

–Europa está en guerra –murmuró Blaché al oído de su mujer–. Han movilizado a Étienne Arnaud, como a muchos otros técnicos franceses. Dentro de diez días se irá en barco con Yvonne. En Fort Lee se está marchando todo el mundo. Durante tu ausencia, Ménessier se ha ido a trabajar en Éclair, y Edward Warren ha dimitido. Tienes que ponerte otra vez al frente. Te necesito, Alice.

El matrimonio Blaché debatió la posibilidad de sumarse al movimiento de regreso a Europa, pero no, su vida estaba en Norteamérica; sus hijos eran americanos, y sus producciones iban viento en popa. La prensa adulaba a Alice, en cuya mesa se acumulaban los proyectos de películas. La pareja estaba empezando su jornada laboral por la lectura de la prensa especializada.

–Brady ha comprado Éclair –dijo Herbert–. Jules Brulatour y Maurice Tourneur se han quedado sin trabajo. Quieren montar su propio estudio, y están buscando un terreno para construirlo al norte de Fort Lee.

–Cuando pienso que Yvonne se ha instalado otra vez en casa de su madre, en París, se me encoge el corazón. Y Étienne, que igual está en el frente... Parece irreal. Feuillade está movilizado, Cohl también...

–Toda la producción se concentrará aquí. De Europa ya no llegan películas. Tomarán el control los norteamericanos, cosa que nos beneficia.

–¿Cómo vamos a sobrevivir, con la cantidad de grandes productores que están invadiendo Fort Lee? ¡Mira las fotos de los estudios de William Fox en Main Street! El estudio Universal de Carl Laemmle es una barbaridad, con cien camerinos para los actores. Dicen que es el más moderno del país. Kalem se está ampliando, Paragon acaba de comprar otro terreno en John Street...

–En producción estamos bien equipados. No es lo que me preocupa. Lo que habría que replantearse es la política de distribución. Lawrence Weber, de quien ya te hablé, me ha propuesto que nos asociemos a una nueva organización presidida por él, la Popular Plays and Players. Se ha aliado con Alco, que distribuye a independientes como nosotros.

–Weber nos presionará en la elección de los temas. Ya conoces su afición a los éxitos literarios y las comedias de Broadway, y su fascinación por las estrellas.

–La distribución está acaparada por la Paramount. Los echaste de tu despacho a tiros, cuando no podían ponértelo más fácil.

–Querían comprar toda la empresa. Nos habríamos convertido en sus asalariados. Ya tuve bastante con once años en la Gaumont.

–Pues entonces solo queda Weber. No tenemos elección. Está dispuesto a asociarse con nosotros en su nueva organización.

–¿Y qué hacemos con nuestros equipos?

–Todas nuestras películas se rodarán y montarán en la Solax, que seguirá siendo de nuestra propiedad.

–Pero saldrán bajo el nombre de Popular Plays and Players... Haz lo que te parezca, Herbert. Me fío de ti.

Tengo que irme. Me esperan en la universidad de Columbia para una conferencia sobre el oficio de escribir guiones. Me acompaña Aggie. Volveremos a finales de la tarde para la foto que nos ha pedido el *Evening Sun*. Acuérdate de que quieren que salgamos los dos.

Poco después, el productor L. Lawrence Weber quedó con los Blaché en el Astoria, acompañado por su gran estrella Olga Petrova. Los dos hombres se sentaron en el bar y hablaron fumando del futuro contrato de colaboración, mientras Alice y Olga Petrova se conocían.

–Yo pongo a la Petrova, y vosotros el cuarenta por ciento de los ingresos –dijo Weber.

–¡El veinte! –contestó Blaché.

–No estoy pidiendo nada por los derechos del texto, y eso que en Broadway vamos por las doscientas cuarenta funciones de *The Tigress*...

–El mercado pide películas cada vez más largas, de cinco rollos o más, y sale caro producirlas. Nos arriesgamos mucho –alegó Herbert–. Olga nunca ha rodado una película.

–Olga es una estrella, y lo sabes. Por eso estáis aquí. La tengo contratada en exclusiva. O el cuarenta por ciento, o les vendo a otros el proyecto. ¡Y en Nueva York no es que falten productores!

La mesa donde estaban sentadas Olga Petrova y Alice quedaba a pocos metros de distancia.

–Vamos a hacer una película estupenda, señora Petrova. Me encanta la obra. El papel de espía le va como anillo al dedo.

–A mí solo me gustan los papeles de mujeres fuertes. No soporto la cursilería de los melodramas, y me niego a interpretar escenas de celos.

–¿Por qué?

–Mire, señora Blaché, cuando la rosa del amor se marchita quien la tira soy yo.

Weber oyó que se reían.

–Parece que en el aspecto artístico ya hay trato –comentó–. El cuarenta por ciento. Es mi última palabra.

Las dos mujeres volvieron a verse en poco tiempo. En agosto, Alice se concedió dos semanas de vacaciones, lejos de las exigencias a que la sometían diariamente sus colaboradores y la prensa. Se llevó a la familia a pasar el verano en una pequeña villa rodeada de bosque en los alrededores de Fort Lee, donde recibió a Olga Petrova, amante de los caballos, como ella.

–Esto es paradisíaco. ¡En Nueva York nos asfixiamos de calor! –soltó Olga nada más bajar del coche.

Se había tapado el pelo corto con un pañuelo de seda, a modo de turbante, que hacía juego con un vestido ligero de lino y unos pendientes de perlas. Así, casi sin maquillaje, deslumbró a Alice.

–Me alegro de que te guste el sitio. Te presento a Simone, mi hija mayor, de seis años y medio. El diablillo rubio que corre por allá, con la niñera persiguiéndolo, es Reginald.

–Mamá, ¿ya puedo ir a montar en mi poni?

–Venga, vete, y pórtate bien con John. Pídele que nos prepare dos caballos. Olga, ¿te sigue apeteciendo un paseo por el bosque?

–Con mucho gusto, pero ¿dónde está la cuadra?

–A unos minutos a pie desde la casa. Los dueños me han estado alquilando caballos para mis rodajes desde 1910. Son animales muy seguros. Ven, siéntate en la terraza. ¿Te sirvo algo de beber?

–Tu hijo es una monada.

–No te fíes de las apariencias. Es mono pero caprichoso. Como no paso mucho tiempo con él, la niñera lo compensa dándole todo lo que quiera y cuando quiera. Esta casa la he comprado para estar más tiempo con él y con su hermana.

–Parece muy simpática.

–Es una niña complicada. Vivió mal su primer año de internado en el convento de Fort Lee. Se ponía todo el rato enferma. Desde que volvió a casa está mucho mejor.

–¡Eres una madre moderna! En nuestros tiempos no se preocupaban mucho por el bienestar de los niños.

–¡Y eso que nuestras madres no trabajaban!

–No, pero era peor. Eran esclavas de sus maridos. Mi madre nunca tenía un minuto para ella. Se pasaba el día sirviendo a su marido, y cumpliendo todos sus deseos.

–Eso cuando no se dedicaban a engañarlos...

–¡Si mi madre lo hubiera engañado, mi padre la habría matado!

–¿A qué se dedicaba tu padre?

–Era médico rural en el norte de Inglaterra. No tengo ningún buen recuerdo de él. Era autoritario y violento. Me escapé de casa en cuanto pude, a pesar de que a mi madre la adoraba. ¿Y tu padre?

–Tenía librerías en Valparaíso y Santiago, en Chile. También era editor.

–¿Naciste allá?

–No, cerca de París. Hasta los cinco años me crio mi abuela materna en Suiza. En Chile solo viví dos años, de los cinco a los siete.

–Tu Simone tiene rasgos muy exóticos. ¿Tu madre era chilena?

–No. Qué curioso... Eres la primera persona que se atreve a hablarme con tanta franqueza del aspecto físico de mi hija. Herbert también cree que en las venas de Simone hay sangre sudamericana, pero en mi familia es un tabú absoluto. De todas formas, he acabado pensando que es mejor, porque aquí las cuestiones raciales son tan delicadas...

–Perdona mi indiscreción. Es que contigo estoy muy cómoda, Alice. Intuyo que eres una persona de fiar, a quien se le pueden hacer confidencias sin miedo de que acaben filtrándose secretos en la prensa.

–Dices que te escapaste de casa de tus padres... ¿Y qué hiciste para huir de tu padre? ¿Casarte?

–No, me hice institutriz. Me encantaba leer. Empecé en el teatro como aficionada, hasta que se fijó en mí un empresario que me hizo actuar en Londres. Casarme me casé al llegar aquí, y también es donde me he divorciado.

–¿No has tenido hijos?

–No, no quiero. Me encanta mi trabajo, y quiero seguir siendo libre. Es como soy feliz. No veo el momento de que rodemos juntas *The Tigress*.[1]

–Tendremos que esperar hasta diciembre. Ahora mismo Herbert está preparando el rodaje de un largometraje basado en una obra de Dickens, *The Chimes*,[2] que tendrá ocupados los estudios todo el mes de septiembre. En octubre rodará *The Mystery of Edwin Drood*,[3] también de Dickens, y en noviembre estaremos rodando dos películas, mientras voy preparando *The Tigress*.

–¿Haces una pausa de tres meses?

–Sí. Hablando de hijos, tengo que ocuparme de los míos. Estos últimos años no les he hecho mucho caso, y me llevé un disgusto al enterarme de que Reginald llama *mummy* a su niñera y no quiere hablar en francés. Simone, que va a cumplir los siete, sí que lo habla, pero con el vocabulario de una niña de cinco. Tengo que encontrar un preceptor francés y vigilar su educación más de cerca.

–¿Y no echarás de menos rodar?

–Ayudaré a Herbert, entre otras cosas porque en las de Dickens también hace de actor.

–Ah, ¿sí?

–Sí, fue como empezó. Nunca lo he visto actuar.

–¿Nunca lo has hecho salir en ninguna película tuya?

–Francamente, no me apetece nada ver cómo abraza y besa a mis actrices en pantalla. Bastante tengo con sus correrías fuera del plató.

–¿Te lo tomas a broma?

–Llevamos casados siete años. Él tiene tu edad.

–¿Mi edad? ¡Dirás la nuestra!

–Os llevo nueve años.

–¡Pues no los aparentas!

–Muy amable.

–Es la verdad. Me impresionas.

1. «La tigresa.»
2. «Las campanas.»
3. «El misterio de Edwin Drood.»

–¿Y ese paseo a caballo? –dijo Alice, cohibida, cambiando de tema–. ¿Te sigues apuntando?

–Aún hace demasiado calor, y aquí en la terraza, a la sombra, se está tan bien... ¿El que llega no es tu marido?

–Sí, con una de sus amiguitas, justamente: Claire Whitney, una actriz joven a la que descubrí el año pasado. Herbert acaba de hacer tres películas con ella. Yo creo que ya no sabe cómo quitársela de encima. ¡Por eso me la endosa a mí! Pues ya que no damos un paseo a caballo, puedo ofrecerte un poco de champán. También tengo unos *macarons* buenísimos, regalo de Weber.

Olga Petrova asistió a una escena digna de un melodrama. Claire Whitney, que al llegar parecía la mar de resuelta, se marchó al cabo de una hora a punto de llorar. Durante ese tiempo, Herbert se había comportado como un marido ejemplar, tierno y cariñoso con Alice, que simuló no darse cuenta de lo afligida que estaba la joven. Otro triunfo a cuenta de Alice, la esposa a quien Herbert siempre acababa volviendo. A Olga, por su parte, le bastaron unas cuantas miradas para dejar claro a Herbert que con ella eran inútiles sus maniobras de conquistador. Él, experto en seducciones sin futuro, no insistió. Cuando Claire ya no pudo soportar el suplicio que le infligían Herbert y Alice, pidió que la llevaran a su casa. Herbert, que estaba jugando con su hijo, se lo encargó a su chófer.

Faltando pocos días para Navidad, Alice y Herbert fueron al cine a ver *The Tigress*, dirigida por Alice, y con Olga Petrova en su primera aparición en la pantalla. La pareja iba al cine con frecuencia; les gustaba ver con sus propios ojos las reacciones del público, y una vez más quedaron encantados. La película estaba teniendo una acogida excepcional en Nueva York.

–¿Todavía me quieres? –le preguntó Alice a Herbert después de la proyección, en el asiento trasero de un taxi.

Era la pregunta ritual que le hacía a su marido siempre que estaba a gusto con él. Sabiendo de antemano la respuesta, se deleitaba en la idea de oírla.

–Eres lo que más quiero del mundo, Alice.

–¿Por qué?

–Eres guapa, tienes un talento fuera de serie... ¡Tu película es una maravilla! Las escenas de la cárcel son muy angustiosas. La iluminación es suntuosa, y Olga... ¡la has transfigurado! No podría estar más fascinante. Has creado un personaje único.

El taxi no tardó mucho en dejarlos en el Astoria.

–Mañana por la mañana, antes de volver a Fort Lee, hablaré con Weber –dijo Alice entrando en la habitación.

Herbert le sirvió champán.

–Ya, ya lo sé; cuenta contigo para salvar el proyecto de la nueva película que nos vendió con Olga.

Mirando a Alice, que se estaba quitando la aguja del sombrero, a Herbert se le despertó el deseo. Se acercó a ella y la tumbó en la cama.

–Señora Blaché –dijo Lawrence Weber–, su marido me ha rogado que sea usted quien dirija la nueva película. Él no sabe muy bien cómo enfocar esta historia de mujeres.

–¡No me venga con esas, Weber! Le ofreció la película a Blaché a mis espaldas, y él me ha confesado que no le sale el guion. Ahora Olga se ha enterado de sus triquiñuelas y le ha echado a usted un rapapolvo porque solo quiere trabajar conmigo. Vaya, que soy una imposición de Olga.

–El distribuidor se está impacientando –continuó Weber sin inmutarse–. Quiere leer el guion mañana mismo. Si no, se desentenderá del proyecto. Le recuerdo que en esta película vamos a medias.

–Al grano. ¿Qué pasa?

Weber le tendió a Alice una hoja con un poema titulado *My Madonna*.[1]

–Necesito el guion para mañana.

–¡Será una broma! ¿De este poema de diez versos tengo que sacar una película?

–¡Venga, señora Blaché! Le pondré una secretaria, y para mañana me habrá escrito una obra maestra.

Alice se levantó, cogió el papel y se lo guardó en el bolso.

–¿Dónde puedo instalarme?

–Le he preparado la sala de aquí al lado –contestó Weber sonriendo.

Dos horas después, Weber se asomó al despacho.

–¿No le falta de nada?

–Sí, querido Weber: tiempo para escribir algo bueno.

–No se devane tanto los sesos, que yo hace diez años que escribo lo mismo para el teatro y ni siquiera se dan cuenta.

1. «Mi Virgen.»

–Hágame el favor de dejarme trabajar tranquilamente. Si pudiera cambiar esta cerveza mexicana infame por una buena botella de Burdeos...

Alice salió del despacho de Weber al alba. Necesitaba caminar un poco antes de volver con su coche a Fort Lee. Por las bocas de metro salían verdaderas hordas de habitantes del extrarradio que venían a incorporarse a sus trabajos. Los vendedores ambulantes de café, sopa, buñuelos y periódicos ya estaban en plena actividad.

En el cruce de la Quinta Avenida y la calle 23 se quedó contemplando el Flatiron, edificio que debía su fama a su forma de plancha. La calle 23 tenía el sobrenombre de «calle de las corrientes de aire». Alice se divirtió viendo cómo salían volando los sombreros de los hombres, y asistiendo al ballet de las señoras que se aguantaban la falda para que no se levantase. Era digno de ser filmado. Reanudó su camino y, sin pensárselo dos veces, bajó al metro por primera vez en su vida. Se quedó estupefacta por el ruido, fascinada por la fluidez de los movimientos de la multitud y conmovida por la diversidad de las caras con las que se cruzaba. Salió en la última parada de la línea que llevaba hasta el extremo de la isla de Manhattan. Battery Park se asomaba a la bahía de Nueva York como la proa de un barco. La estatua de la Libertad se dibujaba en la distancia. Pensó en Gustave Eiffel, autor de la estructura metálica que había permitido hacer realidad el sueño de Bartholdi: crear una estatua gigante de casi cincuenta metros de altura.

Le habría gustado descansar un poco, pero siempre acababan por imponerse sus principios: una mujer sola no podía sentarse en un banco de un parque. Ante la belleza del sol del verano, que daba al Hudson un color dorado, la asaltó un sentimiento de culpa terrible: mientras ella estaba en América, Europa ardía por la guerra. Rehízo su camino, y en Broadway Avenue cogió un taxi que la llevó hasta su coche, aparcado muy cerca del Flatiron.

Alice entró con retraso en la sala del Strand Theater. Era un cine recién inaugurado en la esquina de Broadway y la calle 47, en pleno Times Square. Weber lo había alquilado para el estreno de *The Heart of a Painted Woman*,[1] película dirigida por Alice, protagonizada por Olga Petrova y merecedora del espaldarazo de la revista *Variety*, que acababa de calificarla de «película de acción de primera».

–He hecho mi primera película con Alice Blaché. Me sentí atraída hacia ella por instinto –les estaba contando Olga Petrova a los periodistas.

–¿Por qué la eligió?

–Me dije que un hombre de negocios tan astuto como Weber no se arriesgaría a apostar por una neófita en el cine, como lo era yo, sin estar seguro de que la señora Blaché estaba capacitada al cien por cien.

Los espectadores se pusieron a reír.

–La señora Blaché es una grandísima directora –añadió Lawrence Weber–, con un don excepcional para adaptar a la pantalla grandes novelas y obras de teatro, como acaba de hacer con *The Heart of a Painted Woman*. Ya hemos acordado colaborar en otra película, que se rodará el mes que viene.

Olga Petrova advirtió la presencia de Alice en la sala.

1. «El corazón de una mujer pintada.»

–También es una mujer excepcional –continuó–, de una belleza, un refinamiento y una cultura fuera de lo común. Tiene un gran aplomo, y domina el arte de sacar lo mejor de todo el mundo. ¡Es una gran artista! Por si fuera poco, en su trato conmigo es tan refinada que me habla en francés para que los demás no entiendan sus críticas a mi interpretación.

–¿Cuál será la temática de sus próximas películas?

–En *The Vampire,*[1] que empezaremos a rodar muy pronto, hago de una espía llamada «la Vampira». La siguiente será una gran historia de amor en ambientes sórdidos y delictivos, titulada *My Madonna*. Será la tercera película que hagamos juntas. Pero veo que ha llegado la señora Blaché. Acércate, querida Alice.

–¡Una foto juntas, por favor! –gritaron los fotógrafos.

Las dos mujeres se prestaron al ritual con desenvoltura y buen humor.

–Señora Blaché, ¿se considera usted en estos momentos una directora americana?

–Hago películas americanas, pero a ustedes mi acento francés siempre les recordará mis orígenes. ¿Verdad que sí?

–¿En Francia ya tenía tanto éxito?

–Era distinto. El cine acababa de nacer. De lo que estoy segura es de que en Francia no habría podido trabajar con tanta libertad.

–¿Por qué?

–Porque soy mujer.

–¿Y qué?

–Pues que aquí, en Estados Unidos, lo que prima es el talento, con independencia del sexo, mientras que en Francia una mujer es ante todo una mujer. Los hombres de buena educación nos dispensan el trato más deferente que quepa desear, pero el código civil francés impone a las mujeres casadas una dependencia total de sus maridos. Las mujeres francesas tienen pocas posibilidades de ejercer sus facultades con toda libertad.

–¡Usted lo ha hecho!

1. «La vampira.»

–Soy una excepción. Tampoco es que la situación haya evolucionado mucho. De hecho, me fui de Francia hace ocho años y sigue sin haber directoras.

–Y sin embargo a los franceses se les atribuye la virtud de la caballerosidad.

–No cabe duda de que existe, pero es bastante superficial. Mientras las mujeres no se mueven de su sitio, no sufren vejaciones, pero en cuanto asumen prerrogativas acordadas por lo general a los varones, son vistas con recelo. En Estados Unidos, la actitud hacia las mujeres es muy diferente.

A la salida de la rueda de prensa, Olga insistió en que Alice la acompañara de compras por Maiden Lane, el barrio histórico de los joyeros de Manhattan.

–No pasa una sola semana sin que la prensa te haga preguntas. ¡Te has convertido en un auténtico fenómeno, Alice!

–Llamo la atención por ser la primera mujer directora de cine, una curiosidad en un mundo dirigido por los hombres.

–Parece que sea lo único que los atraiga: nuestras diferencias, nuestras extravagancias. En tu caso, tu feminidad exacerbada en unos ambientes monopolizados por los hombres, y en el mío mi ambigüedad sexual.

–¡Lo que les fascina es tu libertad! Divorciada, seductora, dominante... ¡inaccesible! Capaz de vestirte de hombre en la pantalla sin perder ni un ápice de tu poder de seducción sobre ellos.

–Hablando de ellos... ¡mira, nos están siguiendo! Desde el rodaje de *The Tigress* tengo a la prensa en mis talones.

–Es que ya no eres solo una estrella de Broadway. Te has metido en los corazones de millones de americanos a lo largo y ancho del país. Y solo es el principio, Olga.

–Ya estamos llegando. ¡Chófer, déjenos aquí! ¡Alice, ven!

Olga se había abalanzado hacia el escaparate de la joyería más antigua de la ciudad, Marcus & Co.

–¡Mira!

Estaba señalando un anillo con un diamante amarillo y doble guarnición de brillantes pequeños. La actriz entró y se lo compró.

–¡El dinero está para gastarlo! –decía, moviendo la mano bajo la lámpara del joyero para admirar los reflejos de la piedra preciosa.

–Yo nunca me atrevería a gastar tanto por impulso –dijo Alice.

–Eres demasiado seria. Demasiado responsable.

Al salir a la calle, Olga se colgó del brazo de Alice, y dos periodistas que iban por delante se apresuraron a hacerles una foto.

–¿Aún quieres a tu marido?

–Sí.

–¿Cómo es posible? Entiéndeme... ¡Te engaña, se juega tu dinero y te complica la vida!

Alice frunció el ceño, aunque no dijo nada.

–Alice, eres una mujer sublime, con un talento bárbaro. ¿Por qué no eres libre?

–¿A qué libertad te refieres, Olga?

–¿A cuál va a ser? ¡A la de abandonar a tu marido, Alice!

–¿Abandonarlo? –contestó Alice, mirando a Olga a los ojos–. Sería como amputarme una parte de mí misma. Me podría matar.

–¡Lo dices, pero no lo piensas!

–Sí, sí que lo pienso.

–¿Y si se fuera él?

–Siempre ha vuelto.

Esta vez fue Olga quien se quedó muda.

–¿O sea, que lo quieres? –insistió.

–Es el hombre de mi vida.

Se le escapó la risa.

–Eres de un romanticismo de otro siglo, querida. Es por lo que te quiero, por tus ideales. Ven, que te voy a enseñar un sitio muy bonito, y muy secreto. ¿Te apetece compartir un secreto conmigo?

–Sí, pero a condición de que no me exijas que te cuente los míos –replicó Alice, sonriendo.

–¡Ni lo intentaré! ¿Estos dos piensan dejarnos tranquilas en algún momento? –exclamó Olga para ser oída por los periodistas que no se cansaban de seguirlas.

Olga paró un taxi y le pidió al taxista que las llevara a su casa. Al cruzar el umbral del piso de la actriz, Alice tuvo una punzada de angustia que se convirtió rápidamente en culpabilidad. ¿Qué hacía en esa casa, si sus hijos la esperaban en Fort Lee? Estuvo a punto de decirle a Olga que solo se quedaría unos minutos, pero la actriz se acercó para quitarle el abrigo. Sus gestos delicados y su mirada sensual pusieron nerviosa a Alice. El deseo de Olga se manifestaba intensamente.

Era como la había conquistado Herbert: la fuerza de su deseo había arrancado a Alice de sus obsesiones sobre el pasado, la familia, el trabajo y el éxito. Herbert no le había dejado elección. La había hecho suya. La había raptado, apartándola de todas sus certezas. Había sido la primera experiencia de Alice con el placer intenso.

Alice volcaba todas sus energías en la creación. Entre ella y el deseo que le despertaban los demás siempre había una cámara, película, una pantalla y público. En el apartamento de Olga no había nadie más que ellas dos.

Olga la deseaba desde el primer momento. Soñaba con tomarla entre sus brazos y darle un amor del que, a su juicio, carecía cruelmente al lado de Blaché. Percibía en ella un vacío que ardía en deseos de llenar.

En el piso había un cuartito donde Olga se entregaba al opio. Se tumbaron en dos esteras cubiertas con telas de seda y cojines bordados de flores. Lee, la criada china de Olga, le preparó a la actriz una pipa de opio.

Olga sacó de su bolso un estuche de cuero azul oscuro.

–Toma, para ti.

Al abrirlo, Alice encontró un anillo idéntico al que acababa de comprarse la actriz.

–No puedo aceptarlo, Olga.

–Por favor. Como prenda de mi sincera amistad. ¡Póntelo! –La actriz cogió la mano de su amiga–. ¡Te sienta mejor que a mí! –exclamó.

Lee le tendió la pipa de opio. Olga le pidió que las dejara solas, y después sonrió a Alice.

–El opio abre el espíritu. ¿Quieres probar? ¿No? Pues escucha: «Al Constantia, al opio, al Nuits, yo les prefiero, / el néctar de tu boca, en que el amor se ufana; / cuando a ti mis deseos van en caravana, / tus ojos son aljibe en que mi tedio abrevo.»

Célestine entró en el salón con una bandeja de copas de champán. Se celebraba el 1 de enero de 1916. Olga se había arrellanado junto a Alice en el sofá, en una postura llena de abandono, compartiendo con ella una manta de cachemira –regalo de la actriz– que llevaba bordado un enorme pavo real de seda. Simone se acercó a Olga y la rodeó con sus delgados y desnudos brazos para abrazarla tiernamente.

–Te quiero.

–Yo a ti más, mi pequeña Simone –dijo Olga–. Alice, ¿cuándo piensas darle un papel importante a esta criatura? ¡Mira qué cara!

Reginald la interrumpió.

–¡Cine haré yo, con papá!

–Ah, ¿sí? ¿Y qué papel interpretará usted, caballero?

–¡El del malo que mata! ¡Pam, pam!

–No tan fuerte, Regi –lo regañó Alice.

–¡Champán!

Herbert descorchó una botella. Los niños aplaudieron al ver saltar el tapón.

–¡Por tu consagración, amor mío! Por tu ingreso en el *Who's Who* del cine. Por tus éxitos, más que merecidos, tu belleza y tu talento. ¡Feliz año nuevo, querida!

–Por ti, Herbert. Por nuestros hijos, y por las seis películas que has hecho este año. ¡Por la vida y la amistad! –brindó Alice, levantando su copa.

–¡Por todos vosotros! Queridos amigos, queridos amores... ¡y feliz año nuevo! –añadió Olga.

–¡Feliz año nuevo! –se desgañitaron los niños.

Alice y Olga se dieron un beso, mientras Herbert aplaudía el regreso de Célestine al salón. La niñera traía un pastel de tres pisos con un glaseado blanco y azul cielo que suscitó gritos de admiración entre los niños. Mientras lo cortaba en porciones, Alice fue a darle un beso y desearle un feliz año.

–Ya lo has visto, Herbert: en Fort Lee la guerra se ha convertido en un negocio puro y duro. Escuchad –dijo Olga, ajustándose las gafas–: «Moving Pictures busca a quinientos hombres, exsoldados o miembros de organizaciones militares con el certificado de licencia, para rodajes de películas de guerra.»

–Con tal de ganar dinero vale todo –comentó Herbert–. No es nada nuevo.

Se había puesto muy serio. Alice se dio cuenta enseguida.

–Niños, venid a despediros, que me voy a trabajar.

–¿Ya, Herbert? –se extrañó Olga–. Sé buen chico y quédate un poco más.

–Alice, ¿me acompañas a la puerta?

En el vestíbulo, Herbert arrimó a Alice contra la pared para besarla. Acto seguido cogió la mano derecha de su esposa y señaló el anillo regalado por Olga.

–¿Qué es esto? Te lo ha regalado ella, ¿no? ¡No quiero volver a verla en esta casa, Alice! ¿Me has entendido?

–No grites, Herbert, que los niños...

–¿Te acuestas con ella?

Le dio una bofetada sin esperar la respuesta, y la llevó a rastras al piso de arriba.

–Escúchame bien, Alice: no quiero escándalos. ¿Sabes qué pasaría si se enterasen los periódicos? ¡Que se acabaría tu carrera! ¡Y la mía también!

Alice no decía nada, obnubilada por el nerviosismo extremo de Herbert.

–¡Justo ahora que cobra impulso mi carrera, te acuestas con una mujer! ¿Qué quieres, un escándalo? ¿Mandarlo todo al garete?

Los gritos de Herbert se oían hasta en el salón. Olga se levantó.

–Voy a retirarme –le dijo a Célestine–. Dígale a la señora que ya la llamaré. Simone, ángel mío, tu no te preocupes, que ya se arreglará. Siempre se arregla. ¡Y tú ven aquí, bandido, a que te dé yo un beso!

–¡Quiero dar una vuelta en tu coche!

–La próxima vez, te lo prometo. Bueno, venga, me voy. No pongáis estas caras, que todo se arreglará. No me acompañes, Célestine. Quédate con los niños.

Al coger su abrigo de pieles, colgado en el vestíbulo, oyó gritar a Herbert.

–¡Júrame que no la volverás a ver!

Justo cuando se iba, con lágrimas de rabia en los ojos, vio la cara triste de Simone, que se despedía con la mano al otro lado del gran ventanal del salón.

Un mes más tarde, al volante de su coche, Olga recitaba para sus adentros la carta que acababa de escribir a Alice.

> Alice, ángel mío:
>
> Weber me ha negociado un contrato con Carl Laemmle, y me voy a California. Me voy porque me lo has pedido tú. Me voy por el amor que te tengo.
>
> Me llevo el recuerdo de tu rostro, tan hermoso y lleno de pasión. Me hiciste amar el cine, que antes despreciaba. Separándome de ti, también me separo del teatro.
>
> ¿Volveré a verte?
>
> No, ¿verdad? De mí puedes prescindir, pero de él no.
>
> Soldadito mío, heroína mía, no te comprendo.
>
> Pero te admiro y te quiero.
>
> Olga

En su cuarto de Fort Lee, Alice besó la carta de Olga y se derrumbó llorando.

Alice entró sola en el Cella's Park Hotel de Fort Lee, en la esquina de Center Avenue y Whiteman Street. Lo que había sido una pensión familiar, donde se servía la excelente cocina de su dueño, Peter Cella, se había convertido en pocos años en el punto de encuentro del mundillo cinematográfico. Estaba de moda desde que el actor King Baggot, «el rey de las películas», «el hombre más fotografiado del mundo», «el de la cara tan familiar como la de la luna», lo había elegido como escenario de su boda.

–Alice, te presento a los señores Seligmann y Levy y a la señorita Catherine Calvert.

Era Herbert quien hacía las presentaciones. Alice quedó impresionada por la belleza de la nueva protegida del banquero Seligmann.

–Perdón por el retraso. ¡Nunca se sabe exactamente cuándo se acabará un rodaje! –se disculpó.

Buscó un cigarrillo en su bolso y lo encendió.

–¿Qué película era? –quiso saber Seligmann.

–Un encargo de Pathé Exchange, un vodevil.

–¡Me encantan los vodeviles! Cuéntenos el argumento –la instó Catherine Calvert con una voz aterciopelada de *mezzosoprano* que hizo subir de nivel los celos de Alice.

–Es la historia de un hombre casado que le pone un piso en secreto a su hermana pequeña, a la que ha abandonado su novio, dejándola en estado. Creyendo que es su amante, la mujer de él se busca uno como venganza. Luego se entera el marido, y ya está armado el drama.

Lo había resumido de un tirón, con ligereza, provocando las risas de los comensales.

–Señor Seligmann –añadió–, quería decirle lo feliz que estoy de que haya invertido en nuestras producciones. Sin el respaldo de su banco nos habría resultado imposible hacer tantas películas este año.

–Estoy plenamente satisfecho de la rentabilidad de mi inversión, señora mía. El cine es buen negocio.

–¿Este año cuántas películas prepara? –inquirió Levy, dispuesto a proponerle a Alice unos cuantos éxitos de su producción teatral.

Catherine Calvert aprovechó que Alice, Seligmann y Levy hablaban entre ellos para inclinarse hacia Herbert Blaché.

–Señor Blaché, si me lleva al estrellato su recompensa no tendrá límites.

–Ya sabe que estoy casado.

–No, si no me molesta.

Brady, que estaba cenando cerca, y muy bien acompañado, se levantó para ir a saludar a los Blaché.

–¡Hombre, Brady! –exclamó Herbert, que lo invitó a una copa.

–Siéntate en mi sitio, Brady –le ofreció Alice–, que tengo que hablar con la señorita Calvert. El señor Seligmann quiere que le hagamos dar sus primeros pasos en el cine.

–¡Qué hermosura, señorita! –dijo Brady, besando la mano de la actriz–. Señor Seligmann, me alegro de volver a verlo. ¿Cómo van los negocios?

A Alice casi no la había ni saludado. ¿Qué necesidad tenía de ser tan patán? El besamanos a la joven actriz se le antojó grotesco a Alice, que cada vez soportaba menos las comedias de la sociedad.

Le tembló un poco la mano al llevarse a la boca otro cigarrillo, pero el tono con que se dirigió a la joven fue extrañamente suave y resuelto.

–Querida Catherine, antes he oído que le proponía un intercambio a mi marido. ¿Por qué no se lo propone al señor Brady? ¡Es mucho más rico!

–¡Qué horror! ¡Es demasiado feo! En cambio su marido es... tan romántico...

–¿O sea, que los papeles que la atraen son los románticos?

–Yo por convertirme en una estrella estoy dispuesta a todo, señora Blaché.

–Me lo creo.

A esa chica no había quien la parase. Alice pensó que sería perfecta haciendo de golfa en algún melodrama. ¿Tendría el valor de quitársela a Herbert con la promesa del papel de su vida? Eran batallas fútiles. Después de que Alice la acaparase durante unas semanas, la actriz dejaría su sitio a otra todavía más venal.

–Se lo dejo, Catherine.

–¿Cómo?

–Me ha entendido perfectamente.

Habría preferido darle una bofetada. Se odiaba a sí misma por interpretar el papel de mujer indiferente cuando en realidad la consumían los celos. La mirada divertida de Catherine Calvert, que parecía estar diciéndole que no había esperado su permiso para acostarse con Herbert, la llenó de terror.

A finales de un día de julio de 1917, el vestíbulo de la estación Grand Central se había llenado de militares jóvenes llegados de todo el país para sumarse a la guerra en Europa.

Alice se iba a Florida, donde la esperaba el productor Marcus Loew para el rodaje de una gran producción de Pathé Players con una nueva estrella ascendente del cine, Bessie Love. La joven actriz, de dieciocho años, había sido descubierta en 1916 por Griffith, responsable asimismo de su nombre artístico. Entonces se llamaba Juanita Horton. Griffith le ofreció un papel pequeño en su película *Intolerance*,[1] que entró en la crónica cinematográfica por su faraónico presupuesto de un millón setecientos cincuenta mil dólares, y por su humillante fracaso comercial.

–Volveré de Florida dentro de dos semanas. Cuento con que me darás noticias de los niños –le dijo Alice a Herbert, que la había acompañado a su vagón.

–Concéntrate en la película. Es un reto enorme. Pathé se juega mucho dinero por ti. Este año, con la entrada en guerra de Estados Unidos, lo pasaremos mal a nivel presupuestario.

Alice viajaba con Bessie Love, flanqueada por su madre, y Chester Barnett, un joven galán al que acompañaba su tía, la actriz Flora Finch.

1. «Intolerancia.»

Durante el trayecto, la directora sacó sus cuadernos, releyó el guion, tomó notas y dibujó planos. También les mostró a sus actores fotos de las localizaciones: los Cayos y sus bosques de árboles muertos y anegados en las ciénagas, con las ramas cubiertas de musgo, y el golfo de México, con sus costas sembradas de cocoteros. También les habló de los indios seminolas que participarían en la película, y les pidió que se imaginaran el pintoresco y colorido vestuario, las casas sobre pilotes donde se rodarían algunas escenas de la película y los criaderos de pequeños cocodrilos.

Esa misma noche, Catherine Calvert pidió que la dejaran frente al edificio del Atlantic Yacht Club de Seagate, en Brooklyn.

En el bar estaba Herbert con un hombre. A Catherine no le gustó la acompañante de este último, una mujer muy guapa. Llevaba un vestido de seda rosa pálido que se amoldaba a un cuerpo perfecto, como si no llevara nada más debajo.

–Catherine Calvert, le presento a Charlie Barr –dijo Herbert.

–Señora Calvert...

–Señorita –rectificó la actriz de viva voz–. ¡No estoy casada con mi padre!

Charlie sonrió.

–Esta es Hannah, una amiga. Me parece que ya estamos todos, o sea, que vamos.

–¿Es el famoso campeón de vela? –le dijo Catherine a Herbert en un aparte.

–Tres veces ganador de la copa del América, y récord de velocidad en cruzar el Atlántico: doce días. ¡No se puede ser tan guapa y tan ignorante, querida!

–Un hombre con muy buena planta.

–Como lo repitas, aunque solo sea una vez, te echo.

El pequeño grupo entró en la sala de juego, donde Herbert se gastó una fortuna de la que carecía desde hacía mucho tiempo.

–Esta mañana he leído otra crítica elogiosa a tu mujer –dijo Charlie mientras le prestaba un puñado de dólares para recuperarse–. ¡Nos la estás escondiendo! Es maravillosa. ¿Por qué no sales nunca con ella?

–Odia las salas de juego y la vida social.

–Es deslumbrante...

–También es deslumbrante su incapacidad de disfrutar de la vida.

–¿En serio?

–Está obsesionada por el trabajo y sus actores. Encadena rodajes de mucho compromiso. Acaba de irse a pasar un mes a Florida, para una película de aventuras. Ya no nos vemos mucho.

–¡Te la van a robar!

–¿Quién? En su vida no hay sitio para un hombre. Ya tiene un marido y dos hijos.

–¿Y lo de la chiquilla esa, la Calvert, cómo lo lleva?

–Se conocen mucho. Han hecho cuatro películas juntos, pero Catherine ya no quiere rodar para ella. Ha derramado demasiadas lágrimas por los platós.

–¿Qué pasa, que Alice se ha vengado en ella?

–La ha hecho trabajar hasta el agotamiento. ¡Francamente, a mi mujer no le llega ni al tobillo! Pero es graciosa, y está muy bien dispuesta.

–¿Tú con tu mujer aún te acuestas?

–¡Obviamente que sí! ¡No me apetece nada que me la robe algún tío como tú!

–¡Sublime! –exclamó Paul, el montador de Alice, al ver las primeras imágenes de *The Great Adventure*.[1]

–Tienen que estar comercializadas el 10 de marzo, o sea, dentro de quince días. ¡Hacen falta cinco bobinas! –gimió Alice.

–En peores situaciones nos hemos visto, señora Blaché.

–Paul, vuelvo dentro de una hora. Si te encuentras con alguna dificultad, haz que me llamen.

Alice entró en su despacho justo cuando sonaba el teléfono. Sabía que Seligmann llevaba horas tratando de localizarla. Cerró los ojos y respiró profundamente antes de descolgar.

–¿Cómo que no queda nada? No, no estaba al corriente de esas inversiones. Ya, ya lo entiendo... ¡Pero si ya tiene el cincuenta y uno por ciento de las participaciones de la empresa...! Ya lo sé... Ya lo sé... Gracias.

Dejó el auricular en su soporte con la sensación de estar pisando un suelo a punto de romperse bajo sus pies.

–¿Ha dicho que sí? –estaba preguntando Herbert a la misma hora en el despacho del banquero.

Seligmann asintió.

1. «La gran aventura.»

–¿Es usted consciente de que ya no tiene nada, señor Blaché?

–Me quedan mi talento y mis contactos en California, que es donde que hay que invertir, señor Seligmann. Fort Lee está muerto. Aquí desde el principio de la guerra falta de todo, hasta electricidad para iluminar nuestros estudios. ¡En Los Ángeles la luz es gratuita todo el año! Y los terrenos no cuestan nada. Además, se han ido todos: Griffith, Goldwyn, Carl Laemmle... ¡Ahora mismo se concentra todo allá!

Llamaron a la puerta.

–La señorita Calvert, señor –anunció la secretaria–. ¿Le digo que espere?

–No, que pase.

–Señor Blaché, qué sorpresa –dijo la actriz.

–Blaché me estaba hablando de las ganas que tiene de irse a vivir en California.

–¡Claro que sí! Tiene razón. Mira.

Puso delante de Seligmann el cuaderno central del *New York Times*, y fue señalando fotos con el dedo a medida que las comentaba.

–Mary Pickford, Alla Nazimova, Douglas Fairbanks y Chaplin ya trabajan ahí.

–Todos los grandes estudios del país han hecho la mudanza –confirmó Blaché.

Justo entonces llamó Aggie, muy nerviosa. Herbert salió de inmediato para la Solax.

–Está allá –dijo Aggie llorando–. No deja entrar a nadie.

Herbert abrió la puerta. El despacho de Alice estaba patas arriba. Al ver a su marido, cogió la botella que había encima de la mesa para tirársela.

–¡Me lo has robado todo! –gritó entre lágrimas.

–Tranquilízate, Alice, que aquí el cine tiene las horas contadas. Nos iremos a California, y volveré a levantarlo todo desde cero. ¡Fíate de mí!

–¡Ni hablar! Contigo no me voy a California. ¿Para qué, para seguir viendo cómo te atiborras de carne fresca? ¿Para seguir perdiendo hasta el último dólar que gano con mis películas? Con lo que juegas tú es con el dinero de mis éxitos; es lo que te hace brillar, y lo que mandas al traste con...

–¡Basta, Alice!

–No tienes ningún talento, Herbert, y estoy cansada de hacerte de gallina de los huevos de oro. ¡Porque lo que es de gallina a secas ya no te sirvo mucho!

A Alice se le escapó una risa nerviosa.

–¡No sabes ni lo que dices, Alice!

–Se acabó, Herbert. ¡Y punto! Tienes lo que te mereces: una esposa a la que no haces caso y dos hijos a tu cargo. ¡Vete a Hollywood y gana lo que haga falta para darnos de comer! Yo ya no puedo más. Estoy agotada. Me paro aquí. Ya se lo explicarás a los equipos que llevan diez años trabajando para nosotros. Mi dimisión como presidenta está sobre la mesa. El original ya lo ha recibido el abogado.

Cogió el abrigo, que se le cayó. Blaché se acercó, lo recogió del suelo y la ayudó a ponérselo. El olor de su perfume la hizo vacilar.

–¿Y adónde piensas ir así, borracha perdida? –le dijo él en voz baja, mientras la abrazaba.

–A mi gélida cama de mujer traicionada hasta la médula.

–Te llevo a casa, Alice.

–¡Ni se te ocurra!

Alice se quitó de encima a Herbert y se marchó a su casa, sola y muy alterada. ¿Y si tenía razón su marido? ¿Y si el futuro estaba en California? Todos los grandes productores de Fort Lee se disponían a montar sucursales en tierras californianas. ¿Por qué se negaba a escucharle? Estaba harta del miedo de perderlo. ¡Que se fuera! Ella se refugiaría en su trabajo, en sus equipos, y Aggie la ayudaría a capear su ausencia. De todas formas, Herbert casi ya no estaba nunca. Alice y él habían dejado de dormir juntos porque lo acaparaba Catherine. Era tan guapa... Y Alice, a su lado, se sentía tan... vieja... Calculó que se llevaban diecisiete años, y cayó en la cuenta con horror de que habría podido ser su madre. La idea le dio ganas de morirse. Se puso un whisky, llenando mucho el vaso. No, no quería que se fuera Herbert. No podría soportarlo. Descolgó el teléfono y pidió que la pusieran con Solax. Una telefonista le indicó que el señor Blaché ya había salido. Llamaron a la puerta. Era él.

Parecía más perdido que la propia Alice. Los niños estaban en el internado, y Célestine con su familia. La casa estaba vacía. Pronto la llenaron los gritos de pasión de la pareja, que hizo el amor como si fuese la primera vez. El miedo a separarse los fundió en un abrazo que se prolongó hasta la madrugada.

Las discusiones se reanudaron alrededor de un café. Alice le repitió a Herbert que no se veía capaz de dejar los estudios de Solax, y por mucho que insistiera Herbert, por muchos argumentos que le diese, por muchas promesas que le formulase de que Hollywood sería como empezar de cero, y de que se harían ricos, ella no quiso saber nada. Tenía cuarenta y cinco años, veintidós de ellos en la profesión. Su vida estaba allá, en Fort Lee, con sus hijos. Que se fuera Herbert a probar fortuna, y que la mandara llamar cuando la hubiera hecho.

Dándose cuenta de que Alice se estaba preparando para la separación, Herbert pasó de los argumentos a las amenazas: se iría con los niños. Alice se mantuvo firme, sabiendo que Herbert no tendría ni los medios ni el tiempo para ocuparse de ellos. Él le pidió que se lo pensara, cosa que ella le prometió hacer. Una vez sola en casa sintió una paz extraña. Tenía que ir a la Solax, con sus equipos; la esperaba el rodaje de *House of Cards*,[1] que la tendría ocupada sin interrupción durante cuatro semanas.

1. «Castillo de naipes.»

Alice encadenó *House of Cards* con una adaptación del relato de Émile Zola *Nantas*. Deseosa de salvar los estudios Solax, y amante de rodar «en casa», se prodigó en ofrecimientos de coproducción. Blaché, furioso, le hizo un ultimátum. La Metro, con estudios en Hollywood, le había hecho una oferta inmejorable. Tenían que mudarse.

–Herbert, tengo cuarenta y cinco años. Si me voy de Fort Lee ya no me encargarán películas.

–¡Pero si llevas veinticinco años dedicándote al cine! Así tendrás más tiempo para Simone y Reginald.

–¿Cómo? Pero si mi trabajo...

–Ya, ya lo sé: es toda tu vida.

–No, Herbert, no volveré a dejarlo todo por segunda vez para seguirte. ¡Sería como pedirte a ti que dejaras a la golfa de Catherine!

La tozudez de Alice pudo con Herbert, que se fue de casa amenazándola con no volver.

Fiel a su amenaza, Herbert se marchó a Hollywood, llevándose en el equipaje a Catherine Calvert. Al entenderlo, Alice se vino abajo. Puso en alquiler los estudios Solax y vendió su casa para subsanar las enormes pérdidas de las últimas inversiones de su marido en bolsa. Acto seguido se instaló con sus hijos en la casa de al lado de los estudios Solax, donde habían vivido al llegar a Fort Lee, seis años antes.

–Célestine, ¿se han marchado los niños? –preguntó Alice, que llevaba dos semanas sin levantarse de la cama.

–Sí, señora, los he acompañado esta mañana al internado. No se preocupe y descanse.

No superaba la marcha de Herbert a California. Estaba tan agotada que ni siquiera acudió al estreno de *The Great Adventure*. Ante el éxito de la película, Bessie Love reclamó a los productores otro guion para rodarlo con Alice, pero esta se negó, incapaz de enfrentarse a la vida sin Herbert.

–¿Me ayudas a vestirme?

–Sí, señora.

–¿Tienes el correo?

–Voy a buscarlo.

Al irse Célestine, Alice se quedó como asustada, perdida. Cogió un frasco de perfume de su tocador, y luego lo dejó en su sitio sin abrirlo. Lo siguiente que hizo, con un nudo en la garganta, fue sentarse en un sillón y ponerse a llorar. Ya un poco más tranquila, se levantó para ir a la ventana. Tenía la sensación de que ya no tendría nunca fuerzas para salir de casa.

–Tenga, señora, su correo. Debería comer algo. Dejo aquí la bandeja.

Le llamó la atención un sobre con el logotipo de la World Film Corporation. Lo abrió.

> Apreciada señora Blaché:
>
> He visto su película con Bessie Love, que ha tenido mucho éxito en todo el país. Si bien el argumento, adaptado de manera demasiado simplista por el responsable del guion, A. C. Johnson, no ha sido siempre de mi agrado, he quedado impresionado por la belleza de las imágenes rodadas por usted, y por la manera del todo excepcional con que dirige a los actores. ¡Qué naturalidad!

Busco director para una película titulada provisionalmente *Tarnished Reputations*,[1] con Dolores Cassinelli en el papel protagonista.

La carta, firmada por Léonce Perret, la devolvió al París de 1900. Se habían conocido cuando Perret hacía papeles de galán en el teatro del Athénée. En 1909 lo había contratado Louis Feuillade para Gaumont, primero como actor y luego como director, y en 1918 había dirigido *Lest we forget*,[2] una denuncia de la guerra con gran éxito en Estados Unidos. La halagaron sus palabras, que le hicieron un poco más llevaderos esos días tan malos.

Se vieron al cabo de un mes. Perret había ganado peso, pero conservaba un encanto indiscutible.

–El título en francés de la película será *Une âme à la dérive*[3] –dijo el productor–. Mi actriz principal, Dolores Cassinelli, está entusiasmada con la idea de trabajar con usted.

Le acercó a Alice la foto de Dolores.

–Es un drama sobre una joven rechazada que va a la cárcel por haber sido acusada falsamente de hacer la calle. Al salir la adopta un señor importante y se la presenta a un director de teatro, que la convierte en una gran estrella. Su amante, que la había abandonado, le pide perdón. Al principio ella lo rechaza, pero luego cambia de idea.

–He rodado tantas historias sobre mujeres jóvenes que sufren todo tipo de injusticias y abusos... –dijo Alice, suspirando–. ¿Qué pasa, que a los hombres les da morbo ver a una mujer por los suelos?

La pregunta hizo sonreír al director.

–Sí, creo que es un placer sádico muy extendido en el sexo masculino; y, como no está bien visto socialmente disfrutar del mal ajeno, para blanquear esta pequeña perversión... ¡se inventó el *happy end*!

1. «Reputaciones mancilladas.»
2. «Para que no se nos olvide.»
3. «Un alma a la deriva.»

–Y al final quien salva a la pobre pecadora vuelve a ser un hombre, ¿no? ¿Cuánto me ofrece por dirigir la película?

–Cuatro mil dólares.

–Es poco.

–Lleva usted meses sin rodar, Alice. Sería una manera de volver al buen camino. Si la película funciona, su nombre brillará otra vez en Broadway.

–Lo necesitaría en efectivo.

–No hay ningún problema, pero dígame una cosa: ¿por qué no se ha ido a California? Dicen que su marido ha empezado con muy bien pie.

–Seguramente por orgullo. Desprecio la vulgaridad y la superficialidad. Tengo una opinión demasiado elevada de la interpretación y del amor para soportar las falsedades hollywoodienses.

Se hizo un breve silencio, durante el que Léonce Perret se dijo que a sus cuarenta y cinco años la mujer a quien tenía delante conservaba una belleza turbadora.

–Deme noticias de mi querido Louis Feuillade –dijo Alice.

–¡Ah, el rey del folletín! Ha hecho decenas de *Fantomas*, y su serie *Les Vampires* se ha visto coronada por el éxito. ¡Es viudo, rico y famoso!

–¿Viudo?

–¿No conoció usted a Léontine? Era una chica del sur, del mismo sitio que él.

–¿De Lunel?

–¡Exacto! Se casó con ella en los años noventa del pasado siglo. Tuvieron una hija, que de hecho contrajo matrimonio con el camarógrafo jefe de Feuillade, Jacques Champreux. Creo que la señora Feuillade murió en 1911.

–Pues yo creía que cuando nos conocimos Louis estaba soltero.

–¿Puedo invitarla a cenar, señora Blaché?

–No, gracias; esta noche la dedico a mis hijos, que el resto de la semana están en un internado.

Léonce puso una mano sobre la de Alice, que la apartó enseguida.

–Alice, sé que está pasando por una época difícil...

Alice lo interrumpió.

–Le agradezco su ayuda, Léonce. Quedamos dentro de una semana para hablar del guion.

Al salir del Astoria, Alice asistió frente al hotel a una manifestación espontánea en la que cientos de hombres y mujeres celebraban el armisticio. Agobiada por la multitud, se le aceleró el corazón y empezó a tener dificultades para respirar. Subió a un taxi y, con el poco aliento que tenía, pidió ser llevada a Bretton Hall, cerca de Central Park. Era la residencia donde había alquilado un pequeño apartamento para poder trabajar en la película de Perret.

Al llegar llamó por teléfono a Célestine, que se había quedado en Fort Lee.

–Voy a quedarme un tiempo en Nueva York... Unas seis semanas... Por una película... Célestine, dejo a los niños en tus manos. Luego los llamo... Quizá pase a verlos el domingo... Gracias, Célestine... ¿Una carta...? ¿Olga? ¿Ha dejado un número de teléfono...? Sí, gracias, me lo apunto.

Se quedó mirando el número de Olga. Le temblaban las manos. Las emociones, incluso las más nimias, le dolían demasiado. Fue al cuarto de baño y dejó correr el agua del grifo sobre la tinta fresca, que se diluyó hasta volverse ilegible.

–¿Alice? Te esperamos esta noche en casa con Dolores Cassinelli. ¡La película es una maravilla! ¡Hay que celebrarlo!

–No podré, Léonce. Aún no hemos acabado de repasar los intertítulos. Tengo fiebre. Me aguanto en pie de milagro.

–¡Venga, anímate! Si estás enferma ya te cuidaremos. Pasará mi chófer a buscarte. ¡Hasta luego!

Alice colgó sin aliento. La producción y la dirección de *A Soul Adrift*,[1] rebautizada en el último momento como *Tarnished Reputations*, habían durado meses. El guion, escrito por Léonce Perret, se había cambiado varias veces y, como Alice tardaba en recibir los cambios, había tenido que acabarlo ella misma. A pesar de todo había aguantado, mientras Perret le daba garantías de que en los carteles luminosos de los cines aparecería su nombre. Durante la fase de laboratorio estaba cada día más débil, con dolor de articulaciones y una fiebre que subía y bajaba sin desaparecer nunca del todo. Atribuyó estos problemas físicos al cansancio, y a la preocupación por que la película fuera un fracaso.

Su entrada en casa de los Perret fue recibida con aplausos por todo el equipo de la película. Dio dos pasos hacia ellos... y se desmayó.

1. «Un alma a la deriva.»

–Gripe española –anunció el médico al que habían llamado urgentemente para ver a Alice.

–¡Hay que llevarla al hospital! –exclamó Perret.

–Quíteselo de la cabeza. La epidemia está en su apogeo, y en toda la ciudad no queda ni una cama.

–Pues habrá que cuidarla aquí –dijo Valentine, la mujer de Perret–. Por Dios, pero qué blanca está...

Léonce y el médico trasladaron a Alice a un dormitorio para las visitas, donde el médico le practicó los primeros cuidados.

–En las últimas semanas, esta gripe se ha cobrado dos mil vidas solo en Nueva York. Es extremadamente contagiosa. Cuando vayan a verla pónganse mascarilla, y acuérdense sobre todo de lavarse las manos con mucha frecuencia. Si oyen que se queja de que le duele mucho el pecho, llámenme.

Valentine Perret miró a Léonce.

–Hay que avisar sin falta a su marido.

–Está en Los Ángeles, rodando con Alla Nazimova.

–No sabemos qué puede pasar. ¡Tiene que saber que está muy grave, con Nazimova o sin ella!

–Sigrid Fresson tiene que renunciar a su carrera de bailarina por una enfermedad del corazón. Se va de viaje a la India, donde recibe una oferta matrimonial de un rico comerciante euroasiático...

Arrellanado en un sofá de mimbre, en el jardín de una suntuosa villa de Sunset Boulevard, Herbert Blaché estaba refiriendo a Alla Nazimova el argumento de la película que empezarían a rodar en pocos días. La estrella de Hollywood se había puesto en contacto con él porque exigía trabajar solo con directores europeos, cuyo talento le parecía muy superior al de los americanos. Alla Nazimova tenía una fe ciega en la cultura del Viejo Continente.

–¡Otro melodrama almibarado!

Con Blaché hablaba en francés. Le gustaba mucho el idioma, y lamentaba tener tan pocas oportunidades de practicarlo.

–¿Cómo sigue tu mujer? –preguntó, llevándose un cigarrillo a la boca.

–Según Léonce Perret, se ha salvado.

–Sabes que te adoro, Blaché, y que me encanta lo guapo que eres. Adoro el enjambre de jóvenes criaturas que te rodea. Me gusta todo de ti menos que seas tan indiferente a tu mujer.

–¡Pero Alla, si fue ella la que no quiso venir conmigo!

–Da igual. Alice es una gran artista, que te lo ha enseñado todo, y no tienes derecho a dejar que se hunda.

Blaché se calló, incómodo.

–Ve a buscarla, Herbert, y consíguele un alojamiento cómodo aquí en Hollywood, algo digno de ella. ¿Y vuestros hijos? ¿Dónde están?

–En un internado de Fort Lee.

–Me da mucha rabia que habléis en francés. ¿Qué os decís? –los interrumpió Catherine Calvert, que acababa de llegar.

–¡Catherine! Te esperábamos para tomar una copa –dijo Alla, desplegando sus encantos–. ¡Tú siempre tan guapa, querida!

La cogió por el brazo y declamó un poema mientras iba hacia el cubo de champán.

–«Hay que estar siempre ebrio. Es la clave, la única cuestión. Para no sentir el espantoso fardo del tiempo que te rompe los hombros y te encorva hacia el suelo, hay que embriagarse sin tregua. ¿Pero de qué? De vino, de poesía o de virtud: ¡lo que prefieras, pero embriágate!»

–¡Qué horror de idioma!

–Era Baudelaire, cielito: ¡un genio! Nos aconsejaba que nos embriagásemos... ¡mientras estuviéramos a tiempo!

Alice aceptó ir a Hollywood, con Herbert, que le había ofrecido su ayuda para que la contratasen los grandes estudios. Alice había aceptado solo para volver a estar con él.

Alla Nazimova miró la cara de Alice, alisada por la blanca luz del sol de verano. Tenía los ojos cerrados y la boca levemente entreabierta. Se le adivinaba el pulso por debajo de la fina piel del cuello. Las dos mujeres estaban tumbadas junto a la piscina de la casa de la actriz, cada una en un banco.

–Teniendo en cuenta que hace seis meses jurabas que no te quedarías en Hollywood ni un día más –dijo Alla–, se te ve feliz. Y a tus hijos parece que también les gusta.

Alice se apoyó en un codo y se bajó las gafas de sol por la nariz para ver retozar a Simone y Reginald en el agua.

–Este sol tan fuerte me recuerda mi infancia en Valparaíso.

–¡Tu hija está morenísima! La veo mejor.

–¡Está contenta de que yo ya no trabaje!

–Se parece mucho a ti. ¡Reginald es idéntico a su padre! ¿Vosotros dos qué tal?

Alice acercó su cara a la de Nazimova y se puso a canturrear.

–«Olvidaré los dolores pasados, amor mío, cuando acunes mi triste corazón y mis pensamientos en la calma amorosa de tus brazos.»[1]

Alla le acarició la cara.

–El poema lo explica muy bien: será el amor el que te cure las heridas del amor.

–Tengo cuarenta y siete años –suspiró Alice.

–¿Y qué? ¡Aparentas diez menos!

–Siguen siendo demasiados. Herbert prefiere que se le cuelguen del cuello las de veinticinco. Tú también las prefieres jóvenes, Alla.

–Lo cual no quita que te quiera, Alice.

–Es mi triste destino: ser monógama en el alma, y atraer solo a polígamos como tú o él.

Puso un dedo en la boca de Alla, que se disponía a darle lecciones de libertad.

–Tu amor me sienta bien, Alla, pero el de Herbert lo echo de menos una barbaridad.

Alla vio que su amiga se ponía muy seria.

–¡Hay que volver a hacer cine, Alice!

–Aún no tengo fuerzas para pelear por mis argumentos, y me he vuelto incapaz de dirigir películas por encargo. Es algo físico. Se me rebela todo el cuerpo. Me pongo enferma, dejo de comer...

–¡Pues haz una película sobre tu vida! –Alla puso voz de vendedor ambulante–. Esta película cuenta la vida de la primera directora de cine de la historia. Se casó con un donjuán diez años más joven que ella con quien tuvo dos hijos maravillosos. Ahogó sus penas de mujer abandonada en brazos de enamoradas con nombres exóti-

1. *Chanson triste*, de Henri Duparc, texto de Jean Lahor.

cos, y dejó bellas películas donde el amor siempre vencía al odio, la miseria o la desesperación.

Se rieron las dos de corazón.

–Quiero a Herbert, y al mismo tiempo soy incapaz de perdonarlo.

–Eres de una intransigencia horrible. ¡Con un hombre así no puede ser! Si pudieras poner un poco de ligereza en tu vida... Te la tomas demasiado en serio. Mañana organizo una gran fiesta en Venice Beach. ¡Te exijo que te pongas tu mejor vestido y te dejes raptar por el primer llegado!

La fiesta era en casa de Henry, un agente de actores. Su cabaña en la playa de Venice Beach, reconvertida en bar, se había puesto de moda, y la invitación de Alla Nazimova congregó a un centenar de personas. La actriz se subió descalza a una mesa.

–Amigos, dentro de ocho días entrará en vigor en Los Ángeles la ley de prohibición del alcohol votada por el Congreso en 1917, hace tres años. ¡En espera de hacer contrabando, como en todas partes, os propongo un brindis por la libertad!

Los invitados aplaudieron, mientras la orquesta seguía tocando.

Alice deambulaba entre la multitud. Nunca había estado a gusto en ese tipo de fiestas. Se distraía mirando las caras y las siluetas. De repente vio a Catherine Calvert del brazo de Herbert, y la exuberante belleza de la joven actriz le estrujó el corazón. Se sentía agredida. Tuvo ganas de ir a darle una bofetada. Su mirada se cruzó con la de Herbert, que le hizo un gesto amistoso. Para Alice fue peor que si la hubiera ignorado. Cogió su bolso y caminó deprisa hacia la calzada para subir a su coche y marcharse.

El timbre del teléfono sobresaltó a Alice. Era Léonce Perret, que le anunció que la película era un éxito. Alice rompió a llorar.

–¡Enhorabuena –le dijo él–, has tenido un valor increíble! Pero... ¡estás llorando!

–No pasa nada.

–Tengo más proyectos para ti. ¿Cuándo volverás a Nueva York?

–Me quedo en Los Ángeles. Aquí los niños están bien, y pueden estar con su padre.

–¿Me estás escondiendo alguna propuesta que te han hecho?

–No, no tengo ninguna interesante, ni tampoco bastante dinero para producir nada yo misma.

–¡Pues ve a ver a los banqueros!

–¿Los banqueros? Estando casada, la cosa se complica. Ya sabes que el dinero no sería mío. Por mí no te preocupes, Léonce. Bueno, hasta pronto, y dale un beso de mi parte a Valentine.

Alice colgó y se quedó sentada sin moverse al lado del teléfono. Ya no tenía fuerzas para trabajar por cuenta ajena. En un primer momento, decir que no le quitaba de encima el angustioso peso de no estar a la altura. Luego la dejaba en un estado de soledad y de vacío inmensos.

Llamaron a la puerta. Era Herbert. Alice vio a Catherine al volante del coche aparcado delante de la casa. La joven arrancó sin quitarle la vista de encima.

Alice dejó entrar discretamente a su marido. Estaba trémula. Apareció Célestine, que se hizo cargo del abrigo de Herbert mientras él iba hacia el salón.

–Buenos días, Célestine. ¿Me puedes preparar un café, por favor?

–Buenos días, señor.

–¿Están los niños?

Alice no contestó. El miedo iba dejando su sitio a la exasperación. Herbert se movía por su casa como si fuera suya.

–No, están en el parque –contestó Célestine.

–Alice, tenemos que hablar –dijo Herbert mientras se encendía un cigarrillo.

Alice lo siguió al salón. Estaba aún más elegante que de joven. Solo tenía treinta y ocho años. Alice tuvo un poco de vértigo y disimuló girándose hacia el ventanal.

–Te he ofrecido muchas veces que vengas conmigo para ayudarme a dirigir los largometrajes que hago para la Metro.

–No quiero –dijo Alice sin girarse.

–Sería una manera de que entrases en el circuito de Hollywood.

–Es un trabajo de empleada doméstica.

–¡Alice! Mírame, por favor.

Se volvió. Herbert quedó impactado por la fragilidad de su cuerpo y la palidez de su cara. Lo sublevaba no poder ayudarla.

–No has hecho una sola película en dos años. Es la oportunidad de volver a dirigir.

–Sé hacer películas mejor que ninguno de los de aquí –masculló ella con rabia.

–Escúchame, Alice –insistió él con suavidad–: hoy en día ya no basta con tener una idea para un guion. Antes pensabas: ¿hoy qué inventamos? Alguien soltaba un título, y tú lo convertías en un argumento. Ahora es el dinero de los productores el que le dicta al director lo que contará en su película. ¡Aquí te pagan mucho dinero para que estés calladito y cumplas, Alice!

Alice apretó los dientes. Odiaba oír vulgaridades en boca de Herbert.

Su mirada se cruzó con la de Célestine, que traía el café.

–Gracias, Célestine. ¿Puedes ir a buscar a los niños?

–Sí, señora.

Herbert siguió hablando.

–Has saboteado todas las citas que te concerté con Universal y la Metro. Todos los directores me han dicho que no te has adaptado a los grandes estudios.

–Eso lo sé desde siempre. Por eso monté Solax, para conservar mi independencia y hacer mis películas.

–No podíamos seguir siendo independientes. Los largometrajes requerían inversiones demasiado grandes, y los distribuidores empezaban a pedirnos películas adaptadas a su público. Tú te plegaste tanto como los demás: todas tus películas con Olga eran películas de encargo.

–Eso fue para sanear nuestras cuentas. ¡Te recuerdo que ese año te jugaste todos nuestros beneficios en la bolsa, y los perdiste!

–Ya lo sé, Alice; era joven e inexperto. Yo también he dado el callo para llegar al final de la cuesta. ¿Nunca me lo vas a perdonar?

La dulzura de la voz de Herbert le rompía a Alice el corazón. Tras un breve silencio se giró hacia él, llorosa y demudada.

–Te vas a casar con ella, ¿no? Has venido a decirme que quieres casarte con ella.

–Sí.

Se abalanzó sobre él, golpeándolo con todas sus fuerzas. Herbert la dominó y volvió a soltarla.

–¡No empieces otra vez, Alice, te lo suplico!

Alice estaba hecha un mar de lágrimas. Ese hombre le hacía demasiado daño. Ya no aguantaba más.

Sonó el timbre de la puerta. Eran los niños, que volvían del parque. Célestine oyó los gritos de Alice en el salón.

–Id a cambiaros –les dijo a los niños al abrir la puerta–. Luego veréis a vuestro padre.

La niñera los empujó hacia la escalera. Reginald empezó a subir los escalones de cuatro en cuatro. Simone vacilaba, nerviosa. Célestine la cogió con fuerza por el brazo.

–Simone, por favor... –la exhortó–. ¡Sube!

La niñera le pisaba los talones.

Herbert dio un paso hacia Alice para tomarla en brazos.

–Alice, te quiero y siempre te querré. Eres tú la que no acepta...

Ella cogió un jarrón pequeño y se lo tiró con fuerza.

–¡Cállate! –chilló.

El jarrón se rompió en la pared. Se quedaron un momento sin hablar. Oyendo la respiración angustiada de Alice, Herbert se desesperó por verla sufrir tanto.

Alice se acercó a su secreter.

–¿En serio que quieres casarte con ella?

–Alice, hace tanto tiempo que se estropeó nuestro amor...

–¿Tanto tiempo?

Abrió el cajón.

–Te voy a devolver tu libertad, Alice. Así podrás disponer de tus bienes.

–Te me quitas de encima... ¡Ahora que no me queda nada, ni riqueza, ni fama, ni juventud, ya no te intereso!

Apuntó un pequeño revólver hacia él.

–Baja la pistola, Alice... Sabes que nunca te dejaré tirada.

Le disparó una vez. Él se cayó al suelo. Se oyó un segundo disparo.

Simone corrió al salón y vio a su padre en el suelo, apretando una mano ensangrentada contra el hombro.

–¡Papá!

–Simone... Ve a buscar ayuda, Célestine...

Temblando de miedo, Simone se aproximó a su madre, que yacía en el suelo.

–No tengo nada que denunciar –les dijo Herbert desde la cama a los dos policías que estaban interrogándolo en el hospital–. Les repito que ha sido un accidente.

–Sabe perfectamente que no. Señor Blaché, su mujer le pegó un tiro, y cualquier día puede repetirse.

–No se puede repetir porque fue un accidente.

–Bueno, y ¿con la custodia de los hijos qué hacemos?

–¿Cómo que qué hacemos?

–¡Pero hombre, no pensará dejárselos a ella! –se indignó el otro policía.

–Me los quedaré hasta que su madre esté mejor. Ahora los está cuidando la niñera.

–¿Está seguro?

–Sí. Muchas gracias, y buenas noches.

Catherine entró en la habitación sin llamar.

–Ya está –le soltó a Herbert, ignorando la presencia de los policías–. Tus hijos están en tu casa, con la niñera. El médico le ha dado un calmante a Simone. La cría está completamente histérica. Lo seguirá tomando unos días.

–Gracias, cariño.

–Bueno, pues nos vamos –dijo uno de los policías–. Piénseselo bien, señor Blaché. Si no denuncia...

–Gracias, señores, lo he entendido perfectamente.

La puerta se cerró.

–¿Has visto lo de Alla? –explotó Catherine, sentándose en la cama de Herbert.

Metió la mano en su bolso y sacó dos periódicos sensacionalistas para leer los titulares en voz alta.

–¡Alla Nazimova, homosexual! ¡Nazimova y sus ballets rosas!

–Lo que faltaba... Bueno, de todas formas ya no tenía proyectos con ella. Se le había metido en la cabeza dirigir personalmente una película sobre Salomé que no le interesa a ningún productor.

–¡A lo mejor te dedicas a mí, que ya toca!

–Amor mío, ten un poco de paciencia. Ya llegará tu hora. Fíate de mí.

–¿A tu mujer has vuelto a pedirle el divorcio?

–Espero que no lo digas en serio.

–Está mal de la cabeza... ¡y tú no dices nada!

–Mal de la cabeza lo están todos los genios. Cuando hayas hecho tantas cosas como Alice en veinticinco años, podrás hablar del tema; de momento, hazme un favor y enciéndeme un cigarrillo.

–¡Pues el genio ha estado a punto de matarte!

–Tampoco es que me haya muerto.

–¡Muy gracioso!

–Dame whisky.

–¡Toma, la petaca que te regaló ella! ¿Al menos estás seguro de que ya no la quieres?

–Cállate, Catherine, te lo suplico, cállate...

–¡Simone, tu madre al teléfono! –gritó Célestine.

La niña se lanzó escaleras abajo para coger el auricular.

–¡¿Mamá?! ¿Cómo estás? Sí, todo bien... Regi está en el jardín... Mamá, ¿cuándo vuelves...? Vale... ¿A Francia?

Célestine se giró con cara de preocupación.

–¡Sí, me encantaría ir a Francia!

Sonrió con tristeza.

–Mamá, ¿me juras que en Francia ya no harás cine? Es que quiero vivir contigo, mamá. Nos hemos visto poco por el cine. ¿Me lo prometes...? Te quiero, mamá, te quiero más que nada...

–¿Estabas hablando por teléfono, Simone? –preguntó Blaché, saliendo de su despacho.

–¡Sí, era mamá! ¡Volvemos a Francia!

Herbert puso mala cara.

–¿Qué pasa? –exclamó Catherine, llegando del jardín.

–¡Nos vamos a Francia con mamá! –vociferaba Simone, que ya corría a informar a su hermano.

–¿En serio...? Eso sí que es una buena noticia. ¡Llevaba soñándolo casi dos años! –comentó Catherine dando media vuelta.

Alice colgó. Sabía que Simone estaba impaciente por volver con ella, y la alivió que su hija estuviera contenta de irse a Francia. Los últimos dos años en Los Ángeles las habían acercado. Simone era muy dulce, como... como Tahiel, pensó.

Después del drama, Alice había sido puesta al cuidado de una médico con quien había empezado a aplicar algo de bálsamo a las llagas abiertas de su infancia. La doctora le había aconsejado que retomase el contacto con sus raíces y su familia francesa. Necesitaba a los suyos para vivir. Tenía que reencontrarlos. Alice había escrito a Julia, que vivía en Niza, en la parte alta. Su hermana mayor le había aconsejado volver pronto, diciendo que la ayudaría a reconstruir su vida en Francia. Marie había llorado de alegría ante la noticia de su inminente regreso. También Henriette había prometido acudir a la cita en compañía de su hija Émilienne, que tenía treinta y dos años y dos hijos.

Alice bajó otra vez al salón.

La casa estaba llena de gente de lo más variopinta. Un subastador de voz nasal iba desgranando la lista de bienes puestos en venta por Alice.

Esta se reunió con Alla Nazimova en el salón, donde se amontonaban muebles, ropa y todo lo que quería vender antes de irse.

–He hablado con Simone por teléfono –le explicó Alice a su amiga– y le he hablado de nuestro viaje a Francia.

–¿Cómo ha reaccionado?

–Parecía contenta. Tiene prisa por que volvamos a estar juntas. Los niños llevan más de un año viviendo con su padre, desde el accidente.

–Todo el contenido de la cocina, con su vajilla y su mobiliario: precio inicial, tres mil dólares. ¿Quién da más? –proclamó el subastador.

–¿Ya tienes fecha para irte? –preguntó Alla.

–Dentro de un mes.

–Ochocientos dólares por este abrigo de visón rasado. Ochocientos veinte dólares... ¡Ochocientos cincuenta...!

–Me habría gustado tanto ayudarte a relanzar aquí tu carrera...

Alla se acercó a Alice y la abrazó.

–No te lamentes por nada.

–¿Cómo estás viviendo tu regreso a Francia?

–He decidido vivirlo como un éxito. ¡El cine me ha hecho vivir veintiocho años tan intensos...!

–¿Y Herbert?

–Revólver de mujer con culata de nácar, precio de partida treinta dólares... treinta dólares... quién da más... cincuenta dólares por aquí... setenta dólares...

–¡Con esta pistola lo maté!

Las dos se pusieron a reír.

–¿Y si pudieras volver atrás? –preguntó Alla, pasándose por los ojos un bonito pañuelo con sus iniciales bordadas.

–¡No fallaría!

Les dio otro ataque de risa que las obligó a salir. El subastador acababa de lanzarles una mirada inapelable de reproche.

–Dormitorio de los padres, mobiliario entero, precio de partida dos mil dólares...

–¿Por qué lo vendes todo?

–Cada objeto me recuerda mi vida con Herbert. En esta casa veo su cara por todas partes, y quiero que desaparezca todo para sufrir menos.

–Aún estás enamorada de él.

–Siempre lo estaré.

En el pasillo, Alla tropezó con una caja grande de caoba puesta en el suelo.

–¿Qué es?

–Mi primera cámara, una antigüedad de la época de Gaumont. También se puede usar de proyector.

–¡Y esto son películas!

–Deben de ser las primeras que hice. Coge unas cuantas cajas, que veremos si aún funciona.

Alice y Alla se instalaron en el dormitorio. Estaba vacío. Solo quedaban dos gruesas cortinas en las ventanas. Alice las corrió antes de poner en marcha la cámara-proyector.

–¿Funciona?

–Sí. Venga –dijo Alice–, gira la manivela. Suave. Así.

Descubrieron una sucesión de películas cortas montadas en el mismo rollo.

–¿Son tuyas?

–Es una recopilación de mis primeras películas, un regalo que me hizo Louis Feuillade antes de que me fuera a Estados Unidos. Nunca lo había mirado.

–¡Era el nacimiento del cine!

–Fui la primera persona que hizo películas que contaban historias, en 1896, y durante diecisiete años seguí siendo la única mujer directora.

–Pero no lo dejarás, ¿verdad? ¿Volverás a hacer cine en Francia?

–No lo sé... ¡Qué máquina de retroceder en el tiempo! ¡Mira, aquí tengo veintitrés años! Me filmó Anatole, mi camarógrafo. ¡Y mira esto! Soy yo en 1905, rodando una fonoescena en los nuevos estudios de Gaumont. ¡Polin! ¡Dranem! ¡*Madame a des envies*,[1] una de mis películas preferidas!

–¡Es muy atrevida, Alice!

Las imágenes en movimiento iban pasando ante sus ojos. La luz que atravesaba la película en blanco y negro bailaba encima de ellas.

–¿Sabes qué parece? La película de toda una vida pasando a gran velocidad, como cuando te mueres –murmuró Alice.

Su bello rostro estaba tranquilo y orgulloso. Sonreía.

1. «La señora tiene antojos.»

EPÍLOGO

En 1922, tras su regreso a Francia, Alice Guy intentó volver a hacer cine, pero no lo logró. El país se estaba recuperando del desastre de la guerra, y los ambientes cinematográficos franceses se habían olvidado de ella.

Los últimos cuarenta años de su vida estuvieron dedicados a buscar sus películas, unas cuatro mil, entonces desaparecidas, y a que la reconociesen como la primera directora de la historia.

Como tal, en 1958 fue condecorada con la Legión de Honor a propuesta de Louis Gaumont y del fundador y director de la Cinémathèque Française, Henri Langlois.

En 1953, treinta años después de su ruptura con Herbert Blaché, escribió lo siguiente: «A pesar de nuestra larga separación, nunca he olvidado que vivimos juntos diez felices años, y que era el padre de mis hijos. Pese a sus segundas nupcias, para mí siempre fue mi marido, y su compañera, a mis ojos, una simple concubina. Que Dios lo perdone, como lo he hecho yo.»

Su hija Simone la cuidó hasta su último aliento, el 24 de marzo de 1968, a los casi noventa y cinco años.

Cuando se le preguntaba a Alice Guy si consideraba un fracaso el final de su carrera, contestaba:

–¿Es un fracaso? ¿Es un éxito? No lo sé... Durante veintiocho años tuve una vida muy intensa. Si de vez en cuando mis recuerdos me producen un poco de melancolía, me acuerdo de las palabras de Roosevelt: «Es duro fracasar, pero es peor no haberlo intentado nunca.»

BIBLIOGRAFÍA SELECCIONADA

Bachy, Victor, *Alice Guy-Blaché(1873-1968), la première femme cinéaste du monde*, Institut Jean-Vigo, Perpiñán, 1973.

Fort Lee Film Commission, *Fort Lee, Birthplace of the Motion Picture Industry*, Arcadia Publishing, 2006.

Guy, Alice, *Autobiographie d'une pionnière du cinéma (1873-1968)*, Denoël/Gonthier, París, 1976. [Hay versión castellana: *Memorias 1873-1968*, trad. de Pablo Fante, Banda Propia Editoras, Concón, Valparaíso (Chile), 2021.]

Koszarski, Richard, *Fort Lee, The Film Town (1904-2004)*, John Libbey Publishing, Barnet, 2004.

Lacassin, Francis, *Louis Feuillade: Maître des lions et des vampires*, Pierre Bordas & Fils, 1995.

McMahan, Alison, *Alice Guy-Blaché: Lost Visionary of the Cinema*, Continuum, 2003. [Hay versión castellana: *Alice Guy Blaché*, trad. de Marta Heras, Plot, Madrid, 2006.]

Mannoni, Laurent y Maurice Gianati, *Alice Guy, Léon Gaumont et les débuts du film sonore*, John Libbey Publishing, Barnet, 2012.

Seydoux, Nicolas (editor), *Musée Gaumont: morceaux choisis*, Gallimard, París, 2009.

Simon, Joan, *Alice Guy-Blaché, Cinema Pioneer*, Yale University Press, New Haven y Londres, Whitney Museum of American Art, Nueva York, 2009.

Zamora, Sergio, *Les guerriers du crépuscule. Brève histoire des Mapuches*, Yvelinédition, Mercurol, 2012.

AGRADECIMIENTOS

A Muriel Beyer, por su inmediato compromiso y su infalible apoyo. Gracias por haber permitido que la historia olvidada de Alice Guy se convirtiera en novela.

A Régine Blaché-Bolton, por su confianza, su presencia constante, su atención y su humanidad, y por haber compartido sus recuerdos. A sus hijos y nietos.

A Françoise Allignet, por su inestimable, jovial y amistosa ayuda sobre la genealogía de Alice Guy.

A Xavier Couture, gracias por todo, y también por lo demás.

A Gaëlle Bayssière, amiga y confidente desde los primeros balbuceos del proyecto, en 2013.

A Dominique Besnehard, que me convenció de que escribiera este libro el 23 de diciembre de 2013. ¡Gracias!

A Tom Meyer (Fort Lee Film Commission), por su visita privada a lugares fantasmales de los inicios del cine.

A Lilou Tanguy-Gaume. Gracias por tu benévola paciencia.

A mi familia y mis amigos, gracias por vuestra atención y vuestro apoyo.

Muchísimas gracias a Lisa Liautaud, y a todos los equipos de Plon.